"十二五"普通高等教育本科国家级规划教材

高等学校数据结构课程系列教材

（第**5**版）

数据结构教程
上机实验指导

李春葆 主编

尹为民 蒋晶珏 喻丹丹 蒋林 编著

U0338689

清华大学出版社

北 京

内容简介

本书是《数据结构教程(第5版)》(李春葆主编,清华大学出版社出版)的配套上机实验指导。两书章次一一对应,内容包括绪论、线性表、栈和队列、串、递归、数组和广义表、树和二叉树、图、查找、内排序、外排序和文件的实验题解析。每章的实验根据相关知识点分为验证性实验、设计性实验和综合性实验。书中所有程序都在 VC++ 6.0 和 Dev C++ 5 环境下调试通过,读者可以从清华大学出版社网站(http://www.tup.com.cn)免费下载。书中列出了主教材中的全部上机实验题目,其自成一体,也可以脱离主教材单独使用。

本书适合高等院校计算机及相关专业本科生及研究生使用。

图书在版编目(CIP)数据

数据结构教程(第5版)上机实验指导/李春葆主编.—北京:清华大学出版社,2017(2021.8重印)
(高等学校数据结构课程系列教材)
ISBN 978-7-302-45586-8

Ⅰ. ①数⋯ Ⅱ. ①李⋯ Ⅲ. ①数据结构—教学参考资料 Ⅳ. ①TP311.12

中国版本图书馆 CIP 数据核字(2017)第 061839 号

责任编辑:魏江江 王冰飞
封面设计:杨 兮
责任校对:时翠兰
责任印制:宋 林

出版发行:清华大学出版社
  网 址:http://www.tup.com.cn,http://www.wqbook.com
  地 址:北京清华大学学研大厦 A 座   邮 编:100084
  社 总 机:010-62770175   邮 购:010-83470235
  投稿与读者服务:010-62776969,c-service@tup.tsinghua.edu.cn
  质量反馈:010-62772015,zhiliang@tup.tsinghua.edu.cn
  课件下载:http://www.tup.com.cn,010-83470236

印 装 者:大厂回族自治县彩虹印刷有限公司
经 销:全国新华书店
开 本:185mm×260mm 印 张:21   字 数:510 千字
版 次:2017 年 8 月第 1 版   印 次:2021 年 8 月第14次印刷
印 数:46001~51000
定 价:45.00 元

产品编号:072426-01

前 言 Preface

数据结构实验教学不仅可以使学生巩固对课程中基本原理、基本概念和相关算法的理解和掌握，而且可以改变学生实践教学环节薄弱、动手能力不强的现状，有利于形成以学生为主的学习氛围。该课程实验教学内容以应用型本科教学计划为依据，形成实验体系，涵盖验证性、设计性和综合性的实验，注重学生能力培养。

验证性实验主要是上机实现课程中涉及的相关算法，使学生进一步领会其原理和验证算法的正确性；设计性实验是采用数据结构的基本方法求解问题，学生可以自行设计实验方案并加以实现；综合性实验是综合运用数据结构课程中一章或者多章的内容求解比较复杂的问题，或者同一个问题用多种方法求解。

本书是《数据结构教程（第 5 版）》（清华大学出版社，以下简称《教程》）的配套上机实验指导。

全书分为 12 章，第 1 章绪论，第 2 章线性表，第 3 章栈和队列，第 4 章串，第 5 章递归，第 6 章数组和广义表，第 7 章树和二叉树，第 8 章图，第 9 章查找，第 10 章内排序，第 11 章外排序，第 12 章文件。各章次与《教程》的章次相对应。附录中给出了学生提交的实验报告的格式。

每章的实验根据相关知识点分为验证性实验、设计性实验和综合性实验，后两部分中包含一些国内著名软件公司的面试题。在解答实验时给出了算法设计原理、算法调用关系（程序结构图）、各函数的功能说明和实验结果。在实验题的设计中，采用结构化编程方法，体现了数据结构中数据组织和数据处理的思想。

书中所有程序都在 VC++ 6.0 和 Dev C++ 5 环境下调试通过，读者可以从清华大学出版社网站（http://www.tup.com.cn）免费下载。

本书列出了《教程》中的全部上机实验题目，其自成一体，也可以脱离《教程》单独使用。

由于水平有限，尽管编者不遗余力，仍可能存在错误和不足之处，敬请教师和同学们批评指正。

编　者
2017 年 1 月

目 录 Contents

第 1 章 绪论

1.1 验证性实验

实验题 1：求 1～n 的连续整数和

目的：通过对比同一问题不同解法的绝对执行时间，体会不同算法的优劣。

内容：编写一个程序 exp1-1.cpp，对于给定的正整数 n，求 $1+2+\cdots+n$，采用逐个累加和 $n(n+1)/2$（高斯法）两种解法。对于相同的 n，给出这两种解法的求和结果和求解时间，并用相关数据进行测试。

✎ 程序 exp1-1.cpp 的结构如图 1.1 所示，add1（逐个累加）和 add2（高斯法）函数采用两种解法计算 $1+2+\cdots+n$，AddTime1 和 AddTime2 分别调用它们求 $1+2+\cdots+n$，并统计求解时间。

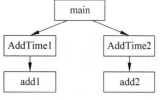

图 1.1 exp1-1.cpp 程序结构

其中，clock_t 是时钟数据类型（长整型数），clock() 函数返回 CPU 时钟计时单元数（以毫秒为单位），而 CLOCKS_PER_SEC 是一个常量，表示 1 秒包含的毫秒数。表达式 ((float) t)/CLOCKS_PER_SEC 返回 t 转换成的秒数。clock_t 类型、clock() 函数和 CLOCKS_PER_SEC 常量均在 time.h 头文件中声明。

为了计算一个功能的执行时间，其基本方式如下：

```
clock_t t;                                    //定义时钟变量 t
t = clock();                                  //求调用前的时间
```

调用要计算执行时间的功能函数；

```
t = clock() - t;                              //求时间差，即该功能的执行时间
printf("用时：%1f 秒\n",((float)t)/CLOCKS_PER_SEC);   //转换为秒单位，再输出
```

⌨ exp1-1.cpp 程序的代码如下：

```
#include <stdio.h>
#include <time.h>                 //clock_t, clock, CLOCKS_PER_SEC
#include <math.h>
//------- 方法 1 -----------------------------------------
long add1(long n)                       //方法 1：求 1 + 2 + … + n
{   long i,sum = 0;
    for (i = 1;i <= n;i++)
        sum += i;
    return sum;
}
void AddTime1(long n)                    //采用方法 1 的耗时统计
{   clock_t t;
    long sum;
```

```
        t = clock();
        sum = add1(n);
        t = clock() - t;
        printf("方法 1:\n");
        printf("   结果.1 ~ %d 之和:%ld\n",n,sum);
        printf("   用时:%lf 秒\n",((float)t)/CLOCKS_PER_SEC);
}
// ------ 方法 2 ---------------------------------------
long add2(long n)                    //方法 2: 求 1 + 2 + … + n
{
        return n * (n + 1)/2;
}
void AddTime2(long n)                //采用方法 2 的耗时统计
{   clock_t t;
        long sum;
        t = clock();
        sum = add2(n);
        t = clock() - t;
        printf("方法 2:\n");
        printf("   结果:1~ %d 之和: %ld\n",n,sum);
        printf("   用时: %lf 秒\n",((float)t)/CLOCKS_PER_SEC);
}
// ----------------------------------------------------
int main()
{   int n;
        printf("n(大于 1000000):");
        scanf(" %d",&n);
        if (n < 1000000) return 0;
        AddTime1(n);
        AddTime2(n);
        return 1;
}
```

其中,add1(n)采用逐个累加法求和,对应算法的时间复杂度为 $O(n)$;而 add2(n)采用高斯法求和,对应算法的时间复杂度为 $O(1)$。

💻 exp1-1.cpp 程序的一次执行结果如图 1.2 所示。对于 $n=99999999$,采用逐个累加法花费 0.234 秒,而高斯法花费的时间几乎可以忽略不计。

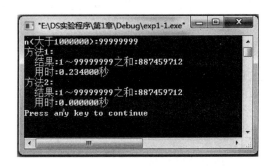

图 1.2   exp1-1.cpp 程序执行结果

实验题2：常见算法时间函数的增长趋势分析

目的：理解常见算法时间函数的增长情况。

内容：编写一个程序 exp1-2.cpp，对于 $1 \sim n$ 的每个整数 n，输出 $\log_2 n$、$\sqrt{n}$、n、$n\log_2 n$、n^2、n^3、2^n 和 $n!$ 的值。

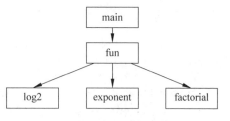

程序 exp1-2.cpp 的结构如图 1.3 所示，输出 $1 \sim 10$ 的 $\log_2 n$、$\sqrt{n}$、n、$n\log_2 n$、n^2、n^3、2^n 和 $n!$ 的值。

图 1.3　exp1-1.cpp 程序结构

exp1-2.cpp 程序的代码如下：

```
#include <stdio.h>
#include <math.h>
double log2(double n)                        //求log2(n)
{
    return log10(n)/log10(2);
}
long exponent(int n)                         //求2^n
{   long s = 1;
    for (int i = 1; i <= n; i++)
        s *= 2;
    return s;
}
long factorial(int n)                        //求n!
{   long s = 1;
    for (int i = 1; i <= n; i++)
        s *= i;
    return s;
}
void fun(int n)
{   printf("log2(n) sqrt(n)   n      nlog2(n)   n^2      n^3       2^n       n!\n");
    printf(" =============================================================== \n");
    for (int i = 1; i <= n; i++)
    {   printf("%5.2f\t", log2(double(i)));
        printf("%5.2f\t", sqrt(i));
        printf("%2d\t", i);
        printf("%7.2f\t", i * log2(double(i)));
        printf("%5d\t", i * i);
        printf("%7d\t", i * i * i);
        printf("%8d\t", exponent(i));
        printf("%10d\n", factorial(i));
    }
}
int main()
{   int n = 10;
```

```
        fun(n);
        return 1;
}
```

💻 exp1-2.cpp 程序的执行结果如图 1.4 所示。从中看到,时间函数按照 $\log_2 n$、$\sqrt{n}$、n、$n\log_2 n$、n^2、n^3、2^n 和 $n!$ 的顺序随 n 增长越来越快。

图 1.4 exp1-2.cpp 程序执行结果

1.2 设计性实验

实验题 3: 求素数个数

目的:通过对比同一问题不同解法的绝对执行时间,体会如何设计"好"的算法。

内容:编写一个程序 exp1-3.cpp,求 1~n 的素数个数。给出两种解法。对于相同的 n,给出这两种解法的结果和求解时间,并用相关数据进行测试。

📝 程序 exp1-3.cpp 的结构如图 1.5 所示,prime1(n) 函数采用传统方法判断 n 是否为素数,称为方法 1,对应的时间复杂度为 $O(n)$。prime2(n) 函数采用改进方法判断 n 是否为素数,称为方法 2,对应的时间复杂度为 $O(\sqrt{n})$。PrimeTime1 和 PrimeTime2 分别调用上述两个函数求 1~n 的素数个数,并统计求解时间。

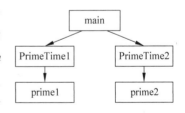

图 1.5 exp1-3.cpp 程序结构

有关程序执行时间的计算方法参见本章实验题 1。

⌨ exp1-3.cpp 程序的代码如下:

```
# include < stdio. h >
# include < time. h >          //clock_t、clock、CLOCKS_PER_SEC
# include < math. h >
//------ 方法 1----------------------------------------
bool prime1(long n)              //方法1: 判断正整数 n 是否为素数
```

```
{   long i;
    for (i = 2;i < n;i++)
        if (n % i == 0)
            return false;                          //若 n 不是素数,则退出并返回 false
    return true;
}
void PrimeTime1(long n)                            //采用方法 1 的耗时统计
{   clock_t t;
    long sum = 0,i;
    t = clock();
    for (i = 2;i <= n;i++)
        if (prime1(i))
            sum++;
    t = clock() - t;
    printf("方法 1:\n");
    printf("   结果:2～ % d 的素数个数:% d\n",n,sum);
    printf("   用时:% lf 秒\n",((float)t)/CLOCKS_PER_SEC);
}
// ------ 方法 2 ----------------------------------------
bool prime2(long n)                                //方法 2:判断正整数 n 是否为素数
{   long i;
    for (i = 2;i <= (int)sqrt(n);i++)
        if (n % i == 0)
            return false;                          //若 n 不是素数,则退出并返回 false
    return true;
}
void PrimeTime2(long n)                            //采用方法 2 的耗时统计
{   clock_t t;
    long sum = 0,i;
    t = clock();
    for (i = 2;i <= n;i++)
        if (prime2(i))
            sum++;
    t = clock() - t;
    printf("方法 2:\n");
    printf("   结果:2～ % d 的素数个数:% d\n",n,sum);
    printf("   用时:% lf 秒\n",((float)t)/CLOCKS_PER_SEC);
}
// ----------------------------------------------------
int main()
{   long n;
    printf("n(大于 100000):");
    scanf(" % d",&n);
    if (n < 10000) return 0;
    PrimeTime1(n);
    PrimeTime2(n);
    return 1;
}
```

💻 exp1-3.cpp 程序的一次执行结果如图 1.6 所示。对于 $n=234567$,采用方法 1 花费了 7.109 秒,而采用方法 2 仅仅花费了 0.097 秒。

图 1.6 exp1-3.cpp 程序执行结果

实验题 4: 求连续整数阶乘的和

目的:体会如何设计"好"的算法。

内容:编写一个程序 exp1-4.cpp,对于给定的正整数 n,求 $1!+2!+3!+\cdots+n!$。给出一种时间复杂度为 $O(n)$ 的解法。

✍ 程序 exp1-4.cpp 的结构如图 1.7 所示,$\text{Sum}(n)$ 函数用于计算 $1!+2!+\cdots+n!$,其思路是:i 从 1 开始,fact $=$ $i!$,sum 用于累加 fact;当 i 增 1 时,fact $=$ fact $\times i$,再将 fact 累加到 sum 中,以此类推,直到 $i=n$ 为止,算法的时间复杂度为 $O(n)$。如果对于每个 $m!$($1\leqslant m\leqslant n$),都从 1 到 m 做连乘,对应算法的时间复杂度为 $O(n^2)$。

图 1.7 exp1-4.cpp 程序结构

🖳 exp1-4.cpp 程序的代码如下:

```c
#include<stdio.h>
long Sum(int n)
{    long sum = 0, fact = 1;
     for (int i = 1; i <= n; i++)
     {    fact * = i;                      //求出 fact = i!
          sum += fact;                     //求出 sum = 1! + 2! + … + i!
     }
     return sum;
}
int main()
{    int n;
     printf("n(3-20):");
     scanf("%d", &n);
     if (n < 3 || n > 20) return 0;
     printf("1! + 2! + … + %d!= %ld\n", n, Sum(n));
     return 1;
}
```

 exp1-4.cpp 程序的一次执行结果如图 1.8 所示。

图 1.8   exp1-4.cpp 程序执行结果

第2章

线性表

2.1 验证性实验

实验题 1：实现顺序表各种基本运算的算法

目的：领会顺序表存储结构和掌握顺序表中各种基本运算算法设计。

内容：编写一个程序 sqlist.cpp，实现顺序表的各种基本运算和整体建表算法（假设顺序表的元素类型 ElemType 为 char），并在此基础上设计一个主程序，完成如下功能：

（1）初始化顺序表 L。

（2）依次插入 a、b、c、d、e 元素。

（3）输出顺序表 L。

（4）输出顺序表 L 长度。

（5）判断顺序表 L 是否为空。

（6）输出顺序表 L 的第 3 个元素。

（7）输出元素 a 的位置。

（8）在第 4 个元素位置上插入 f 元素。

（9）输出顺序表 L。

（10）删除顺序表 L 的第 3 个元素。

（11）输出顺序表 L。

（12）释放顺序表 L。

根据《教程》中 2.2 节的算法得到 sqlist.cpp 程序，其中包含如下函数。

- InitList(SqList $*\&L$)：初始化顺序表 L。
- DestroyList(SqList $*L$)：释放顺序表 L。
- ListEmpty(SqList $*L$)：判断顺序表 L 是否为空表。
- ListLength(SqList $*L$)：返回顺序表 L 的元素个数。
- DispList(SqList $*L$)：输出顺序表 L。
- GetElem(SqList $*L$, int i, ElemType $\&e$)：获取顺序表 L 中第 i 个元素。
- LocateElem(SqList $*L$, ElemType e)：在顺序表 L 中查找元素 e。
- ListInsert(SqList $*\&L$, int i, ElemType e)：在顺序表 L 中第 i 个位置上插入元素 e。
- ListDelete(SqList $*\&L$, int i, ElemType $\&e$)：从顺序表 L 中删除第 i 个元素。

对应的程序代码如下（设计思路详见代码中的注释）：

```
# include < stdio. h >
# include < malloc. h >
# define MaxSize 50
typedef char ElemType;
typedef struct
{   ElemType data[MaxSize];                    //存放顺序表元素
    int length;                                //存放顺序表的长度
```

```
    } SqList;                                          //声明顺序表的类型
    void CreateList(SqList *&L,ElemType a[],int n)     //整体建立顺序表
    {   L = (SqList *)malloc(sizeof(SqList));
        for (int i = 0;i < n;i++)
            L->data[i] = a[i];
        L->length = n;
    }
    void InitList(SqList *&L)                           //初始化线性表
    {   L = (SqList *)malloc(sizeof(SqList));           //分配存放线性表的空间
        L->length = 0;
    }
    void DestroyList(SqList *&L)                        //销毁线性表
    {
        free(L);
    }
    bool ListEmpty(SqList * L)                          //判断线性表是否为空表
    {
        return(L->length == 0);
    }
    int ListLength(SqList * L)                          //求线性表的长度
    {
        return(L->length);
    }
    void DispList(SqList * L)                           //输出线性表
    {   for (int i = 0;i < L->length;i++)
            printf("% c ",L->data[i]);
        printf("\n");
    }
    bool GetElem(SqList * L,int i,ElemType &e)          //求线性表中第 i 个元素值
    {   if (i < 1 || i > L->length)
            return false;
        e = L->data[i-1];
        return true;
    }
    int LocateElem(SqList * L, ElemType e)              //查找第一个值域为 e 的元素序号
    {   int i = 0;
        while (i < L->length && L->data[i]!= e)
            i++;
        if (i >= L->length)
            return 0;
        else
            return i + 1;
    }
    bool ListInsert(SqList *&L,int i,ElemType e)        //插入第 i 个元素
    {   int j;
        if (i < 1 || i > L->length + 1 || L->length == MaxSize)
            return false;
        i--;                                           //将顺序表位序转化为 data 下标
        for (j = L->length;j > i;j--)                  //将 data[i] 及后面元素后移一个位置
            L->data[j] = L->data[j-1];
```

```
        L->data[i]=e;
        L->length++;                              //顺序表长度增1
        return true;
}
bool ListDelete(SqList *&L,int i,ElemType &e)     //删除第 i 个元素
{   int j;
    if (i<1 || i>L->length)
        return false;
    i--;                                          //将顺序表位序转化为 data 下标
    e=L->data[i];
    for (j=i;j<L->length-1;j++)                   //将 data[i]之后的元素前移一个位置
        L->data[j]=L->data[j+1];
    L->length--;                                  //顺序表长度减1
    return true;
}
```

实验程序 exp2-1.cpp 的结构如图 2.1 所示。图中方框表示函数,方框中指出函数名,箭头方向表示函数间的调用关系。虚线方框表示文件的组成,即指出该虚线方框中的函数存放在哪个文件中。

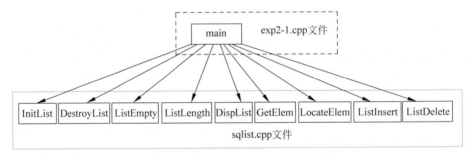

图 2.1　exp2-1.cpp 程序结构

实验程序 exp2-1.cpp 的程序代码如下:

```
#include "sqlist.cpp"                   //包含顺序表的基本运算算法
int main()
{   SqList *L;
    ElemType e;
    printf("顺序表的基本运算如下:\n");
    printf("  (1)初始化顺序表 L\n");
    InitList(L);
    printf("  (2)依次插入 a,b,c,d,e 元素\n");
    ListInsert(L,1,'a');
    ListInsert(L,2,'b');
    ListInsert(L,3,'c');
    ListInsert(L,4,'d');
    ListInsert(L,5,'e');
    printf("  (3)输出顺序表 L:");DispList(L);
    printf("  (4)顺序表 L 长度:%d\n",ListLength(L));
```

```
printf("  (5)顺序表L为%s\n",(ListEmpty(L)?"空":"非空"));
GetElem(L,3,e);
printf("  (6)顺序表L的第3个元素:%c\n",e);
printf("  (7)元素a的位置:%d\n",LocateElem(L,'a'));
printf("  (8)在第4个元素位置上插入f元素\n");
ListInsert(L,4,'f');
printf("  (9)输出顺序表L:");DispList(L);
printf("  (10)删除L的第3个元素\n");
ListDelete(L,3,e);
printf("  (11)输出顺序表L:");DispList(L);
printf("  (12)释放顺序表L\n");
DestroyList(L);
return 1;
}
```

📺 exp2-1.cpp 程序的执行结果如图 2.2 所示。

图 2.2　exp2-1.cpp 程序执行结果

实验题 2：实现单链表各种基本运算的算法

目的：领会单链表存储结构和掌握单链表中各种基本运算算法设计。

内容：编写一个程序 linklist.cpp，实现单链表的各种基本运算和整体建表算法（假设单链表的元素类型 ElemType 为 char），并在此基础上设计一个程序 exp2-2.cpp，完成如下功能：

（1）初始化单链表 h。

（2）依次采用尾插法插入 a、b、c、d、e 元素。

（3）输出单链表 h。

（4）输出单链表 h 长度。

（5）判断单链表 h 是否为空。

（6）输出单链表 h 的第 3 个元素。

（7）输出元素 a 的位置。

(8) 在第 4 个元素位置上插入 f 元素。

(9) 输出单链表 h。

(10) 删除单链表 h 的第 3 个元素。

(11) 输出单链表 h。

(12) 释放单链表 h。

✎ 根据《教程》中 2.3.2 节的算法得到 linklist. cpp 程序,其中包含如下函数:

- InitList(LinkNode $*\&L$):初始化单链表 L。
- DestroyList(LinkNode $*L$):释放单链表 L。
- ListEmpty(LinkNode $*L$):判断单链表 L 是否为空表。
- ListLength(LinkNode $*L$):返回单链表 L 的元素个数。
- DispList(LinkNode $*L$):输出单链表 L。
- GetElem(LinkNode $*L$, int i, ElemType $\&e$):获取单链表 L 中第 i 个元素。
- LocateElem(LinkNode $*L$, ElemType e):在单链表 L 中查找元素 e。
- ListInsert(LinkNode $*\&L$, int i, ElemType e):在单链表 L 第 i 个位置上插入元素 e。
- ListDelete(LinkNode $*\&L$, int i, ElemType $\&e$):从单链表 L 中删除第 i 个元素。

对应的程序代码如下(设计思路详见代码中的注释):

```c
# include < stdio. h >
# include < malloc. h >
typedef char ElemType;
typedef struct LNode
{   ElemType data;
    struct LNode * next;                              //指向后继结点
} LinkNode;                                           //声明单链表结点类型
void CreateListF(LinkNode *&L, ElemType a[], int n)   //头插法建立单链表
{   LinkNode * s;
    L = (LinkNode * )malloc(sizeof(LinkNode));        //创建头结点
    L -> next = NULL;
    for ( int i = 0; i < n; i++)
    {   s = (LinkNode * )malloc(sizeof(LinkNode));    //创建新结点 s
        s -> data = a[i];
        s -> next = L -> next;                        //将结点 s 插在原开始结点之前,头结点之后
        L -> next = s;
    }
}
void CreateListR(LinkNode *&L, ElemType a[], int n)   //尾插法建立单链表
{   LinkNode * s, * r;
    L = (LinkNode * )malloc(sizeof(LinkNode));        //创建头结点
    L -> next = NULL;
    r = L;                                            //r 始终指向尾结点,开始时指向头结点
    for ( int i = 0; i < n; i++)
    {   s = (LinkNode * )malloc(sizeof(LinkNode));    //创建新结点 s
        s -> data = a[i];
        r -> next = s;                                //将结点 s 插入 r 结点之后
```

```
            r = s;
    }
    r->next = NULL;                               //尾结点 next 域置为 NULL
}
void InitList(LinkNode *&L)                       //初始化线性表
{   L = (LinkNode *)malloc(sizeof(LinkNode));     //创建头结点
    L->next = NULL;                               //将单链表置为空表
}
void DestroyList(LinkNode *&L)                    //销毁线性表
{   LinkNode *pre = L, *p = pre->next;
    while (p!= NULL)
    {   free(pre);
        pre = p;                                  //pre、p 同步后移一个结点
        p = pre->next;
    }
    free(pre);                                    //此时 p 为 NULL,pre 指向尾结点,释放它
}
bool ListEmpty(LinkNode *L)                       //判断线性表是否为空表
{
    return(L->next == NULL);
}
int ListLength(LinkNode *L)                       //求线性表的长度
{   int i = 0;
    LinkNode *p = L;                              //p 指向头结点,i 置为 0(即头结点的序号为 0)
    while (p->next!= NULL)
    {   i++;
        p = p->next;
    }
    return(i);                                    //循环结束,p 指向尾结点,其序号 i 为结点个数
}
void DispList(LinkNode *L)                        //输出线性表
{   LinkNode *p = L->next;                        //p 指向首结点
    while (p!= NULL)                              //p 不为 NULL,输出 p 结点的 data 域
    {   printf(" % c ",p->data);
        p = p->next;                              //p 移向下一个结点
    }
    printf("\n");
}
bool GetElem(LinkNode *L,int i,ElemType &e)       //求线性表中第 i 个元素值
{   int j = 0;
    LinkNode *p = L;                              //p 指向头结点,j 置为 0(即头结点的序号为 0)
    if (i<= 0) return false;                      //i 错误返回假
    while (j< i && p!= NULL)                      //找第 i 个结点 p
    {   j++;
        p = p->next;
    }
    if (p == NULL)                                //不存在第 i 个数据结点,返回 false
        return false;
    else                                          //存在第 i 个数据结点,返回 true
```

```
    {    e = p->data;
         return true;
    }
}
int LocateElem(LinkNode * L,ElemType e)          //查找第一个值域为 e 的元素序号
{    int i=1;
     LinkNode * p = L->next;                     //p指向首结点,i置为1(即首结点的序号为1)
     while (p!=NULL && p->data!=e)               //查找 data 值为 e 的结点,其序号为 i
     {    p=p->next;
          i++;
     }
     if (p==NULL)                                //不存在值为 e 的结点,返回 0
          return(0);
     else                                        //存在值为 e 的结点,返回其逻辑序号 i
          return(i);
}
bool ListInsert(LinkNode * &L,int i,ElemType e)  //插入第 i 个元素
{    int j=0;
     LinkNode * p = L, * s;                       //p指向头结点,j置为0(即头结点的序号为0)
     if (i<=0) return false;                      //i 错误返回假
     while (j<i-1 && p!=NULL)                      //查找第 i-1 个结点 p
     {    j++;
          p=p->next;
     }
     if (p==NULL)                                  //未找到第 i-1 个结点,返回 false
          return false;
     else                                          //找到第 i-1 个结点 p,插入新结点并返回 true
     {    s=(LinkNode * )malloc(sizeof(LinkNode));
          s->data=e;                               //创建新结点 s,其 data 域置为 e
          s->next=p->next;                         //将结点 s 插入到结点 p 之后
          p->next=s;
          return true;
     }
}
bool ListDelete(LinkNode * &L,int i,ElemType &e)  //删除第 i 个元素
{    int j=0;
     LinkNode * p = L, * q;                        //p指向头结点,j置为0(即头结点的序号为0)
     if (i<=0) return false;                       //i 错误返回假
     while (j<i-1 && p!=NULL)                       //查找第 i-1 个结点
     {    j++;
          p=p->next;
     }
     if (p==NULL)                                   //未找到第 i-1 个结点,返回 false
          return false;
     else                                           //找到第 i-1 个结点 p
     {    q=p->next;                                //q指向第 i 个结点
          if (q==NULL)                              //若不存在第 i 个结点,返回 false
               return false;
          e=q->data;
          p->next=q->next;                          //从单链表中删除 q 结点
```

```
        free(q);              //释放 q 结点
        return true;          //返回 true 表示成功删除第 i 个结点
    }
}
```

实验程序 exp2-2.cpp 的结构如图 2.3 所示。图中方框表示函数,方框中指出函数名,箭头方向表示函数间的调用关系。虚线方框表示文件的组成,即指出该虚线方框中的函数存放在哪个文件中。

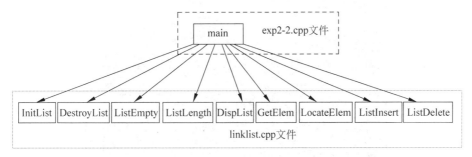

图 2.3   exp2-2.cpp 程序结构

📠 实验程序 exp2-2.cpp 的程序代码如下:

```
# include "linklist.cpp"              //包含单链表的基本运算算法
int main()
{   LinkNode * h;
    ElemType e;
    printf("单链表的基本运算如下:\n");
    printf("  (1)初始化单链表 h\n");
    InitList(h);
    printf("  (2)依次采用尾插法插入 a,b,c,d,e 元素\n");
    ListInsert(h,1,'a');
    ListInsert(h,2,'b');
    ListInsert(h,3,'c');
    ListInsert(h,4,'d');
    ListInsert(h,5,'e');
    printf("  (3)输出单链表 h:");DispList(h);
    printf("  (4)单链表 h 长度:%d\n",ListLength(h));
    printf("  (5)单链表 h 为%s\n",(ListEmpty(h)?"空":"非空"));
    GetElem(h,3,e);
    printf("  (6)单链表 h 的第 3 个元素:%c\n",e);
    printf("  (7)元素 a 的位置:%d\n",LocateElem(h,'a'));
    printf("  (8)在第 4 个元素位置上插入 f 元素\n");
    ListInsert(h,4,'f');
    printf("  (9)输出单链表 h:");DispList(h);
    printf("  (10)删除 h 的第 3 个元素\n");
    ListDelete(h,3,e);
    printf("  (11)输出单链表 h:");DispList(h);
    printf("  (12)释放单链表 h\n");
```

```
    DestroyList(h);
    return 1;
}
```

🖥 exp2-2.cpp 程序的执行结果如图 2.4 所示。

图 2.4　exp2-2.cpp 程序执行结果

实验题3：实现双链表各种基本运算的算法

目的：领会双链表存储结构和掌握双链表中各种基本运算算法设计。

内容：编写一个程序 dlinklist.cpp，实现双链表的各种基本运算和整体建表算法（假设双链表的元素类型 ElemType 为 char），并在此基础上设计一个程序 exp2-3.cpp，完成如下功能：

（1）初始化双链表 h。

（2）依次采用尾插法插入 a、b、c、d、e 元素。

（3）输出双链表 h。

（4）输出双链表 h 长度。

（5）判断双链表 h 是否为空。

（6）输出双链表 h 的第 3 个元素。

（7）输出元素 a 的位置。

（8）在第 4 个元素位置上插入 f 元素。

（9）输出双链表 h。

（10）删除双链表 h 的第 3 个元素。

（11）输出双链表 h。

（12）释放双链表 h。

✍ 根据《教程》中 2.3.3 节的算法得到 dlinklist.cpp 程序，其中包含如下函数。

• InitList(DLinkNode $*\&L$)：初始化双链表 L。

• DestroyList(DLinkNode $*L$)：释放双链表 L。

• ListEmpty(DLinkNode $*L$)：判断双链表 L 是否为空表。

- ListLength(DLinkNode $*L$)：返回双链表 L 的元素个数。
- DispList(DLinkNode $*L$)：输出双链表 L。
- GetElem(DLinkNode $*L$, int i, ElemType $\&e$)：获取双链表 L 中第 i 个元素。
- LocateElem(DLinkNode $*L$, ElemType e)：在双链表 L 中查找元素 e。
- ListInsert(DLinkNode $*\&L$, int i, ElemType e)：在双链表 L 第 i 个位置上插入元素 e。
- ListDelete(DLinkNode $*\&L$, int i, ElemType $\&e$)：从双链表 L 中删除第 i 个元素。

对应的程序代码如下（设计思路详见代码中的注释）：

```
#include < stdio. h >
#include < malloc. h >
typedef int ElemType;
typedef struct DNode
{   ElemType data;
    struct DNode * prior;                              //指向前驱结点
    struct DNode * next;                               //指向后继结点
} DLinkNode;                                           //声明双链表结点类型
void CreateListF(DLinkNode *&L, ElemType a[], int n)   //头插法建立双链表
{   DLinkNode * s;
    L = (DLinkNode * )malloc(sizeof(DLinkNode));       //创建头结点
    L -> prior = L -> next = NULL;
    for (int i = 0; i < n; i++)
    {   s = (DLinkNode * )malloc(sizeof(DLinkNode));   //创建新结点
        s -> data = a[i];
        s -> next = L -> next;                         //将结点 s 插在原开始结点之前,头结点之后
        if (L -> next!= NULL) L -> next -> prior = s;
        L -> next = s; s -> prior = L;
    }
}

void CreateListR(DLinkNode *&L, ElemType a[], int n)   //尾插法建立双链表
{   DLinkNode * s, * r;
    L = (DLinkNode * )malloc(sizeof(DLinkNode));       //创建头结点
    L -> prior = L -> next = NULL;
    r = L;                                             //r 始终指向终端结点,开始时指向头结点
    for (int i = 0; i < n; i++)
    {   s = (DLinkNode * )malloc(sizeof(DLinkNode));   //创建新结点
        s -> data = a[i];
        r -> next = s; s -> prior = r;                 //将结点 s 插入结点 r 之后
        r = s;
    }
    r -> next = NULL;                                  //尾结点 next 域置为 NULL
}
void InitList(DLinkNode *&L)                           //初始化线性表
{   L = (DLinkNode * )malloc(sizeof(DLinkNode));       //创建头结点
    L -> prior = L -> next = NULL;
}
```

```
    void DestroyList(DLinkNode *&L)                    //销毁线性表
{   DLinkNode * pre = L, * p = pre->next;
    while (p!= NULL)
    {   free(pre);
        pre = p;                                       //pre、p同步后移一个结点
        p = pre->next;
    }
    free(p);
}
    bool ListEmpty(DLinkNode * L)                      //判断线性表是否为空表
{
    return(L->next == NULL);
}
    int ListLength(DLinkNode * L)                      //求线性表的长度
{   DLinkNode * p = L;
    int i = 0;                                         //p指向头结点,i设置为0
    while (p->next!= NULL)                             //找尾结点p
    {   i++;                                           //i对应结点p的序号
        p = p->next;
    }
    return(i);
}
    void DispList(DLinkNode * L)                       //输出线性表
{   DLinkNode * p = L->next;
    while (p!= NULL)
    {   printf(" % c ",p->data);
        p = p->next;
    }
    printf("\n");
}
    bool GetElem(DLinkNode * L, int i, ElemType &e)    //求线性表中第 i 个元素值
{   int j = 0;
    DLinkNode * p = L;
    if (i <= 0) return false;                          //i错误返回假
    while (j < i && p!= NULL)                          //查找第 i 个结点p
    {   j++;
        p = p->next;
    }
    if (p == NULL)                                     //没有找到返回假
        return false;
    else                                               //找到了提取值并返回真
    {   e = p->data;
        return true;
    }
}
    int LocateElem(DLinkNode * L, ElemType e)          //查找第一个值域为 e 的元素序号
{   int i = 1;
    DLinkNode * p = L->next;
    while (p!= NULL && p->data!= e)                    //查找第一个值域为 e 的结点p
    {   i++;                                           //i对应结点p的序号
```

```
            p = p - > next;
    }
    if (p == NULL)                                    //没有找到返回 0
        return(0);
    else                                              //找到了返回其序号
        return(i);
}
bool ListInsert(DLinkNode *&L, int i, ElemType e)     //插入第 i 个元素
{   int j = 0;
    DLinkNode * p = L, * s;                            //p 指向头结点,j 设置为 0
    if (i <= 0) return false;                          //i 错误返回假
    while (j < i - 1 && p!= NULL)                      //查找第 i - 1 个结点 p
    {   j++;
        p = p - > next;
    }
    if (p == NULL)                                     //未找到第 i - 1 个结点
        return false;
    else                                               //找到第 i - 1 个结点 p
    {   s = (DLinkNode * )malloc(sizeof(DLinkNode));    //创建新结点 s
        s - > data = e;
        s - > next = p - > next;                        //将结点 s 插入到结点 p 之后
        if (p - > next!= NULL)
            p - > next - > prior = s;
        s - > prior = p;
        p - > next = s;
        return true;
    }
}
bool ListDelete(DLinkNode *&L, int i, ElemType &e)     //删除第 i 个元素
{   int j = 0;
    DLinkNode * p = L, * q;                             //p 指向头结点,j 设置为 0
    if (i <= 0) return false;                           //i 错误返回假
    while (j < i - 1 && p!= NULL)                       //查找第 i - 1 个结点 p
    {   j++;
        p = p - > next;
    }
    if (p == NULL)                                      //未找到第 i - 1 个结点
        return false;
    else                                                //找到第 i - 1 个结点 p
    {   q = p - > next;                                  //q 指向第 i 个结点
        if (q == NULL)                                   //当不存在第 i 个结点时返回 false
            return false;
        e = q - > data;
        p - > next = q - > next;                         //从双链表中删除结点 q
        if (p - > next!= NULL)                           //若 p 结点存在后继结点,修改其前驱指针
            p - > next - > prior = p;
        free(q);                                         //释放 q 结点
        return true;
    }
}
```

实验程序 exp2-3.cpp 的结构如图 2.5 所示。图中方框表示函数,方框中指出函数名,箭头方向表示函数间的调用关系;虚线方框表示文件的组成,即指出该虚线方框中的函数存放在哪个文件中。

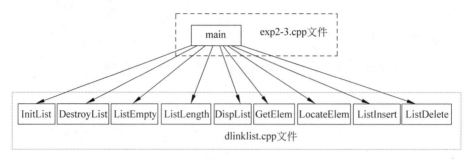

图 2.5　exp2-3.cpp 程序结构

实验程序 exp2-3.cpp 的程序代码如下:

```cpp
#include "dlinklist.cpp"                           //包含双链表的基本运算算法
int main()
{   DLinkNode *h;
    ElemType e;
    printf("双链表的基本运算如下:\n");
    printf("  (1)初始化双链表 h\n");
    InitList(h);
    printf("  (2)依次采用尾插法插入 a,b,c,d,e 元素\n");
    ListInsert(h,1,'a');
    ListInsert(h,2,'b');
    ListInsert(h,3,'c');
    ListInsert(h,4,'d');
    ListInsert(h,5,'e');
    printf("  (3)输出双链表 h:");DispList(h);
    printf("  (4)双链表 h 长度:%d\n",ListLength(h));
    printf("  (5)双链表 h 为%s\n",(ListEmpty(h)?"空":"非空"));
    GetElem(h,3,e);
    printf("  (6)双链表 h 的第 3 个元素:%c\n",e);
    printf("  (7)元素 a 的位置:%d\n",LocateElem(h,'a'));
    printf("  (8)在第 4 个元素位置上插入 f 元素\n");
    ListInsert(h,4,'f');
    printf("  (9)输出双链表 h:");DispList(h);
    printf("  (10)删除 h 的第 3 个元素\n");
    ListDelete(h,3,e);
    printf("  (11)输出双链表 h:");DispList(h);
    printf("  (12)释放双链表 h\n");
    DestroyList(h);
    return 1;
}
```

exp2-3.cpp 程序的执行结果如图 2.6 所示。

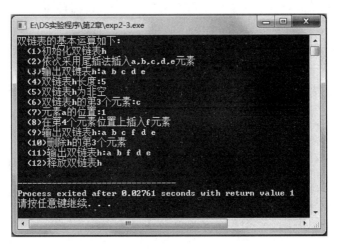

图 2.6　exp2-3.cpp 程序执行结果

实验题 4：实现循环单链表各种基本运算的算法

目的：领会循环单链表存储结构和掌握循环单链表中各种基本运算算法设计。

内容：编写一个程序 clinklist.cpp，实现循环单链表的各种基本运算和整体建表算法（假设循环单链表的元素类型 ElemType 为 char），并在此基础上设计一个主程序，完成如下功能：

(1) 初始化循环单链表 h。

(2) 依次采用尾插法插入 a、b、c、d、e 元素。

(3) 输出循环单链表 h。

(4) 输出循环单链表 h 长度。

(5) 判断循环单链表 h 是否为空。

(6) 输出循环单链表 h 的第 3 个元素。

(7) 输出元素 a 的位置。

(8) 在第 4 个元素位置上插入 f 元素。

(9) 输出循环单链表 h。

(10) 删除循环单链表 h 的第 3 个元素。

(11) 输出循环单链表 h。

(12) 释放循环单链表 h。

根据《教程》中 2.3.4 节的算法得到 clinklist.cpp 程序，其中包含如下函数。

- InitList(LinkNode $* \& L$)：初始化循环单链表 L。
- DestroyList(LinkNode $* L$)：释放循环单链表 L。
- ListEmpty(LinkNode $* L$)：判断循环单链表 L 是否为空表。
- ListLength(LinkNode $* L$)：返回循环单链表 L 的元素个数。
- DispList(LinkNode $* L$)：输出循环单链表 L。
- GetElem(LinkNode $* L$,int i,ElemType $\& e$)：获取循环单链表 L 中第 i 个元素。

- LocateElem(LinkNode $*L$, ElemType e)：在循环单链表 L 中查找元素 e。
- ListInsert(LinkNode $*\&L$, int i, ElemType e)：在循环单链表 L 中第 i 个位置上插入元素 e。
- ListDelete(LinkNode $*\&L$, int i, ElemType $\&e$)：从循环单链表 L 中删除第 i 个元素。

对应的程序代码如下（设计思路详见代码中的注释）：

```
# include <stdio. h>
# include <malloc. h>
typedef int ElemType;
typedef struct LNode
{    ElemType data;
     struct LNode * next;
} LinkNode;                                               //声明循环单链表结点类型
void CreateListF(LinkNode *&L, ElemType a[], int n)       //头插法建立循环单链表
{    LinkNode * s; int i;
     L = (LinkNode * )malloc(sizeof(LinkNode));           //创建头结点
     L->next = NULL;
     for (i = 0; i < n; i++)
     {    s = (LinkNode * )malloc(sizeof(LinkNode));      //创建新结点
          s->data = a[i];
          s->next = L->next;                             //将结点 s 插入到原开始结点之前,头结点之后
          L->next = s;
     }
     s = L->next;
     while (s->next!= NULL)                               //查找尾结点,由 s 指向它
          s = s->next;
     s->next = L;                                         //尾结点 next 域指向头结点
}
void CreateListR(LinkNode *&L, ElemType a[], int n)       //尾插法建立循环单链表
{    LinkNode * s, * r; int i;
     L = (LinkNode * )malloc(sizeof(LinkNode));           //创建头结点
     L->next = NULL;
     r = L;                                               //r 始终指向终端结点,开始时指向头结点
     for (i = 0; i < n; i++)
     {    s = (LinkNode * )malloc(sizeof(LinkNode));      //创建新结点
          s->data = a[i];
          r->next = s;                                    //将结点 s 插入到结点 r 之后
          r = s;
     }
     r->next = L;                                         //尾结点 next 域指向头结点
}
void InitList(LinkNode *&L)                               //初始化线性表
{    L = (LinkNode * )malloc(sizeof(LinkNode));           //创建头结点
     L->next = L;
}
void DestroyList(LinkNode *&L)                            //销毁线性表
{    LinkNode * pre = L, * p = pre->next;
```

```
      while (p!= L)
      {    free(pre);
           pre = p;                          //pre、p同步后移一个结点
           p = pre - > next;
      }
      free(pre);                             //此时 p = L, pre 指向尾结点,释放它
}
bool ListEmpty(LinkNode * L)                 //判断线性表是否为空表
{
      return(L - > next == L);
}
int ListLength(LinkNode * L)                 //求线性表的长度
{     LinkNode * p = L; int i = 0;           //p指向头结点,n置为 0(即头结点的序号为 0)
      while (p - > next!= L)
      {    i++;
           p = p - > next;
      }
      return(i);                             //循环结束,p指向尾结点,其序号 n 为结点个数
}
void DispList(LinkNode * L)                  //输出线性表
{     LinkNode * p = L - > next;
      while (p!= L)                          //p不为 L,输出 p 结点的 data 域
      {    printf(" % c ", p - > data);
           p = p - > next;
      }
      printf("\n");
}
bool GetElem(LinkNode * L, int i, ElemType &e)    //求线性表中第 i 个元素值
{     int j = 1;
      LinkNode * p = L - > next;
      if (i < = 0 ‖ L - > next == L)          //i错误或者空表返回假
           return false;
      if (i == 1)                            //求第 1 个结点值,作为特殊情况处理
      {    e = L - > next - > data;
           return true;
      }
      else                                   //i不为 1 时
      {    while (j < = i - 1 && p!= L)        //找第 i 个结点 p
           {    j++;
                p = p - > next;
           }
           if (p == L)                       //没有找到返回假
                return false;
           else                              //找到了提取它的值并返回真
           {    e = p - > data;
                return true;
           }
      }
}
int LocateElem(LinkNode * L, ElemType e)     //查找第一个值域为 e 的元素序号
```

```
{    LinkNode *p=L->next;
     int i=1;
     while (p!=L && p->data!=e)              //查找第一个值域为 e 的结点 p
     {    p=p->next;
          i++;                               //i 对应结点 p 的序号
     }
     if (p==L)
          return(0);                         //没有找到返回 0
     else
          return(i);                         //找到了返回其序号
}
bool ListInsert(LinkNode *&L,int i,ElemType e)    //插入第 i 个元素
{    int j=1;
     LinkNode *p=L, *s;
     if (i<=0) return false;                 //i 错误返回假
     if (p->next==L || i==1)                 //原单链表为空表或 i=1 作为特殊情况处理
     {    s=(LinkNode *)malloc(sizeof(LinkNode));//创建新结点 s
          s->data=e;
          s->next=p->next;                   //将结点 s 插入到结点 p 之后
          p->next=s;
          return true;
     }
     else
     {    p=L->next;
          while (j<=i-2 && p!=L)             //找第 i-1 个结点 p
          {    j++;
               p=p->next;
          }
          if (p==L)                          //未找到第 i-1 个结点
               return false;
          else                               //找到第 i-1 个结点 p
          {    s=(LinkNode *)malloc(sizeof(LinkNode));    //创建新结点 s
               s->data=e;
               s->next=p->next;              //将结点 s 插入到结点 p 之后
               p->next=s;
               return true;
          }
     }
}
bool ListDelete(LinkNode *&L,int i,ElemType &e)    //删除第 i 个元素
{    int j=1;
     LinkNode *p=L, *q;
     if (i<=0 || L->next==L)
          return false;                      //i 错误或者空表返回假
     if (i==1)                               //i=1 作为特殊情况处理
     {    q=L->next;                         //删除第 1 个结点
          e=q->data;
          L->next=q->next;
          free(q);
          return true;
```

```
    }
    else                              //i不为1时
    {   p = L -> next;
        while (j <= i - 2 && p!= L)   //找第 i-1 个结点 p
        {   j++;
            p = p -> next;
        }
        if (p == L)                   //未找到第 i-1 个结点
            return false;
        else                          //找到第 i-1 个结点 p
        {   q = p -> next;            //q指向要删除的结点
            e = q -> data;
            p -> next = q -> next;    //从单链表中删除 q 结点
            free(q);                  //释放 q 结点
            return true;
        }
    }
}
```

实验程序 exp2-4.cpp 的结构如图 2.7 所示。图中方框表示函数,方框中指出函数名,箭头方向表示函数间的调用关系。虚线方框表示文件的组成,即指出该虚线方框中的函数存放在哪个文件中。

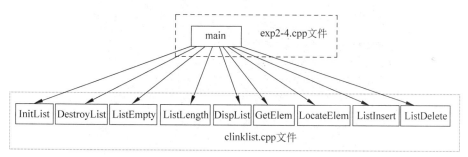

图 2.7 exp2-4.cpp 程序结构

🖳 实验程序 exp2-4.cpp 的程序代码如下:

```
# include "clinklist.cpp"            //包含循环单链表的基本运算算法
int main()
{   LinkNode ∗ h;
    ElemType e;
    printf("循环单链表的基本运算如下:\n");
    printf("  (1)初始化循环单链表 h\n");
    InitList(h);
    printf("  (2)依次采用尾插法插入 a,b,c,d,e 元素\n");
    ListInsert(h,1,'a');
    ListInsert(h,2,'b');
    ListInsert(h,3,'c');
    ListInsert(h,4,'d');
```

```
    ListInsert(h,5,'e');
    printf("   (3)输出循环单链表 h:");DispList(h);
    printf("   (4)循环单链表 h 长度:%d\n",ListLength(h));
    printf("   (5)循环单链表 h 为%s\n",(ListEmpty(h)?"空":"非空"));
    GetElem(h,3,e);
    printf("   (6)循环单链表 h 的第 3 个元素:%c\n",e);
    printf("   (7)元素 a 的位置:%d\n",LocateElem(h,'a'));
    printf("   (8)在第 4 个元素位置上插入 f 元素\n");
    ListInsert(h,4,'f');
    printf("   (9)输出循环单链表 h:");DispList(h);
    printf("   (10)删除 h 的第 3 个元素\n");
    ListDelete(h,3,e);
    printf("   (11)输出循环单链表 h:");DispList(h);
    printf("   (12)释放循环单链表 h\n");
    DestroyList(h);
    return 1;
}
```

📺 exp2-4.cpp 程序的执行结果如图 2.8 所示。

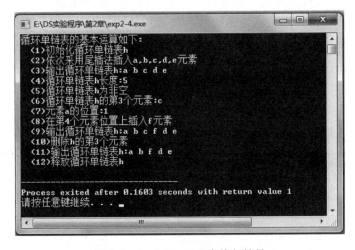

图 2.8　exp2-4.cpp 程序执行结果

实验题 5：实现循环双链表各种基本运算的算法

目的：领会循环双链表存储结构和掌握循环双链表中各种基本运算算法设计。

内容：编写一个程序 cdlinklist.cpp，实现循环双链表的各种基本运算和整体建表算法（假设循环双链表的元素类型 ElemType 为 char），并在此基础上设计一个主程序，完成如下功能：

（1）初始化循环双链表 h。

（2）依次采用尾插法插入 a、b、c、d、e 元素。

（3）输出循环双链表 h。

（4）输出循环双链表 h 长度。

（5）判断循环双链表 h 是否为空。

（6）输出循环双链表 h 的第 3 个元素。

（7）输出元素 a 的位置。

（8）在第 4 个元素位置上插入 f 元素。

（9）输出循环双链表 h。

（10）删除循环双链表 h 的第 3 个元素。

（11）输出循环双链表 h。

（12）释放循环双链表 h。

☑ 根据《教程》中 2.3.4 节的算法得到 cdlinklist. cpp 程序，其中包含如下函数。

- InitList(DLinkNode $* \& L$)：初始化循环双链表 L。
- DestroyList(DLinkNode $* L$)：释放循环双链表 L。
- ListEmpty(DLinkNode $* L$)：判断循环双链表 L 是否为空表。
- ListLength(DLinkNode $* L$)：返回循环双链表 L 的元素个数。
- DispList(DLinkNode $* L$)：输出循环双链表 L。
- GetElem(DLinkNode $* L$, int i, ElemType $\& e$)：获取循环双链表 L 中第 i 个元素。
- LocateElem(DLinkNode $* L$, ElemType e)：在循环双链表 L 中查找元素 e。
- ListInsert(DLinkNode $* \& L$, int i, ElemType e)：在循环双链表 L 中第 i 个位置上插入元素 e。
- ListDelete(DLinkNode $* \& L$, int i, ElemType $\& e$)：从循环双链表 L 中删除第 i 个元素。

对应的程序代码如下（设计思路详见代码中的注释）：

```
# include < stdio. h>
# include < malloc. h>
typedef int ElemType;
typedef struct DNode
{   ElemType data;
    struct DNode * prior;                          //指向前驱结点
    struct DNode * next;                           //指向后继结点
} DLinkNode;                                        //声明双链表结点类型
void CreateListF(DLinkNode *&L,ElemType a[],int n)  //头插法建立循环双链表
{   DLinkNode * s;
    L = (DLinkNode * )malloc(sizeof(DLinkNode));    //创建头结点
    L -> next = NULL;
    for (int i = 0;i < n;i++)
    {   s = (DLinkNode * )malloc(sizeof(DLinkNode)); //创建新结点
        s -> data = a[i];
        s -> next = L -> next;                      //将结点 s 插入到原开始结点之前,头结点之后
        if (L -> next!= NULL) L -> next -> prior = s;
        L -> next = s;s -> prior = L;
    }
    s = L -> next;
    while (s -> next!= NULL)                        //查找尾结点,由 s 指向它
        s = s -> next;
    s -> next = L;                                  //尾结点 next 域指向头结点
```

```
        L->prior=s;                                       //头结点的prior域指向尾结点
    }
    void CreateListR(DLinkNode *&L,ElemType a[ ],int n)   //尾插法建立循环双链表
    {   DLinkNode *s, *r;
        L=(DLinkNode * )malloc(sizeof(DLinkNode));        //创建头结点
        L->next=NULL;
        r=L;                                              //r始终指向尾结点,开始时指向头结点
        for (int i=0;i<n;i++)
        {   s=(DLinkNode * )malloc(sizeof(DLinkNode));     //创建新结点
            s->data=a[i];
            r->next=s;s->prior=r;                         //将结点s插入到结点r之后
            r=s;
        }
        r->next=L;                                        //尾结点next域指向头结点
        L->prior=r;                                       //头结点的prior域指向尾结点
    }
    void InitList(DLinkNode *&L)                          //初始化线性表
    {   L=(DLinkNode * )malloc(sizeof(DLinkNode));        //创建头结点
        L->prior=L->next=L;
    }
    void DestroyList(DLinkNode *&L)                       //销毁线性表
    {   DLinkNode * pre=L, * p=pre->next;
        while (p!=L)
        {   free(pre);
            pre=p;                                        //pre、p同步后移一个结点
            p=pre->next;
        }
        free(pre);                                        //此时p=L,pre指向尾结点,释放它
    }
    bool ListEmpty(DLinkNode * L)                         //判断线性表是否为空表
    {
        return(L->next==L);
    }
    int ListLength(DLinkNode * L)                         //求线性表的长度
    {   DLinkNode * p=L;
        int i=0;
        while (p->next!=L)
        {   i++;
            p=p->next;
        }
        return(i);                                        //循环结束,p指向尾结点,其序号i为结点个数
    }
    void DispList(DLinkNode * L)                          //输出线性表
    {   DLinkNode * p=L->next;
        while (p!=L)
        {   printf(" %c ",p->data);
            p=p->next;
        }
        printf("\n");
    }
```

```
bool GetElem(DLinkNode * L, int i, ElemType &e)        //求线性表中第 i 个元素值
{    int j = 1;
     DLinkNode * p = L-> next;
     if (i <= 0 || L-> next == L)
          return false;                                //i 错误或者 L 为空表返回假
     if (i == 1)                                       //i = 1 作为特殊情况处理
     {    e = L-> next-> data;
          return true;
     }
     else                                              //i 不为 1 时
     {    while (j <= i-1 && p!= L)                     //查找第 i 个结点 p
          {    j++;
               p = p-> next;
          }
          if (p == L)                                  //没有找到第 i 个结点,返回假
               return false;
          else                                         //找到第 i 个结点,返回真
          {    e = p-> data;
               return true;
          }
     }
}
int LocateElem(DLinkNode * L, ElemType e)              //查找第一个值域为 e 的元素序号
{    int i = 1;
     DLinkNode * p = L-> next;
     while (p!= NULL && p-> data!= e)
     {    i++;
          p = p-> next;
     }
     if (p == NULL)                                    //不存在值为 e 的结点,返回 0
          return(0);
     else                                              //存在值为 e 的结点,返回其逻辑序号 i
          return(i);
}
bool ListInsert(DLinkNode * &L, int i, ElemType e)     //插入第 i 个元素
{    int j = 1;
     DLinkNode * p = L, * s;
     if (i <= 0) return false;                         //i 错误返回假
     if (p-> next == L)                                //原双链表为空表时
     {    s = (DLinkNode * )malloc(sizeof(DLinkNode)); //创建新结点 s
          s-> data = e;
          p-> next = s; s-> next = p;
          p-> prior = s; s-> prior = p;
          return true;
     }
     else if (i == 1)                                  //L 不为空,i = 1 作为特殊情况处理
     {    s = (DLinkNode * )malloc(sizeof(DLinkNode)); //创建新结点 s
          s-> data = e;
          s-> next = p-> next; p-> next = s;           //将结点 s 插入到结点 p 之后
          s-> next-> prior = s; s-> prior = p;
```

```
            return true;
        }
        else                                      //i不为1时
        {   p = L -> next;
            while (j <= i - 2 && p != L)          //查找第 i-1 个结点 p
            {   j++;
                p = p -> next;
            }
            if (p == L)                           //未找到第 i-1 个结点
                return false;
            else                                  //找到第 i-1 个结点 p
            {   s = (DLinkNode *)malloc(sizeof(DLinkNode));  //创建新结点 s
                s -> data = e;
                s -> next = p -> next;            //将结点 s 插入到结点 p 之后
                if (p -> next != NULL) p -> next -> prior = s;
                s -> prior = p;
                p -> next = s;
                return true;
            }
        }
    }
}
bool ListDelete(DLinkNode * &L, int i, ElemType &e)    //删除第 i 个元素
{   int j = 1;
    DLinkNode * p = L, * q;
    if (i <= 0 || L -> next == L)                 //i 错误或者为空表返回假
        return false;
    if (i == 1)                                   //i == 1 作为特殊情况处理
    {   q = L -> next;                            //删除第 1 个结点
        e = q -> data;
        L -> next = q -> next;
        q -> next -> prior = L;
        free(q);
        return true;
    }
    else                                          //i 不为1时
    {   p = L -> next;
        while (j <= i - 2 && p != NULL)           //查找到第 i-1 个结点 p
        {   j++;
            p = p -> next;
        }
        if (p == NULL)                            //未找到第 i-1 个结点
            return false;
        else                                      //找到第 i-1 个结点 p
        {   q = p -> next;                        //q 指向要删除的结点
            if (q == NULL) return 0;              //不存在第 i 个结点
            e = q -> data;
            p -> next = q -> next;                //从单链表中删除 q 结点
            if (p -> next != NULL) p -> next -> prior = p;
            free(q);                              //释放 q 结点
            return true;
```

```
        }
    }
}
```

实验程序 exp2-5.cpp 的结构如图 2.9 所示。图中方框表示函数,方框中指出函数名,
箭头方向表示函数间的调用关系;虚线方框表示文件的组成,即指出该虚线方框中的函数
存放在哪个文件中。

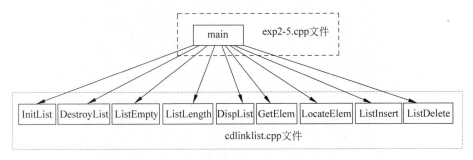

图 2.9   exp2-5.cpp 程序结构

实验程序 exp2-5.cpp 的程序代码如下:

```
# include "cdlinklist.cpp"              //包含循环双链表的基本运算算法
int main()
{    DLinkNode * h;
    ElemType e;
    printf("循环双链表的基本运算如下:\n");
    printf("  (1)初始化循环双链表 h\n");
    InitList(h);
    printf("  (2)依次采用尾插法插入 a,b,c,d,e 元素\n");
    ListInsert(h,1,'a');
    ListInsert(h,2,'b');
    ListInsert(h,3,'c');
    ListInsert(h,4,'d');
    ListInsert(h,5,'e');
    printf("  (3)输出循环双链表 h:");        DispList(h);
    printf("  (4)循环双链表 h 长度:%d\n",ListLength(h));
    printf("  (5)循环双链表 h 为 %s\n",(ListEmpty(h)?"空":"非空"));
    GetElem(h,3,e);
    printf("  (6)循环双链表 h 的第 3 个元素:%c\n",e);
    printf("  (7)元素 a 的位置:%d\n",LocateElem(h,'a'));
    printf("  (8)在第 4 个元素位置上插入 f 元素\n");
    ListInsert(h,4,'f');
    printf("  (9)输出循环双链表 h:");DispList(h);
    printf("  (10)删除 h 的第 3 个元素\n");
    ListDelete(h,3,e);
    printf("  (11)输出循环双链表 h:");DispList(h);
    printf("  (12)释放循环双链表 h\n");
```

```
        DestroyList(h);
        return 1;
}
```

📟 exp2-5.cpp 程序的执行结果如图 2.10 所示。

图 2.10　exp2-5.cpp 程序执行结果

2.2　设计性实验

实验题 6：将单链表按基准划分

目的：掌握单链表的应用和算法设计。

内容：编写一个程序 exp2-6.cpp，以给定值 x 为基准将单链表分割为两部分，所有小于 x 的结点排在大于或等于 x 的结点之前。

 本实验中设计的功能算法如下。

• Split(LinkNode * & L, ElemType x)：将单链表 L 中所有数据结点按 x 进行划分。

实验程序 exp2-6.cpp 的结构如图 2.11 所示。图中方框表示函数，方框中指出函数名，箭头方向表示函数间的调用关系；虚线方框表示文件的组成，即指出该虚线方框中的函数存放在哪个文件中。

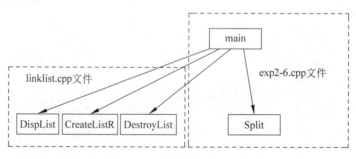

图 2.11　exp2-6.cpp 程序结构

实验程序 exp2-6.cpp 的程序代码如下：

```cpp
# include "linklist.cpp"              //包含单链表的基本运算算法
void Split(LinkNode *&L, ElemType x)  //将 L 中所有数据结点按 x 进行划分
{   LinkNode * p = L->next, * q, * r;
    L->next = NULL;                   //L 变为空链表
    r = L;                            //r 是新链表的尾结点指针
    while (p!= NULL)
    {   if (p->data < x)              //若 p 结点值小于 x,将其插入到开头
        {   q = p->next;
            p->next = L->next;
            L->next = p;
            if (p->next == NULL)      //若 p 结点是第一个在开头插入的结点
                r = p;                //则它是尾结点
            p = q;
        }
        else                         //若 p 结点值大于或等于 x,将其插入到末尾
        {   r->next = p;
            r = p;
            p = p->next;
        }
    }
    r->next = NULL;
}
int main()
{   LinkNode * L;
    ElemType a[] = "abcdefgh";
    int n = 8;
    CreateListR(L, a, n);
    printf("L:"); DispList(L);
    ElemType x = 'd';
    printf("以 %c 进行划分\n", x);
    Split(L, x);
    printf("L:"); DispList(L);
    DestroyList(L);
    return 1;
}
```

exp2-6.cpp 程序的执行结果如图 2.12 所示。

图 2.12　exp2-6.cpp 程序执行结果

实验题 7：将两个单链表合并为一个单链表

目的：掌握单链表的应用和算法设计。

内容：编写一个程序 exp2-7.cpp，实现这样的功能：令 $L1=(x_1,x_2,\cdots,x_n)$，$L2=(y_1,y_2,\cdots,y_m)$ 是两个线性表，采用带头结点的单链表存储，设计一个算法合并 $L1$、$L2$，结果放在线性表 $L3$ 中，要求如下：

$$L3=\begin{cases} (x_1,y_1,x_2,y_2,\cdots,x_m,y_m,x_{m+1},\cdots,x_n) & \text{当 } m\leqslant n \text{ 时} \\ (x_1,y_1,x_2,y_2,\cdots,x_n,y_n,y_{n+1},\cdots,y_m) & \text{当 } m>n \text{ 时} \end{cases}$$

$L3$ 仍采用单链表存储，算法的空间复杂度为 $O(1)$。

✍ 本实验中设计的功能算法如下：

* Merge(LinkNode $*L1$,LinkNode $*L2$,LinkNode $*\&L3$)：由 $L1$ 和 $L2$ 合并产生 $L3$。因为要求算法的空间复杂度为 $O(1)$，所以只能通过 $L1$ 和 $L2$ 的结点重新组织产生单链表 $L3$，也就是说，算法执行后 $L1$ 和 $L2$ 不复存在。

实验程序 exp2-7.cpp 的结构如图 2.13 所示。图中方框表示函数，方框中指出函数名，箭头方向表示函数间的调用关系；虚线方框表示文件的组成，即指出该虚线方框中的函数存放在哪个文件中。

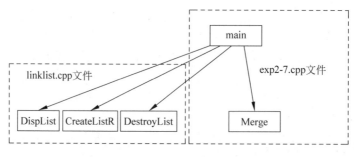

图 2.13　exp2-7.cpp 程序结构

▦ 实验程序 exp2-7.cpp 的程序代码如下：

```
# include "linklist.cpp"                              //包含单链表的基本运算算法
void Merge(LinkNode * L1,LinkNode * L2,LinkNode *&L3)  //L1 和 L2 合并产生 L3
{    LinkNode * p = L1 -> next, * q = L2 -> next, * r;
     L3 = L1;
     r = L3;                                           //r 指向新建单链表 L3 的尾结点
     free(L2);                                         //释放 L2 的头结点
     while (p!= NULL && q!= NULL)
     {    r -> next = p; r = p; p = p -> next;
          r -> next = q; r = q; q = q -> next;
     }
     r -> next = NULL;
     if (q!= NULL) p = q;
     r -> next = p;
}
int main()
{    LinkNode * L1, * L2, * L3;
```

```
ElemType a[ ] = "abcdefgh";
int n = 8;
CreateListR(L1,a,n);
printf("L1:"); DispList(L1);
ElemType b[ ] = "12345";
n = 5,
CreateListR(L2,b,n);
printf("L2:"); DispList(L2);
printf("L1 和 L2 合并产生 L3\n");
Merge(L1,L2,L3);
printf("L3:"); DispList(L3);
DestroyList(L3);
return 1;
}
```

exp2-7.cpp 程序的执行结果如图 2.14 所示。

图 2.14   exp2-7.cpp 程序执行结果

实验题 8：求集合(用单链表表示)的并、交和差运算

目的：掌握单链表的应用和有序单链表的二路归并算法设计。

内容：编写一个程序 exp2-8.cpp,采用单链表表示集合(假设同一个集合中不存在重复的元素),将其按递增方式排序,构成有序单链表,并求这样的两个集合的并、交和差。

本实验中设计的功能算法如下。

- Sort(LinkNode * &L)：将单链表 L 中所有数据结点按值域递增排序。算法原理参见《教程》例 2.8。
- Union(LinkNode * ha,LinkNode * hb,LinkNode * &hc)：求两个有序集合的并集。即 $C = A \cup B$,C 中含有两个集合中的所有元素,但两个集合中重复的元素只出现一次。算法设计采用二路归并+尾插法建表思路。
- InterSect(LinkNode * ha,LinkNode * hb,LinkNode * &hc)：求两个有序集合的交集。即 $C = A \cap B$,C 中含有两个集合中重复出现的所有元素。算法设计采用二路归并+尾插法建表思路。
- Subs(LinkNode * ha,LinkNode * hb,LinkNode * &hc)：求两个有序集合的差集。即 $C = A - B$,C 中含有所有属于集合 A 而不属于集合 B 的元素。算法设计采用二路归并+尾插法建表思路。

实验程序 exp2-8.cpp 的结构如图 2.15 所示。图中方框表示函数,方框中指出函数名,箭头方向表示函数间的调用关系;虚线方框表示文件的组成,即指出该虚线方框中的函数存放在哪个文件中。

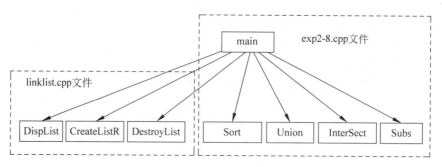

图 2.15　exp2-8.cpp 程序结构

实验程序 exp2-8.cpp 的程序代码如下:

```
#include "linklist.cpp"                    //包含单链表的基本运算算法
voidSort(LinkNode *&L)                     //单链表元素递增排序
{   LinkNode * p, * pre, * q;
    p = L-> next -> next;                  //p 指向 L 的第 2 个数据结点
    L-> next -> next = NULL;               //构造只含一个数据结点的有序表
    while (p!= NULL)
    {   q = p-> next;                      //q 保存 p 结点的后继结点
        pre = L;                           //从有序表开头进行比较,pre 指向插入结点 p 的前驱结点
        while (pre -> next!= NULL && pre -> next -> data < p-> data)
            pre = pre -> next;             //在有序表中找 pre 结点
        p -> next = pre -> next;           //在结点 pre 之后插入 p 结点
        pre -> next = p;
        p = q;                             //扫描原单链表余下的结点
    }
}
void Union(LinkNode * ha, LinkNode * hb, LinkNode * &hc)    //求两个有序集合的并
{   LinkNode * pa = ha-> next, * pb = hb-> next, * s, * tc;
    hc = (LinkNode * )malloc(sizeof(LinkNode));             //创建头结点
    tc = hc;
    while (pa!= NULL && pb!= NULL)
    {   if (pa-> data < pb-> data)
        {   s = (LinkNode * )malloc(sizeof(LinkNode));      //复制结点
            s-> data = pa-> data;
            tc-> next = s; tc = s;
            pa = pa -> next;
        }
        else if (pa-> data > pb-> data)
        {   s = (LinkNode * )malloc(sizeof(LinkNode));      //复制结点
            s-> data = pb-> data;
            tc-> next = s; tc = s;
            pb = pb -> next;
        }
        else
```

```
            {   s = (LinkNode * )malloc(sizeof(LinkNode));          //复制结点
                s - > data = pa - > data;
                tc - > next = s;tc = s;
                pa = pa - > next;                                   //重复的元素只复制一个结点
                pb = pb - > next;
            }
        }
        if (pb!= NULL) pa = pb;                                     //复制余下的结点
        while (pa!= NULL)
        {   s = (LinkNode * )malloc(sizeof(LinkNode));              //复制结点
            s - > data = pa - > data;
            tc - > next = s;tc = s;
            pa = pa - > next;
        }
        tc - > next = NULL;
    }
    void InterSect(LinkNode * ha,LinkNode * hb,LinkNode * &hc)      //求两个有序集合的交
    {   LinkNode * pa = ha - > next, * pb, * s, * tc;
        hc = (LinkNode * )malloc(sizeof(LinkNode));
        tc = hc;
        while (pa!= NULL)
        {   pb = hb - > next;
            while (pb!= NULL && pb - > data < pa - > data)
                pb = pb - > next;
            if (pb!= NULL && pb - > data == pa - > data)            //若 pa 结点值在 B 中
            {   s = (LinkNode * )malloc(sizeof(LinkNode));          //复制结点
                s - > data = pa - > data;
                tc - > next = s;tc = s;
            }
            pa = pa - > next;
        }
        tc - > next = NULL;
    }
    void Subs(LinkNode * ha,LinkNode * hb,LinkNode * &hc)           //求两个有序集合的差
    {   LinkNode * pa = ha - > next, * pb, * s, * tc;
        hc = (LinkNode * )malloc(sizeof(LinkNode));
        tc = hc;
        while (pa!= NULL)
        {   pb = hb - > next;
            while (pb!= NULL && pb - > data < pa - > data)
                pb = pb - > next;
            if (!(pb!= NULL && pb - > data == pa - > data))         //若 pa 结点值不在 B 中
            {   s = (LinkNode * )malloc(sizeof(LinkNode));          //复制结点
                s - > data = pa - > data;
                tc - > next = s;tc = s;
            }
            pa = pa - > next;
        }
        tc - > next = NULL;
    }
```

```
int main()
{    LinkNode * ha, * hb, * hc;
     ElemType a[] = {'c','a','e','h'};
     ElemType b[] = {'f','h','b','g','d','a'};
     printf("集合的运算如下:\n");
     CreateListR(ha,a,4);
     CreateListR(hb,b,6);
     printf("  原 集 合 A: ");DispList(ha);
     printf("  原 集 合 B: ");DispList(hb);
     Sort(ha);Sort(hb);
     printf("  有序集合 A: ");DispList(ha);
     printf("  有序集合 B: ");DispList(hb);
     Union(ha,hb,hc);
     printf("  集合的并 C: ");DispList(hc);
     InterSect(ha,hb,hc);
     printf("  集合的交 C: ");DispList(hc);
     Subs(ha,hb,hc);
     printf("  集合的差 C: ");DispList(hc);
     DestroyList(ha);DestroyList(hb);DestroyList(hc);
     return 1;
}
```

📺 exp2-8.cpp 程序的执行结果如图 2.16 所示。

图 2.16　exp2-8.cpp 程序执行结果

实验题 9: 实现两个多项式相加运算

目的: 掌握线性表的应用和有序单链表的二路归并算法设计。

内容: 编写一个程序 exp2-9.cpp,用单链表存储一元多项式,并实现两个多项式相加运算。

✍ 本实验中设计的功能算法如下。

- CreatePolyR(PolyNode * &L, PolyArray a, int n): 采用尾插法建立多项式单链表。与普通单链表的尾插法建表算法类似。

- DispPoly(PolyNode * L): 输出多项式单链表 L。与普通单链表的输出算法类似。

- DestroyPoly(PolyNode * &L): 销毁多项式单链表 L。与普通单链表的销毁算法类似。

- Sort(PolyNode * &L)：将多项式单链表按 exp 域递减排序。算法原理参见《教程》例 2.8。
- Add(PolyNode * ha,PolyNode * hb,PolyNode * &hc)：由有序多项式单链表 ha 和 hb 相加产生多项式单链表 hc。算法设计米用二路归并＋尾插法建表思路。

实验程序 exp2-9.cpp 的结构如图 2.17 所示。图中方框表示函数,方框中指出函数名,箭头方向表示函数间的调用关系；虚线方框表示文件的组成,即指出该虚线方框中的函数存放在哪个文件中。

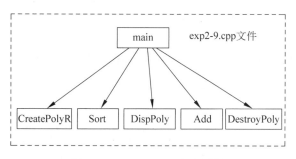

图 2.17 exp2-9.cpp 程序结构

⌨ 实验程序 exp2-9.cpp 的程序代码如下：

```
# include < stdio. h >
# include < malloc. h >
# define MAX 100                    //多项式最多项数
typedef struct
{   double coef;                    //系数
    int exp;                        //指数
} PolyArray;                        //存放多项式的数组类型
typedef struct pnode
{   double coef;                    //系数
    int exp;                        //指数
    struct pnode * next;
} PolyNode;                         //声明多项式单链表结点类型
void DispPoly(PolyNode * L)         //输出多项式单链表
{   bool first = true;              //first 为 true 表示是第一项
    PolyNode * p = L - > next;
    while (p!= NULL)
    {   if (first)
            first = false;
        else if (p - > coef > 0)
            printf(" + ");
        if (p - > exp == 0)
            printf(" % g",p - > coef);
        else if (p - > exp == 1)
            printf(" % gx",p - > coef);
        else
            printf(" % gx ^ % d",p - > coef,p - > exp);
```

```
            p = p - > next;
    }
    printf("\n");
}
void DestroyPoly(PolyNode * &L)                          //销毁多项式单链表
{   PolyNode * pre = L, * p = pre - > next;
    while (p != NULL)
    {   free(pre);
        pre = p;
        p = pre - > next;
    }
    free(pre);
}
void CreatePolyR(PolyNode * &L, PolyArray a[], int n)    //尾插法建表
{   PolyNode * s, * r; int i;
    L = (PolyNode * )malloc(sizeof(PolyNode));           //创建头结点
    L - > next = NULL;
    r = L;                                               //r 始终指向尾结点,开始时指向头结点
    for (i = 0; i < n; i++)
    {   s = (PolyNode * )malloc(sizeof(PolyNode));       //创建新结点
        s - > coef = a[i].coef;
        s - > exp = a[i].exp;
        r - > next = s;                                  //将结点 s 插入到结点 r 之后
        r = s;
    }
    r - > next = NULL;                                   //尾结点 next 域置为 NULL
}
void Sort(PolyNode * &L)                                 //将多项式单链表按指数递减排序
{   PolyNode * p = L - > next, * pre, * q;
    if (p != NULL)                                       //L 有一个或以上的数据结点
    {   q = p - > next;                                  //q 保存 p 结点的后继结点
        p - > next = NULL;                               //构造只含一个数据结点的有序表
        p = q;
        while (p != NULL)                                //扫描原 L 中余下的数据结点
        {   q = p - > next;                              //q 保存 p 结点的后继结点
            pre = L;
            while (pre - > next != NULL && pre - > next - > exp > p - > exp)
                pre = pre - > next;                      //在有序表中找插入结点 p 的前驱结点 pre
            p - > next = pre - > next;                   //将结点 p 插入到结点 pre 之后
            pre - > next = p;
            p = q;                                       //扫描原单链表余下的结点
        }
    }
}
void Add(PolyNode * ha, PolyNode * hb, PolyNode * &hc)   //ha 和 hb 相加得到 hc
{   PolyNode * pa = ha - > next, * pb = hb - > next, * s, * r;
    double c;
    hc = (PolyNode * )malloc(sizeof(PolyNode));
    r = hc;                                              //r 指向尾结点,初始时指向头结点
    while (pa != NULL && pb != NULL)                     //pa、pb 均没有扫描完
```

```
    {   if (pa->exp>pb->exp)                        //将指数较大的 pa 结点复制到 hc 中
        {   s = (PolyNode * )malloc(sizeof(PolyNode));
            s->exp = pa->exp;s->coef = pa->coef;
            r->next = s; r = s;
            pa = pa->next;
        }
        else if (pa->exp<pb->exp)                    //将指数较大的 pb 结点复制到 hc 中
        {   s = (PolyNode * )malloc(sizeof(PolyNode));
            s->exp = pb->exp;s->coef = pb->coef;
            r->next = s; r = s;
            pb = pb->next;
        }
        else                                         //pa、pb 结点的指数相等时
        {   c = pa->coef + pb->coef;                  //求两个结点的系数和 c
            if (c!= 0)                                //若系数和不为 0 时创建新结点
            {     s = (PolyNode * )malloc(sizeof(PolyNode));
                s->exp = pa->exp;s->coef = c;
                r->next = s; r = s;
            }
            pa = pa->next;                            //pa、pb 均后移一个结点
            pb = pb->next;
        }
    }
    if (pb!= NULL) pa = pb;                           //复制余下的结点
    while (pa!= NULL)
    {   s = (PolyNode * )malloc(sizeof(PolyNode));
        s->exp = pa->exp;
        s->coef = pa->coef;
        r->next = s; r = s;
        pa = pa->next;
    }
    r->next = NULL;                                  //尾结点 next 设置为空
}
int main()
{   PolyNode * ha, * hb, * hc;
    PolyArray a[ ] = {{1.2,0},{2.5,1},{3.2,3},{ - 2.5,5}};
    PolyArray b[ ] = {{ - 1.2,0},{2.5,1},{3.2,3},{2.5,5},{5.4,10}};
    CreatePolyR(ha,a,4);
    CreatePolyR(hb,b,5);
    printf("原多项式 A:    ");DispPoly(ha);
    printf("原多项式 B:    ");DispPoly(hb);
    Sort(ha);
    Sort(hb);
    printf("有序多项式 A:");DispPoly(ha);
    printf("有序多项式 B:");DispPoly(hb);
    Add(ha,hb,hc);
    printf("多项式相加:   ");DispPoly(hc);
    DestroyList(ha);
    DestroyList(hb);
    DestroyList(hc);
```

```
        return 1;
}
```

 exp2-9.cpp 程序的执行结果如图 2.18 所示。

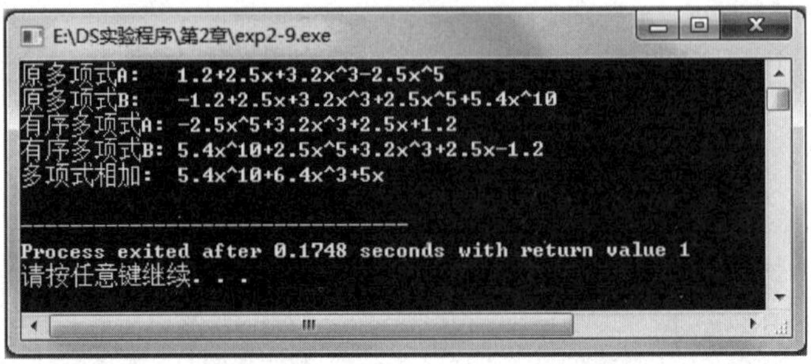

```
E:\DS实验程序\第2章\exp2-9.exe
原多项式A:   1.2+2.5x+3.2x^3-2.5x^5
原多项式B:   -1.2+2.5x+3.2x^3+2.5x^5+5.4x^10
有序多项式A: -2.5x^5+3.2x^3+2.5x+1.2
有序多项式B: 5.4x^10+2.5x^5+3.2x^3+2.5x-1.2
多项式相加:   5.4x^10+6.4x^3+5x
─────────────────────────────────
Process exited after 0.1748 seconds with return value 1
请按任意键继续. . .
```

图 2.18   exp2-9.cpp 程序执行结果

2.3   综合性实验

实验题 10：实现两个多项式相乘运算

目的：深入掌握单链表应用的算法设计。

内容：编写一个程序 exp2-10.cpp，用单链表存储一元多项式，并实现两个多项式相乘运算。

✎ 本实验中设计的功能算法如下。

- CreatePolyR(PolyNode ∗ &L, PolyArray a, int n)：采用尾插法建立多项式单链表。与普通单链表的尾插法建表算法类似。
- DispPoly(PolyNode ∗ L)：输出多项式单链表。与普通单链表的输出算法类似。
- DestroyPoly(PolyNode ∗ &L)：销毁多项式单链表 L。与普通单链表的销毁算法类似。
- Sort(PolyNode ∗ &L)：将多项式单链表按 exp 域递减排序。算法原理参见《教程》例 2.8。
- Mult(PolyNode ∗ ha, PolyNode ∗ hb, PolyNode ∗ &hc)：有序多项式单链表 ha 和 hb 相乘产生最终的多项式单链表 hc。
- Mult1(PolyNode ∗ ha, PolyNode ∗ hb, PolyNode ∗ &hc)：有序多项式单链表 ha 和 hb 简单相乘得到 hc。算法设计采用尾插法建表思路。
- Comb(PolyNode ∗ &L)：合并多项式单链表 L 中指数相同的结点。
- DelZero(PolyNode ∗ &L)：删除多项式单链表 L 中系数为 0 的结点。

实验程序 exp2-10.cpp 的结构如图 2.19 所示。图中方框表示函数，方框中指出函数名，箭头方向表示函数间的调用关系。虚线方框表示文件的组成，即指出该虚线方框中的函数存放在哪个文件中。

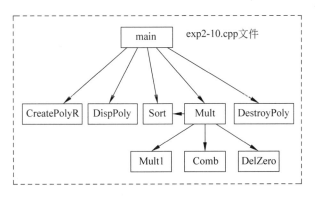

图 2.19　exp2-10.cpp 程序结构

实验程序 exp2-10.cpp 的程序代码如下：

```
//PolyNode 声明、CreatePolyR、DispPoly、DestroyPoly 和 Sort 算法代码参见实验题 9 的程序代码
void Mult1(PolyNode * ha, PolyNode * hb, PolyNode * &hc)          //ha 和 hb 简单相乘得到 hc
{   PolyNode * pa = ha -> next, * pb, * s, * tc;
    hc = (PolyNode * )malloc(sizeof(PolyNode));
    tc = hc;
    while (pa!= NULL)
    {   pb = hb -> next;
        while (pb!= NULL)
        {   s = (PolyNode * )malloc(sizeof(PolyNode));
            s -> coef = pa -> coef * pb -> coef;
            s -> exp = pa -> exp + pb -> exp;
            tc -> next = s;
            tc = s;
            pb = pb -> next;
        }
        pa = pa -> next;
    }
    tc -> next = NULL;
}
void Comb(PolyNode *&L)                                           //合并指数相同的项
{   PolyNode * pre = L -> next, * p;
    if (pre == NULL) return;
    p = pre -> next;
    while (p!= NULL)
    {   while (p -> exp == pre -> exp)
        {   pre -> coef += p -> coef;
            pre -> next = p -> next;
            free(p);
            p = pre -> next;
        }
        pre = p;
        p = p -> next;
    }
}void DelZero(PolyNode *&L)                                        //删除系数为 0 的项
```

```
{    PolyNode  * pre = L,  * p = pre - > next;
     while (p!= NULL)
     {    if (p - > coef == 0.0)
          {    pre - > next = p - > next;
               free(p);
          }
          pre = p;
          p = p - > next;
     }
}
void Mult(PolyNode * ha,PolyNode * hb,PolyNode *&hc)      //ha 和 hb 相乘得到最终的 hc
{    Mult1(ha,hb,hc);
     printf("相乘结果：        ");DispPoly(hc);
     Sort(hc);
     printf("按指数排序后： ");DispPoly(hc);
     Comb(hc);
     printf("合并重复指数项：");DispPoly(hc);
     DelZero(hc);
     printf("删除序数为 0 项：");DispPoly(hc);
}
int main()
{    PolyNode * Poly1, * Poly2, * Poly3;
     double a[MAX];
     int b[MAX],n;
     //---- 创建第 1 个多项式单链表并排序 -----
     a[0] = 2;b[0] = 3;a[1] = 1;b[1] = 0;a[2] = 3;b[2] = 1;
     n = 3;
     printf("第 1 个多项式:\n");
     CreatePolyR(Poly1,a,b,n);
     printf("  排序前多项式 1:");DispPoly(Poly1);
     Sort(Poly1);
     printf("  排序后多项式 1:");DispPoly(Poly1);
     //---- 创建第 2 个多项式单链表并排序 -----
     printf("第 2 个多项式:\n");
     a[0] = 2; b[0] = 3;a[1] = - 3;b[1] = 2;
     a[2] = 5; b[2] = 4;a[3] = - 3;b[3] = 0;
     n = 4;
     CreatePolyR(Poly2,a,b,n);
     printf("  排序前多项式 2:");DispPoly(Poly2);
     Sort(Poly2);
     printf("  排序后多项式 2:");DispPoly(Poly2);
     Mult(Poly1,Poly2,Poly3);
     printf("相乘后多项式 3: ");DispPoly(Poly3);
     DestroyPoly(Poly1);
     DestroyPoly(Poly2);
     DestroyPoly(Poly3);
     return 1;
}
```

💻 exp2-10.cpp 程序的执行结果如图 2.20 所示。

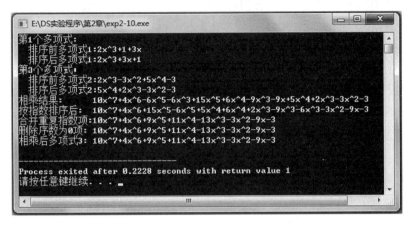

图 2.20 exp2-10.cpp 程序执行结果

实验题 11：职工信息的综合运算

目的：深入掌握单链表应用的算法设计。

内容：设有一个职工文件 emp.dat，每个职工记录包含职工编号(no)、姓名(name)、部门号(depno)和工资数(salary)信息。设计一个程序 exp2-11.cpp，完成如下功能：

(1) 从 emp.dat 文件中读出职工记录，并建立一个带头结点的单链表 L。

(2) 输入一个职工记录。

(3) 显示所有职工记录。

(4) 按编号 no 对所有职工记录进行递增排序。

(5) 按部门号 depno 对所有职工记录进行递增排序。

(6) 按工资数 salary 对所有职工记录进行递增排序。

(7) 删除指定的职工号的职工记录。

(8) 删除职工文件中的全部记录。

(9) 将单链表 L 中的所有职工记录存储到职工文件 emp.dat 中。

✍ 本实验中设计的功能算法如下。

- ReadFile(EmpList $*\&L$)：读取 emp.dat 文件中所有职工记录并建立带头结点的职工单链表 L。
- DestroyEmp(EmpList $*\&L$)：释放职工单链表 L。
- InputEmp(EmpList $*\&L$)：向单链表 L 中添加一个职工记录。
- DelEmp(EmpList $*\&L$)：从单链表 L 中删除一个职工记录。
- DispEmp(EmpList $*L$)：显示单链表 L 中的所有职工记录。
- Sortno(EmpList $*\&L$)：采用直接插入法对单链表 L 按 no 递增排序。算法原理参见《教程》例 2.8。
- Sortdepno(EmpList $*\&L$)：采用直接插入法对单链表 L 按 depno 递增排序。算法原理参见《教程》例 2.8。
- Sortsalary(EmpList $*\&L$)：采用直接插入法对单链表 L 按 salary 递增排序。算

法原理参见《教程》例 2.8。

- DelAll(EmpList *&L)：清除职工文件中全部记录并释放单链表 L 中除头结点外的所有结点。
- SaveFile(EmpList *L)：将职工单链表 L 中所有数据存入到职工文件 emp.dat 中。

实验程序 exp2-11.cpp 的结构如图 2.21 所示。图中方框表示函数，方框中指出函数名，箭头方向表示函数间的调用关系；虚线方框表示文件的组成，即指出该虚线方框中的函数存放在哪个文件中。

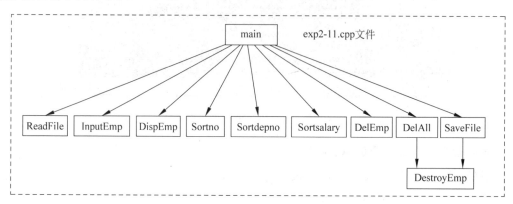

图 2.21　exp2-11.cpp 程序结构

实验程序 exp2-11.cpp 的程序代码如下：

```c
# include < stdio.h>
# include < malloc.h>
typedef struct
{    int no;                                //职工号
     char name[10];                         //姓名
     int depno;                             //部门号
     float salary;                          //工资数
} EmpType;                                   //职工类型
typedef struct node
{    EmpType data;                          //存放职工信息
     struct node * next;                    //指向下一个结点的指针
} EmpList;                                   //职工单链表结点类型
void DestroyEmp(EmpList *&L)                 //释放职工单链表 L
{    EmpList * pre = L, * p = pre -> next;
     while (p!= NULL)
     {    free(pre);
          pre = p;
          p = p -> next;
     }
     free(pre);
}
void DelAll(EmpList *&L)                     //删除职工文件中的全部记录
{    FILE * fp;
     if ((fp = fopen("emp.dat","wb")) == NULL)   //重写清空 emp.dat 文件
     {    printf("   提示:不能打开职工文件\n");
```

```
            return;
        }
        fclose(fp);
        DestroyEmp(L);                          //释放职工单链表 L
        L = (EmpList * )malloc(sizeof(EmpList));
        L -> next = NULL;                        //建立  个空的职工单链表 L
        printf("  提示:职工数据清除完毕\n");
    }
void ReadFile(EmpList * &L)                      //读 emp.dat 文件建立职工单链表 L
    {   FILE * fp;
        EmpType emp;
        EmpList * p, * r;
        int n = 0;
        L = (EmpList * )malloc(sizeof(EmpList)); //建立头结点
        r = L;
        if ((fp = fopen("emp.dat","rb")) == NULL) //不存在 emp.dat 文件
        {   if ((fp = fopen("emp.dat","wb")) == NULL)
                printf("  提示:不能创建 emp.dat 文件\n");
        }
        else                                    //若存在 emp.dat 文件
        {   while (fread(&emp,sizeof(EmpType),1,fp) == 1)
            {                                    //采用尾插法建立单链表 L
                p = (EmpList * )malloc(sizeof(EmpList));
                p -> data = emp;
                r -> next = p;
                r = p;
                n++;
            }
        }
        r -> next = NULL;
        printf("  提示:职工单链表 L 建立完毕,有 %d 个记录\n",n);
        fclose(fp);
    }
void SaveFile(EmpList * L)                       //将职工单链表数据存入数据文件
    {   EmpList * p = L -> next;
        int n = 0;
        FILE * fp;
        if ((fp = fopen("emp.dat","wb")) == NULL)
        {   printf("  提示:不能创建文件 emp.dat\n");
            return;
        }
        while (p != NULL)
        {   fwrite(&p -> data,sizeof(EmpType),1,fp);
            p = p -> next;
            n++;
        }
        fclose(fp);
        DestroyEmp(L);                          //释放职工单链表 L
        if (n > 0)
            printf("  提示:%d 个职工记录写入 emp.dat 文件\n",n);
        else
            printf("  提示:没有任何职工记录写入 emp.dat 文件\n");
    }
```

```
void InputEmp(EmpList *&L)                    //添加一个职工记录
{    EmpType p;
     EmpList * s;
     printf("  >>输入职工号(-1返回):");
     scanf("% d",&p.no);
     if (p.no == -1) return;
     printf("  >>输入姓名 部门号 工资:");
     scanf("% s % d % f",&p.name,&p.depno,&p.salary);
     s = (EmpList * )malloc(sizeof(EmpList));
     s->data = p;
     s->next = L->next;                        //采用头插法插入结点 s
     L->next = s;
     printf("  提示:添加成功\n");
}
void DelEmp(EmpList *&L)                       //删除一个职工记录
{    EmpList * pre = L, * p = L->next;
     int no;
     printf("  >>输入职工号(-1返回):");
     scanf("% d",&no);
     if (no == -1) return;
     while (p!= NULL && p->data.no!= no)
     {    pre = p;
          p = p->next;
     }
     if (p == NULL)
          printf("  提示:指定的职工记录不存在\n");
     else
     {    pre->next = p->next;
          free(p);
          printf("  提示:删除成功\n");
     }
}
void Sortno(EmpList *&L)                       //采用直接插入法对单链表 L 按 no 递增有序排序
{    EmpList * p, * pre, * q;
     p = L->next->next;
     if (p!= NULL)
     {    L->next->next = NULL;
          while (p!= NULL)
          {    q = p->next;
               pre = L;
               while (pre->next!= NULL && pre->next->data.no < p->data.no)
                    pre = pre->next;
               p->next = pre->next;
               pre->next = p;
               p = q;
          }
     }
     printf("  提示:按 no 递增排序完毕\n");
}
void Sortdepno(EmpList *&L)                    //采用直接插入法对单链表 L 按 depno 递增有序排序
{    EmpList * p, * pre, * q;
     p = L->next->next;
     if (p!= NULL)
```

```
    {   L->next->next = NULL;
        while (p!= NULL)
        {   q = p->next;
            pre = L;
            while (pre->next!= NULL && pre->next->data. depno < p->data. depno)
                pre = pre->next;
            p->next = pre->next;
            pre->next = p;
            p = q;
        }
    }
    printf("  提示:按 depno 递增排序完毕\n");
}
void Sortsalary(EmpList *&L)              //采用直接插入法对单链表 L 按 salary 递增有序排序
{   EmpList * p, * pre, * q;
    p = L->next->next;
    if (p!= NULL)
    {   L->next->next = NULL;
        while (p!= NULL)
        {   q = p->next;
            pre = L;
            while (pre->next!= NULL && pre->next->data. salary < p->data. salary)
                pre = pre->next;
            p->next = pre->next;
            pre->next = p;
            p = q;
        }
    }
    printf("  提示:按 salary 递增排序完毕\n");
}
void DispEmp(EmpList * L)                 //输出所有职工记录
{   EmpList * p = L->next;
    if (p == NULL)
        printf("  提示:没有任何职工记录\n");
    else
    {   printf("    职工号  姓名  部门号        工资\n");
        printf("    ------------------------------------ \n");
        while (p!= NULL)
        {   printf("%3d%10s% -8d%7.2f\n",p->data. no,p->data. name,p->data. depno,
                p->data. salary);
            p = p->next;
        }
        printf("    ------------------------------------ \n");
    }
}
int main()
{   EmpList * L;
    int sel;
    printf("由 emp. dat 文件建立职工单链表 L\n");
    ReadFile(L);
    do
    {   printf(">1:添加 2:显示 3:按职工号排序 4:按部门号排序 5:按工资数排序\n");
```

```
            printf(">6:删除 9:全删 0:退出 请选择:");
            scanf(" %d",&sel);
            switch(sel)
            {
            case 9:DelAll(L);break;
            case 1:InputEmp(L);break;
            case 2:DispEmp(L);break;
            case 3:Sortno(L);break;
            case 4:Sortdepno(L);break;
            case 5:Sortsalary(L);break;
            case 6:DelEmp(L);break;
            }
    } while (sel!= 0);
    SaveFile(L);
    return 1;
}
```

💻 执行 exp2-11.cpp 程序,输入 4 个职工信息。再次启动该程序,整个操作如图 2.22
所示。程序首先将 emp.dat 文件的 4 个记录读入内存并创建职工单链表 L,用户选择 2 显
示 L 的所有结点值,选择 3 按职工号排序,再选择 2 显示排序后的结果,最后选择 0 退出。

图 2.22　exp2-11.cpp 程序的执行过程

实验题 12：用单链表实现两个大整数相加运算

目的：深入掌握单链表应用的算法设计。

内容：编写一个程序 exp2-12.cpp，完成如下功能：

（1）将用户输入的十进制整数字符串转化为带头结点的单链表，每个结点存放一个整数位。

（2）求两个整数单链表相加的结果单链表。

（3）求结果单链表的中间位，如 123 的中间位为 2，1234 的中间位为 2。

✍ 本实验中设计的整数单链表的结点类型如下：

```
typedef struct node
{   int data;
    struct node * next;
} NodeType;
```

设计的功能算法如下。

- CreateLink(NodeType ＊&h，char a[]，int n)：创建整数单链表 h。
- DestroyLink(NodeType ＊&h)：释放整数单链表 h。
- DispLink(NodeType ＊h)：输出整数单链表 h。
- Add(NodeType ＊h1，NodeType ＊h2，NodeType ＊&h)：两整数单链表 h1 和 h2 相加得到 h。
- Reverse(NodeType ＊&h)：逆置整数单链表 h。
- Mid(NodeType ＊h)：求整数单链表 h 的中间位。

Mid 算法的思路是：定义快指针 quick 和慢指针 slow，初始时均指向头结点，当快指针没有扫描完整数单链表 h 时，每次让慢指针 slow 前进一个结点，快指针 quick 前进两个结点。当快指针达到链表尾时，慢指针 slow 指向的结点就是中间结点。

实验程序 exp2-12.cpp 的结构如图 2.23 所示。图中方框表示函数，方框中指出函数名，箭头方向表示函数间的调用关系；虚线方框表示文件的组成，即指出该虚线方框中的函数存放在哪个文件中。

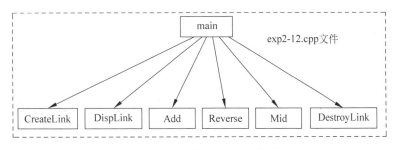

图 2.23 exp2-12.cpp 程序结构

📖 实验程序 exp2-12.cpp 的程序代码如下：

```
# include < stdio.h >
# include < malloc.h >
```

```
#include <string.h>
#define MaxSize 50
typedef struct node
{   int data;
    struct node * next;
} NodeType;
void CreateLink(NodeType * &h, char a[ ], int n)          //创建整数单链表
{   NodeType * p, * r;
    int i = 0;
    h = (NodeType * )malloc(sizeof(NodeType));
    r = h;
    while (i < n)
    {   p = (NodeType * )malloc(sizeof(NodeType));
        p -> data = a[n - i - 1] - '0';
        r -> next = p; r = p;
        i++;
    }
    r -> next = NULL;
}

void DestroyLink(NodeType * &h)                          //释放整数单链表
{   NodeType * pre = h, * p = pre -> next;
    while (p!= NULL)
    {   free(pre);
        pre = p;
        p = p -> next;
    }
    free(pre);
}

void DispLink(NodeType * h)                              //输出整数单链表
{   NodeType * p = h -> next;
    while (p!= NULL)
    {   printf(" % d ", p -> data);
        p = p -> next;
    }
    printf("\n");
}

void Add(NodeType * h1, NodeType * h2, NodeType * &h)    //两整数单链表 h1 和 h2 相加得到 h
{   NodeType * p1 = h1 -> next, * p2 = h2 -> next, * p, * r;
    int carry = 0;
    h = (NodeType * )malloc(sizeof(NodeType));
    r = h;
    while (p1!= NULL && p2!= NULL)
    {   p = (NodeType * )malloc(sizeof(NodeType));
        p -> data = (p1 -> data + p2 -> data + carry) % 10;
        r -> next = p; r = p;
        carry = (p1 -> data + p2 -> data + carry) /10;
        p1 = p1 -> next;
        p2 = p2 -> next;
    }
```

```
        if (p1 == NULL) p1 = p2;
        while (p1!= NULL)
        {   p = (NodeType *)malloc(sizeof(NodeType));
            p -> data = (p1 -> data + carry) % 10;
            r -> next = p; r = p;
            carry = (p1 -> data + carry) /10;
            p1 = p1 -> next;
        }
        if (carry > 0)                          //最后 carry 不为 0 时,创建一个结点存放它
        {   p = (NodeType *)malloc(sizeof(NodeType));
            p -> data = carry;
            r -> next = p; r = p;
        }
        r -> next = NULL;
}
void Reverse(NodeType *&h)                       //逆置整数单链表 h
{   NodeType *p = h -> next, * q;
    h -> next = NULL;
    while (p!= NULL)
    {   q = p -> next;
        p -> next = h -> next;h -> next = p;
        p = q;
    }
}
int Mid(NodeType * h)                            //求整数单链表 h 的中间位
{   NodeType * slow = h, * quick = h;            //定义快、慢指针
    while (quick!= NULL && quick -> next!= NULL)
    {   slow = slow -> next;
        quick = quick -> next -> next;
    }
    return slow -> data;
}
int main()
{   NodeType * h1, * h2, * h;
    char s[MaxSize],t[MaxSize];
    printf("操作步骤:\n");
    printf("  (1)输入整数 1: ");scanf("% s",s);
    printf("  (2)输入整数 2: ");scanf("% s",t);
    CreateLink(h1,s,strlen(s));
    CreateLink(h2,t,strlen(t));
    printf("  (3)整数单链表 1: "); DispLink(h1);
    printf("  (4)整数单链表 2: "); DispLink(h2);
    Add(h1,h2,h);
    printf("  (5)结果单链表:  "); DispLink(h);
    Reverse(h);
    printf("  (6)对应的整数:  "); DispLink(h);
    printf("  (7)中间位:% d\n",Mid(h));
    DestroyLink(h);
    DestroyLink(h1);
    DestroyLink(h2);
```

```
        return 1;
    }
```

📖 执行 exp2-12.cpp 程序,输入两个整数字符串"99999999"和"666666661",其结果如图 2.24 所示。

图 2.24 exp2-12.cpp 程序的执行结果

第3章

第 **3** 章

栈和队列

3.1 验证性实验

实验题 1：实现顺序栈各种基本运算的算法

目的：领会顺序栈存储结构和掌握顺序栈中各种基本运算算法设计。

内容：编写一个程序 sqstack.cpp，实现顺序栈（假设栈中元素类型 ElemType 为 char）的各种基本运算，并在此基础上设计一个程序 exp3-1.cpp，完成如下功能：

（1）初始化栈 s。

（2）判断栈 s 是否非空。

（3）依次进栈元素 a、b、c、d、e。

（4）判断栈 s 是否非空。

（5）输出出栈序列。

（6）判断栈 s 是否非空。

（7）释放栈。

✍ 根据《教程》中 3.1.2 节的算法得到 sqstack.cpp 程序，其中包含如下函数。

- InitStack(SqStack *&s)：初始化顺序栈 s。
- DestroyStack(SqStack *&s)：销毁顺序栈 s。
- StackEmpty(SqStack *s)：判断顺序栈 s 是否为空栈。
- Push(SqStack *&s, ElemType e)：元素 e 进顺序栈。
- Pop(SqStack *&s, ElemType &e)：元素 e 出顺序栈。
- GetTop(SqStack *s, ElemType &e)：取顺序栈的栈顶元素 e。

对应的程序代码如下（设计思路详见代码中的注释）：

```cpp
#include <stdio.h>
#include <malloc.h>
#define MaxSize 100
typedef char ElemType;
typedef struct
{   ElemType data[MaxSize];
    int top;                        //栈顶指针
} SqStack;                          //声明顺序栈类型
void InitStack(SqStack *&s)         //初始化顺序栈
{   s = (SqStack *)malloc(sizeof(SqStack));
    s->top = -1;
}
void DestroyStack(SqStack *&s)      //销毁顺序栈
{
    free(s);
}
bool StackEmpty(SqStack *s)         //判断栈空否
{
    return(s->top == -1);
```

```
}
bool Push(SqStack *&s,ElemType e)              //进栈
{    if (s->top == MaxSize-1)                  //栈满的情况,即栈上溢出
        return false;
    s->top++;
    s->data[s->top] = e;
    return true;
}
bool Pop(SqStack *&s,ElemType &e)              //出栈
{    if (s->top == -1)                         //栈为空的情况,即栈下溢出
        return false;
    e = s->data[s->top];
    s->top--;
    return true;
}
bool GetTop(SqStack *s,ElemType &e)            //取栈顶元素
{    if (s->top == -1)                         //栈为空的情况,即栈下溢出
        return false;
    e = s->data[s->top];
    return true;
}
```

　　实验程序 exp3-1.cpp 的结构如图 3.1 所示。图中方框表示函数,方框中指出函数名,箭头方向表示函数间的调用关系;虚线方框表示文件的组成,即指出该虚线方框中的函数存放在哪个文件中。

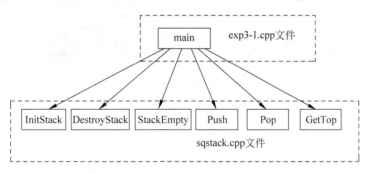

图 3.1　exp3-1.cpp 程序结构

　　🖳 实验程序 exp3-1.cpp 的程序代码如下:

```
#include "sqstack.cpp"                         //包含顺序栈的基本运算算法
int main()
{    ElemType e;
    SqStack *s;
    printf("顺序栈 s 的基本运算如下:\n");
    printf("  (1)初始化栈 s\n");
    InitStack(s);
    printf("  (2)栈为%s\n",(StackEmpty(s)?"空":"非空"));
    printf("  (3)依次进栈元素 a,b,c,d,e\n");
```

```
        Push(s,'a');
        Push(s,'b');
        Push(s,'c');
        Push(s,'d');
        Push(s,'e');
        printf("  (4)栈为％s\n",(StackEmpty(s)?"空":"非空"));
        printf("  (5)出栈序列:");
        while (!StackEmpty(s))
        {   Pop(s,e);
            printf("％c ",e);
        }
        printf("\n");
        printf("  (6)栈为％s\n",(StackEmpty(s)?"空":"非空"));
        printf("  (7)释放栈\n");
        DestroyStack(s);
        return 1;
    }
```

💻 exp3-1.cpp 程序的执行结果如图 3.2 所示。

图 3.2　exp3-1.cpp 程序执行结果

实验题 2：实现链栈各种基本运算的算法

目的：领会链栈存储结构和掌握链栈中各种基本运算算法设计。

内容：编写一个程序 listack.cpp，实现链栈（假设栈中元素类型 ElemType 为 char）的各种基本运算，并在此基础上设计一个程序 exp3-2.cpp，完成如下功能：

（1）初始化栈 s。

（2）判断栈 s 是否非空。

（3）依次进栈元素 a、b、c、d、e。

（4）判断栈 s 是否非空。

（5）输出出栈序列。

（6）判断栈 s 是否非空。

（7）释放栈。

✍ 根据《教程》中 3.1.3 节的算法得到 listack. cpp 程序,其中包含如下函数。

- InitStack(LinkStNode * & s):初始化链栈 s。
- DestroyStack(LinkStNode * & s):销毁链栈 s。
- StackEmpty(LinkStNode * s):判断链栈 s 是否为空栈。
- Push(LinkStNode * & s, ElemType e):元素 e 进链栈。
- Pop(LinkStNode * & s, ElemType & e):元素 e 出链栈。
- GetTop(LinkStNode * s, ElemType & e):取链栈的栈顶元素 e。

对应的程序代码如下(设计思路详见代码中的注释):

```
# include < stdio. h >
# include < malloc. h >
typedef char ElemType;
typedef struct linknode
{    ElemType data;                              //数据域
     struct linknode * next;                     //指针域
} LinkStNode;                                     //链栈类型定义
void InitStack(LinkStNode *&s)                    //初始化链栈
{    s = (LinkStNode * )malloc(sizeof(LinkStNode));
     s -> next = NULL;
}
void DestroyStack(LinkStNode *&s)                 //销毁链栈
{    LinkStNode * p = s -> next;
     while (p != NULL)
     {    free(s);
          s = p;
          p = p -> next;
     }
     free(s);                                     //s 指向尾结点,释放其空间
}
bool StackEmpty(LinkStNode * s)                   //判断栈空否
{
     return(s -> next == NULL);
}
void Push(LinkStNode *&s, ElemType e)             //进栈
{    LinkStNode * p;
     p = (LinkStNode * )malloc(sizeof(LinkStNode));
     p -> data = e;                               //新建元素 e 对应的结点 p
     p -> next = s -> next;                       //插入 p 结点作为开始结点
     s -> next = p;
}
bool Pop(LinkStNode *&s, ElemType &e)             //出栈
{    LinkStNode * p;
     if (s -> next == NULL)                       //栈空的情况
          return false;
     p = s -> next;                               //p 指向开始结点
     e = p -> data;
     s -> next = p -> next;                       //删除 p 结点
```

```
        free(p);                                    //释放 p 结点
        return true;
}
bool GetTop(LinkStNode * s,ElemType &e)             //取栈顶元素
{   if (s -> next == NULL)                           //栈空的情况
        return false;
    e = s -> next -> data;
    return true;
}
```

实验程序 exp3-2.cpp 的结构如图 3.3 所示。图中方框表示函数,方框中指出函数名,箭头方向表示函数间的调用关系。虚线方框表示文件的组成,即指出该虚线方框中的函数存放在哪个文件中。

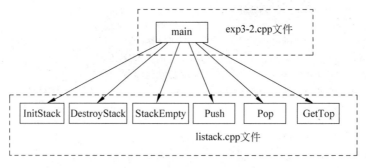

图 3.3　exp3-2.cpp 程序结构

📷 实验程序 exp3-2.cpp 的程序代码如下:

```
# include "listack.cpp"                             //包含链栈的基本运算算法
int main()
{   ElemType e;
    LinkStNode * s;
    printf("链栈 s 的基本运算如下:\n");
    printf("  (1)初始化栈 s\n");
    InitStack(s);
    printf("  (2)栈为 % s\n",(StackEmpty(s)?"空":"非空"));
    printf("  (3)依次进栈元素 a,b,c,d,e\n");
    Push(s,'a');
    Push(s,'b');
    Push(s,'c');
    Push(s,'d');
    Push(s,'e');
    printf("  (4)栈为 % s\n",(StackEmpty(s)?"空":"非空"));
    printf("  (5)出栈序列:");
    while (!StackEmpty(s))
    {   Pop(s,e);
        printf(" % c ",e);
    }
    printf("\n");
```

```
        printf("  (6)栈为%s\n",(StackEmpty(s)?"空":"非空"));
        printf("  (7)释放栈\n");
        DestroyStack(s);
        return 1;
}
```

exp3-2.cpp 程序的执行结果如图 3.4 所示。

图 3.4 exp3-2.cpp 程序执行结果

实验题 3：实现环形队列各种基本运算的算法

目的：领会环形队列存储结构和掌握环形队列中各种基本运算算法设计。

内容：编写一个程序 sqqueue.cpp，实现环形队列（假设栈中元素类型 ElemType 为 char）的各种基本运算，并在此基础上设计一个程序 exp3-3.cpp，完成如下功能：

（1）初始化队列 q。

（2）判断队列 q 是否非空。

（3）依次进队元素 a、b、c。

（4）出队一个元素，输出该元素。

（5）依次进队元素 d、e、f。

（6）输出出队序列。

（7）释放队列。

根据《教程》中 3.2.2 节的算法得到 sqqueue.cpp 程序，其中包含如下函数。

- InitQueue(SqQueue *&q)：初始化环形队列 q。
- DestroyQueue(SqQueue *&q)：销毁环形队列 q。
- QueueEmpty(SqQueue *q)：判断环形队列 q 是否为空。
- enQueue(SqQueue *&q,ElemType e)：环形队列进队一个元素 e。
- deQueue(SqQueue *&q,ElemType &e)：环形队列出队一个元素 e。

对应的程序代码如下（设计思路详见代码中的注释）：

```
# include < stdio.h >
# include < malloc.h >
# define MaxSize 100
```

```
typedef char ElemType;
typedef struct
{   ElemType data[MaxSize];
    int front,rear;                          //队首和队尾指针
} SqQueue;                                    //声明环形队列类型
void InitQueue(SqQueue  * &q)                //初始化队列 q
{   q = (SqQueue  * )malloc (sizeof(SqQueue));
    q - > front = q - > rear = 0;
}
void DestroyQueue(SqQueue  * &q)             //销毁队列 q
{
    free(q);
}
bool QueueEmpty(SqQueue  * q)                //判断队列 q 是否空
{
    return(q - > front == q - > rear);
}
bool enQueue(SqQueue  * &q,ElemType e)       //进队
{   if ((q - > rear + 1) % MaxSize == q - > front)
        return false;                         //队满,上溢出,返回假
    q - > rear = (q - > rear + 1) % MaxSize;
    q - > data[q - > rear] = e;
    return true;
}
bool deQueue(SqQueue  * &q,ElemType &e)      //出队
{   if (q - > front == q - > rear)
        return false;                         //队空,下溢出,返回假
    q - > front = (q - > front + 1) % MaxSize;
    e = q - > data[q - > front];
    return true;
}
```

实验程序 exp3-3.cpp 的结构如图 3.5 所示。图中方框表示函数,方框中指出函数名,箭头方向表示函数间的调用关系;虚线方框表示文件的组成,即指出该虚线方框中的函数存放在哪个文件中。

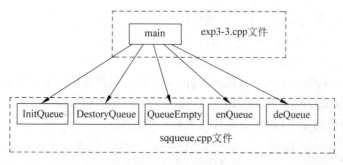

图 3.5　exp3-3.cpp 程序结构

实验程序 exp3-3.cpp 的程序代码如下:

```
# include "sqqueue.cpp"                    //包含环形队列的基本运算算法
int main()
{   ElemType e;
    SqQueue * q;
    printf("环形队列基本运算如下:\n");
    printf("  (1)初始化队列 q\n");
    InitQueue(q);
    printf("  (2)依次进队列元素 a,b,c\n");
    if (!enQueue(q,'a')) printf("\t 提示:队满,不能进队\n");
    if (!enQueue(q,'b')) printf("\t 提示:队满,不能进队\n");
    if (!enQueue(q,'c')) printf("\t 提示:队满,不能进队\n");
    printf("  (3)队列为 % s\n",(QueueEmpty(q)?"空":"非空"));
    if (deQueue(q,e) == 0)
        printf("队空,不能出队\n");
    else
        printf("  (4)出队一个元素 % c\n",e);
    printf("  (5)依次进队列元素 d,e,f\n");
    if (!enQueue(q,'d')) printf("\t 提示:队满,不能进队\n");
    if (!enQueue(q,'e')) printf("\t 提示:队满,不能进队\n");
    if (!enQueue(q,'f')) printf("\t 提示:队满,不能进队\n");
    printf("  (6)出队列序列:");
    while (!QueueEmpty(q))
    {   deQueue(q,e);
        printf("% c ",e);
    }
    printf("\n");
    printf("  (7)释放队列\n");
    DestroyQueue(q);
    return 1;
}
```

exp3-3.cpp 程序的执行结果如图 3.6 所示。执行结果表明环形队列 q 中最多只能存放 MaxSize-1($=4$)个元素。

图 3.6　exp3-3.cpp 程序执行结果

实验题 4：实现链队各种基本运算的算法

目的：领会链队存储结构和掌握链队中各种基本运算算法设计。

内容：编写一个程序 liqueue.cpp，实现链队（假设栈中元素类型 ElemType 为 char）的各种基本运算，并在此基础上设计一个程序 exp3-4.cpp，完成如下功能：

(1) 初始化链队 q。

(2) 判断链队 q 是否非空。

(3) 依次进队元素 a、b、c。

(4) 出队一个元素，输出该元素。

(5) 依次进队元素 d、e、f。

(6) 输出出队序列。

(7) 释放链队。

📝 根据《教程》中 3.2.3 节的算法得到 liqueue.cpp 程序，其中包含如下函数。

- InitQueue(QNode $* \& q$)：初始化链队 q。
- DestroyQueue(QNode $* \& q$)：销毁链队 q。
- QueueEmpty(QNode $* q$)：判断链队 q 是否为空。
- enQueue(QNode $* \& q$, ElemType e)：链队进队一个元素 e。
- deQueue(QNode $* \& q$, ElemType $\& e$)：链队出队一个元素 e。

对应的程序代码如下（设计思路详见代码中的注释）：

```
# include < stdio. h >
# include < malloc. h >
typedef char ElemType;
typedef struct DataNode
{   ElemType data;
    struct DataNode * next;
} DataNode;                          //声明链队数据结点类型
typedef struct
{   DataNode * front;
    DataNode * rear;
} LinkQuNode;                        //声明链队类型
void InitQueue(LinkQuNode *&q)       //初始化队列 q
{   q = (LinkQuNode * )malloc(sizeof(LinkQuNode));
    q->front = q->rear = NULL;
}
void DestroyQueue(LinkQuNode *&q)    //销毁队列 q
{   DataNode * p = q->front, * r;    //p 指向队头数据结点
    if (p!= NULL)                    //释放数据结点占用空间
{   r = p->next;
        while (r!= NULL)
    {   free(p);
            p = r;r = p->next;
        }
    }
    free(p);
```

```
        free(q);                          //释放链队结点占用空间
}
bool QueueEmpty(LinkQuNode * q)           //判断队列q是否空
{
        return(q->rear == NULL);
}
void enQueue(LinkQuNode *&q, ElemType e)  //进队
{       DataNode * p;
        p = (DataNode * )malloc(sizeof(DataNode));
        p->data = e;
        p->next = NULL;
        if (q->rear == NULL)              //若链队为空,则新结点既是队首结点又是队尾结点
            q->front = q->rear = p;
        else
        {   q->rear->next = p;            //将p结点链到队尾,并将rear指向它
            q->rear = p;
        }
}
bool deQueue(LinkQuNode *&q, ElemType &e) //出队
{       DataNode * t;
        if (q->rear == NULL)              //队列为空
            return false;
        t = q->front;                     //t指向第一个数据结点
        if (q->front == q->rear)          //队列中只有一个结点时
            q->front = q->rear = NULL;
        else                              //队列中有多个结点时
            q->front = q->front->next;
        e = t->data;
        free(t);
        return true;
}
```

实验程序 exp3-4.cpp 的结构如图 3.7 所示。图中方框表示函数,方框中指出函数名,箭头方向表示函数间的调用关系;虚线方框表示文件的组成,即指出该虚线方框中的函数存放在哪个文件中。

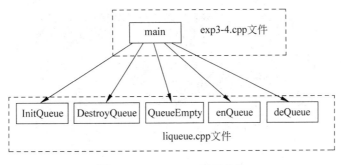

图 3.7　exp3-4.cpp 程序结构

实验程序 exp3-4.cpp 的程序代码如下：

```cpp
#include "liqueue.cpp"                    //包含链队的基本运算算法
int main()
{   ElemType e;
    LinkQuNode *q;
    printf("链队的基本运算如下:\n");
    printf("  (1)初始化链队 q\n");
    InitQueue(q);
    printf("  (2)依次进链队元素 a,b,c\n");
    enQueue(q,'a');
    enQueue(q,'b');
    enQueue(q,'c');
    printf("  (3)链队为%s\n",(QueueEmpty(q)?"空":"非空"));
    if (deQueue(q,e) == 0)
        printf("\t 提示:队空,不能出队\n");
    else
        printf("  (4)出队一个元素%c\n",e);
    printf("  (5)依次进链队元素 d,e,f\n");
    enQueue(q,'d');
    enQueue(q,'e');
    enQueue(q,'f');
    printf("  (6)出链队序列:");
    while (!QueueEmpty(q))
    {   deQueue(q,e);
        printf("%c ",e);
    }
    printf("\n");
    printf("  (7)释放链队\n");
    DestroyQueue(q);
    return 1;
}
```

exp3-4.cpp 程序的执行结果如图 3.8 所示。

图 3.8　exp3-4.cpp 程序执行结果

3.2 设计性实验 ✳

实验题5：用栈求解迷宫问题的所有路径及最短路径程序

目的：掌握栈在求解迷宫问题中的应用。

内容：编写一个程序 exp3-5.cpp，改进《教程》3.1.4 节中的求解迷宫问题程序，要求输出如图3.9 所示的迷宫的所有路径，并求第一条最短路径长度及最短路径。

📝 本实验中用 mg 作为迷宫数组，用 St 数组作为顺序栈，Path 数组保存一条迷宫路径，将它们都设置为全局变量。设计的功能算法如下。

- mgpath(int xi,int yi,int xe,int ye)：求解迷宫问题，即输出从入口(xi,yi)到出口(xe,ye)的全部路径和最短路径(包含最短路径长度)。与《教程》3.1.4 节中的求解迷宫问题程序相比，改进的方法是：当找到一条路径时，不使用 return 语句退出，而是出栈一次，重新回溯走另一条路径并输出。并用 minlen 记录最短路径长度，Path数组记录最短路径。

- dispapath()：输出一条路径并求最短路径。

- dispminpath()：输出第一条最短路径及其长度。

实验程序 exp3-5.cpp 的结构如图3.10 所示。图中方框表示函数，方框中指出函数名，箭头方向表示函数间的调用关系，虚线方框表示文件的组成，即指出该虚线方框中的函数存放在哪个文件中。

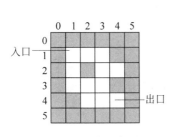

图 3.9 迷宫示意图

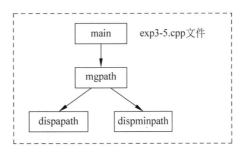

图 3.10 exp3-5.cpp 程序结构

🖥 实验程序 exp3-5.cpp 的程序代码如下(设计思路详见代码中的注释)：

```cpp
#include <stdio.h>
#define M 4                        //行数
#define N 4                        //列数
#define MaxSize 100                //栈最多元素个数
int mg[M+2][N+2] = {               //一个迷宫，其四周加上均为1的外框
    {1,1,1,1,1,1},{1,0,0,0,1,1},{1,0,1,0,0,1},
    {1,0,0,0,1,1},{1,1,0,0,0,1},{1,1,1,1,1,1}};
struct
{   int i,j;
    int di;
```

```
} St[MaxSize],Path[MaxSize];                    //定义栈和存放最短路径的数组
int top = -1;                                    //栈顶指针
int count = 1;                                   //路径数计数
int minlen = MaxSize;                            //最短路径长度
void dispapath()                                 //输出一条路径并求最短路径
{   int k;
    printf("%5d: ",count++);                     //输出第 count 条路径
    for (k = 0;k <= top;k++)
        printf("(%d,%d) ",St[k].i,St[k].j);
    printf("\n");
    if (top + 1 < minlen)                        //比较找最短路径
    {   for (k = 0;k <= top;k++)                  //将最短路径存放在 path 中
            Path[k] = St[k];
        minlen = top + 1;                        //将最短路径长度存放在 minlen 中
    }
}

void dispminpath()                               //输出第一条最短路径
{   printf("最短路径如下:\n");
    printf("长度: %d\n",minlen);
    printf("路径: ");
    for (int k = 0;k < minlen;k++)
        printf("(%d,%d) ",Path[k].i,Path[k].j);
    printf("\n");
}

void mgpath(int xi,int yi,int xe,int ye)         //求迷宫路径
{   int i,j,i1,j1,di;
    bool find;
    top++;                                       //进栈
    St[top].i = xi;
    St[top].j = yi;
    St[top].di = -1;mg[xi][yi] = -1;             //初始方块进栈
    while (top > -1)                             //栈不空时循环
    {   i = St[top].i;j = St[top].j;             //取栈顶方块(i,j)
        di = St[top].di;
        if (i == xe && j == ye)                  //找到了出口
        {   dispapath();                         //输出一条路径
            mg[i][j] = 0;                        //让出口变为其他路径可走方块
            top -- ;                             //出口退栈,即回退一个方块
            i = St[top].i;j = St[top].j;
            di = St[top].di;                     //让栈顶方块变为当前方块
        }
        find = false;                            //找下一个可走方块(i1,j1)
        while (di < 4 && !find)
        {   di++;
            switch(di)
            {
            case 0:i1 = i - 1; j1 = j;    break;
            case 1:i1 = i;     j1 = j + 1; break;
            case 2:i1 = i + 1; j1 = j;    break;
            case 3:i1 = i,     j1 = j - 1; break;
```

```
            }
            if (mg[i1][j1] == 0) find = true;
        }
        if (find)                          //找到了下一个可走方块(i1,j1)
        {   St[top].di = di;               //修改原栈顶元素的 di 值
            top++;St[top].i = i1;St[top].j = j1;
            St[top].di = -1;               //下一个可走方块(i1,j1)进栈
            mg[i1][j1] = -1;               //避免重复走到该方块
        }
        else                               //没有路径可走,则(i,j)方块退栈
        {   mg[i][j] = 0;                  //让该位置变为其他路径可走方块
            top--;
        }
    }
    dispminpath();                         //输出最短路径
}
int main()
{   printf("迷宫所有路径如下:\n");
    mgpath(1,1,M,N);
    return 1;
}
```

exp3-5.cpp 程序的执行结果如图 3.11 所示,该迷宫从入口(1,1)到出口(4,4)共有4 条路径,第一条最短路径长度为 7。

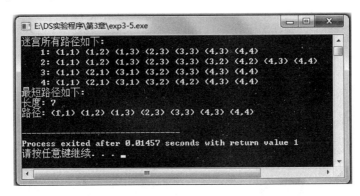

图 3.11 exp3-5.cpp 程序执行结果

实验题 6:编写病人看病模拟程序

目的:掌握队列应用的算法设计。

内容:编写一个程序 exp3-6.cpp,反映病人到医院排队看病的情况。在病人排队过程中,主要重复两件事:

(1) 病人到达诊室,将病历本交给护士,排到等待队列中候诊。

(2) 护士从等待队列中取出下一位病人的病历,该病人进入诊室就诊。

要求模拟病人等待就诊这一过程。程序采用菜单方式,其选项及功能说明如下:

1:排队——输入排队病人的病历号,加入到病人排队队列中。

2：就诊——病人排队队列中最前面的病人就诊,并将其从队列中删除。

3：查看排队——从队首到队尾列出所有的排队病人的病历号。

4：不再排队,余下依次就诊——从队首到队尾列出所有的排队病人的病历号,并退出运行。

5：下班——退出运行。

✍ 本实验中采用一个链队 qu 存放病人排队情况,链队头结点类型为 QuType,链队结点类型为 QNode。设计的功能算法如下。

- SeeDoctor():模拟病人看病的过程。病人排队看病,所以要用到一个队列,这里设计了一个不带头结点的单链表作为队列。

- Destroyqueue(QuType ＊&qu)：释放病人排队所建立的就医链队。

- exist(QuType ＊qu,int no)：队列中是否有 no 病历号的病人在排队。

实验程序 exp3-6.cpp 的结构如图 3.12 所示。图中方框表示函数,方框中指出函数名,箭头方向表示函数间的调用关系;虚线方框表示文件的组成,即指出该虚线方框中的函数存放在哪个文件中。

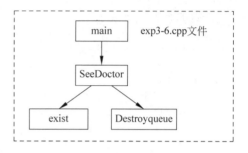

图 3.12　exp3-6.cpp 程序结构

🖿 实验程序 exp3-6.cpp 的程序代码如下(设计思路详见代码中的注释)：

```c
# include < stdio. h >
# include < malloc. h >
typedef struct qnode
{    int data;                          //病历号
     struct qnode ＊ next;              //下一个结点指针
} QNode;                               //链队结点类型
typedef struct
{
     QNode ＊ front, ＊ rear;
} QuType;                              //声明链队类型
void Destroyqueue(QuType ＊&qu)         //释放链队
{    QNode ＊ pre, ＊ p;
     pre = qu－> front;
     if (pre!= NULL)                    //若链队不空
     {    p = pre－> next;
          while (p!= NULL)              //释放队列中所有数据结点
          {    free(pre);
               pre = p; p = p－> next;
          }
          free(pre);
     }
     free(qu);                          //释放链队结点
}
bool exist(QuType ＊ qu, int no)         //队列中是否有 no 病历号的病人
```

```
{   bool find = false;
    QNode * p = qu -> front;
    while (p!= NULL && ! find)
    {   if (p -> data == no)find = true;
        elsep = p -> next;
    }
    return find;
}
void SeeDoctor()                          //模拟病人看病的过程
{   int sel, no;
    bool flag = true;
    QuType * qu;
    QNode * p;
    qu = (QuType * )malloc(sizeof(QuType));     //创建空队
    qu -> front = qu -> rear = NULL;
    while (flag)                              //循环执行
    {   printf(">1:排队 2:就诊 3:查看排队 4.不再排队,余下依次就诊 5:下班  请选择:");
        scanf(" % d",&sel);
        switch(sel)
        {
        case 1:                              //排队
            printf("  输入病历号:");
            while (true)
            {   scanf(" % d",&no);
                if (exist(qu,no))
                    printf("  输入的病历号重复,重新输入:");
                else
                    break;
            };
            p = (QNode * )malloc(sizeof(QNode));//创建结点
            p -> data = no;p -> next = NULL;
            if (qu -> rear == NULL)           //第一个病人排队
                qu -> front = qu -> rear = p;
            else
            {   qu -> rear -> next = p;
                qu -> rear = p;               //将 p 结点进队
            }
            break;
        case 2:                              //就诊
            if (qu -> front == NULL)          //队空
                printf("  没有排队的病人!\n");
            else                              //队不空
            {   p = qu -> front;
                printf("  >>病人 % d 就诊\n",p -> data);
                if (qu -> rear == p)          //只有一个病人排队的情况
                    qu -> front = qu -> rear = NULL;
                else
                    qu -> front = p -> next;
                free(p);
            }
```

```
                    break;
            case 3:                                        //查看排队
                if (qu->front == NULL)                     //队空
                    printf("  没有排队的病人!\n");
                else                                       //队不空
                {   p = qu->front;
                    printf("  >>排队病人:");
                    while (p!= NULL)
                    {   printf("%d ",p->data);
                        p = p->next;
                    }
                    printf("\n");
                }
                break;
            case 4:                                        //不再排队,余下依次就诊
                if (qu->front == NULL)                     //队空
                    printf("  >>没有排队的病人!\n");
                else                                       //队不空
                {   p = qu->front;
                    printf("  >>病人按以下顺序就诊:");
                    while (p!= NULL)
                    {   printf("%d ",p->data);
                        p = p->next;
                    }
                    printf("\n");
                }
                Destroyqueue(qu);                          //释放链队
                flag = false;                              //退出
                break;
            case 5:                                        //下班
                if (qu->front!= NULL)                      //队不空
                    printf("  请排队的病人明天就医!\n");
                flag = false;                              //退出
                Destroyqueue(qu);                          //释放链队
                break;
        }
    }
}
int main()
{   SeeDoctor();
    return 1;
}
```

🖥 exp3-6.cpp 程序的一次执行过程如图 3.13 所示。首先病人 1、2 排队,病人 1 就诊,接着病人 3、4 参加排队,通过查看队列发现排队病人是 2、3、4,然后病人 2 就诊,最后病人 3、4 依次就诊。

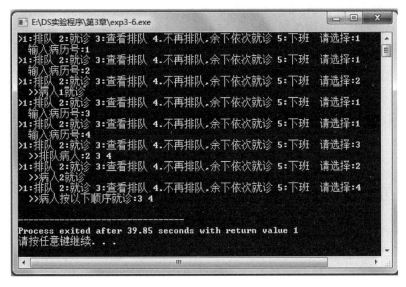

图 3.13 exp3-6.cpp 程序一次执行过程

实验题 7：求解栈元素排序问题

目的：掌握栈应用的算法设计。

内容：编写一个程序 exp3-7.cpp，按升序对一个字符栈进行排序，即最小元素位于栈顶。最多只能使用一个额外的栈存放临时数据。并输出栈排序过程。

✍ 本实验中采用一个额外的栈 tmpst 存放临时数据。设计的功能算法如下。

- StackSort(SqStack * &st)：对栈 st 中元素排序。其思路是：处理 st 栈的某个栈顶元素 e，出栈元素 e，将其存放在 tmpst 中。若临时栈 tmpst 为空，直接将 e 进入 tmpst 栈；若 tmpst 栈不空，将它的元素退栈（放入 st 栈中）直到 tmpst 栈顶元素小于 e，再将 tmp 进入到 tmpst 栈中，如图 3.14 所示是处理 st 栈的栈顶元素 3 的过程。进行这样的过程直到 st 为空，而 tmpst 中元素从栈底到栈顶是递增的。再将 tmpst 中所有元素退栈并进栈到 st 中。

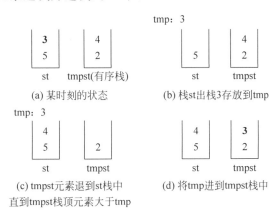

图 3.14 处理 st 的栈顶元素 3 的过程

实验程序 exp3-7.cpp 的结构如图 3.15 所示,图中方框表示函数,方框中指出函数名,箭头方向表示函数间的调用关系,虚线方框表示文件的组成,即指出该虚线方框中的函数存放在哪个文件中。

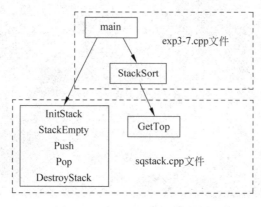

图 3.15　exp3-7.cpp 程序结构

实验程序 exp3-7.cpp 的程序代码如下(设计思路详见代码中的注释):

```
# include "sqstack.cpp"                      //包含顺序栈的基本运算算法
void StackSort(SqStack *&st)                 //对栈 st 中元素排序
{   SqStack * tmpst;
    InitStack(tmpst);
    ElemType e,e1;
    while (!StackEmpty(st))                   //st 栈不空循环
    {   Pop(st,e);                            //出栈元素 e
        printf("     st:出栈 %c => ",e);
        while(!StackEmpty(tmpst))
        {   GetTop(tmpst,e1);
            printf("tmpst:取栈顶元素 %c ",e1);
            if (e1 > e)
            {   printf("因 %c > %c ",e1,e);
                printf("tmpst:退栈 %c ",e1);
                Pop(tmpst,e1);
                printf("s:进栈 %c ",e1);
                Push(st,e1);
            }
            else
            {   printf("因 %c < %c,退出循环 ",e1,e);
                break;
            }
        }
        Push(tmpst,e);
        printf("tmpst:进栈 %c\n",e);
    }
    while (!StackEmpty(tmpst))
    {   Pop(tmpst,e);
        Push(st,e);
    }
    DestroyStack(tmpst);
```

```
}
int main()
{   ElemType e;
    SqStack * s;
    InitStack(s);
    printf("(1)依次进栈元素 1,3,4,2\n");
    Push(s,'1');
    Push(s,'3');
    Push(s,'4');
    Push(s,'2');
    printf("(2)栈 s 排序过程:\n");
    StackSort(s);
    printf("(3)栈 s 排序完毕\n");
    printf("(4)s 的出栈序列:");
    while (!StackEmpty(s))
    {   Pop(s,e);
        printf("%c ",e);
    }
    printf("\n");
    DestroyStack(s);
    return 1;
}
```

💻 exp3-7.cpp 程序的执行过程如图 3.16 所示。

图 3.16 exp3-7.cpp 程序一次执行过程

3.3 综合性实验

实验题 8：用栈求解 n 皇后问题

目的：深入掌握栈应用的算法设计。

内容：编写一个程序 exp3-8.cpp 求解 n 皇后问题：在 $n \times n$ 的方格棋盘上放置 n 个皇

后,要求每个皇后不同行、不同列、不同左右对角线。如图 3.17 是八皇后问题的一个解。(1)皇后个数 n 由用户输入,其值不能超过 20,输出所有的解。(2)采用类似于用栈求解迷宫问题的方法。

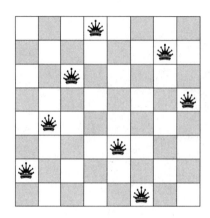

图 3.17　八皇后问题

✍　用 col[1..n]数组存放 n 个皇后的位置,其中 col[i]表示第 i($1 \leqslant i \leqslant n$)个皇后的列号,即第 i 个皇后位置是(i,col[i])。例如图 3.17 的八皇后问题解表示为 col[1..8]= $\{4,7,3,8,2,5,1,6\}$。本实验中使用一个顺序栈 St,其类型如下:

```
typedef struct
{    int col[MaxSize];              //col[i]存放第i个皇后的列号
     int top;                       //栈顶指针
} StackType;                        //声明顺序栈类型
```

如同用栈求解迷宫问题时,找到出口后栈中所有方块构成一条迷宫路径一样,这里栈 St 中保存当前已经放好的皇后位置,若其中的皇后个数为 n,表示得到一个解。设计的功能算法如下。

- void dispasolution(StackType St):输出一个皇后问题解,即 n 个皇后的位置是(1, St.col[1]),(2,St.col[2]),$\cdots$,(n,St.col[n])。
- place(StackType St,int k,int j):对于第 k 个皇后,测试(k,j)(j 从第 1 列开始)是否与栈中已放置好的第 $1 \sim k-1$ 个皇后有冲突,St.col[k]用于存放第 k 个皇后的列号,即该皇后的位置为(k,St.col[k])。对于(i,j)位置($1 \leqslant i \leqslant k-1$)上的皇后,是否与位置($k$,St.col[$k$])有冲突呢?不同行是显然的,若同列则有 St.col[k]==j。再考虑两条对角线冲突,如图 3.18 所示,若它们在任一条对角线上,则构成一个等边直角三角形,即$|j$-St.col[k]$|$==$|k-i|$。所以,只要满足以下条件,则表示存在冲突,否则不冲突:
$$(St.col[k]==j) \ \| \ (abs(j-St.col[k])==abs(k-i))$$
- queen(int n):用于求解 n 皇后问题,并输出所有解。

实验程序 exp3-8.cpp 的结构如图 3.19 所示。图中方框表示函数,方框中指出函数名,箭头方向表示函数间的调用关系;虚线方框表示文件的组成,即指出该虚线方框中的函数存放在哪个文件中。

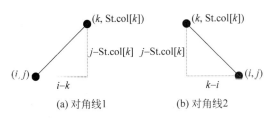

(a) 对角线1   (b) 对角线2

图 3.18　两个皇后构成对角线的情况

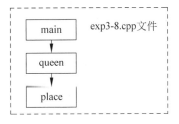

图 3.19　exp3-8.cpp 程序结构

💻 实验程序 exp3-8.cpp 的程序代码如下(设计思路详见代码中的注释):

```
# include < stdio. h >
# include < stdlib. h >
# define MaxSize 100
typedef struct
{    int col[MaxSize];                          //col[i]存放第 i 个皇后的列号
     int top;                                   //栈顶指针
} StackType;                                     //声明顺序栈类型
void dispasolution(StackType St)                 //输出一个解
{    static int count = 0;                       //静态变量用于统计解个数
     printf("    第 % d 个解:",++count);
     for (int i = 1;i <= St.top;i++)
         printf("( % d, % d) ",i,St.col[i]);
     printf("\n");
}

bool place(StackType St,int k,int j)             //测试(k,j)是否与第 1~k - 1 个皇后有冲突
{    int i = 1;
     if (k == 1) return true;                    //放第一个皇后时没有冲突
     while (i <= k - 1)                          //测试与前面已放置的皇后是否有冲突
     {    if ((St.col[i] == j) ‖ (abs(j - St.col[i]) == abs(i - k)))
              return false;                      //有冲突时返回假
          i++;
     }
     return true;                               //没有冲突时返回真
}

void queen(int n)                                //求解 n 皇后问题
{    int k;
     bool find;
     StackType St;                               //定义栈 st
     St. top = 0;                                //初始化栈顶指针,为了让皇后从第 1 行开始,不用下标 0
     St. top++; St. col[St. top] = 0;            //col[1] = 0,表示从第 1 个皇后开始,初始列号为 0
     while (St.top!= 0)                          //栈不空时循环
     {    k = St.top;                            //试探栈顶的第 k 个皇后
          find = false;                          //尚未找到第 k 个皇后的位置,find 设置为假
          for (int j = St.col[k] + 1;j <= n;j++) //为第 k 个皇后找一个合适的列号
              if (place(St,k,j))                 //在第 k 行找到一个放皇后的位置(k,j)
              {    St.col[St.top] = j;           //修改第 k 个皇后的位置(新列号)
                   find = true;                  //找到第 k 个皇后的位置,find 设置为真
                   break;                        //找到后退出 for 循环
```

```
            }
        if (find)                    //在第 k 行找到一个放皇后的位置(k,j)
        {   if (k == n)              //若所有皇后均放好,输出一个解
                dispasolution(St);
            else                     //还有皇后未放时,将第 k + 1 个皇后进栈
            {   St.top++;
                St.col[St.top] = 0;  //新进栈的皇后从第 0 列开始试探起
            }
        }
        else                         //若第 k 个皇后没有合适位置,回溯
            St.top -- ;              //即将第 k 个皇后退栈
    }
}
int main()
{   int n;                           //n 存放实际皇后个数
    printf("皇后问题(n<20) n = ");
    scanf("%d",&n);
    if (n>20)
        printf("n 值太大\n");
    else
    {   printf(" %d 皇后问题求解如下: \n",n);
        queen(n);
    }
    return 1;
}
```

exp3-8.cpp 程序的一次执行结果如图 3.20 所示,表示 6 皇后问题有 4 种放置方法,这 4 个解如图 3.21 所示。

图 3.20　exp3-8.cpp 程序一次执行结果

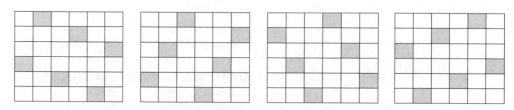

图 3.21　6 皇后问题的 4 种放置方式

实验题 9：编写停车场管理程序

目的： 深入掌握栈和队列应用的算法设计。

内容： 编写满足如下要求的停车场管理程序 exp3-9.cpp。设停车场内只有一个可停放 n 辆汽车的狭长通道，且只有一个大门可供汽车进出。

汽车在停车场内按车辆到达时间的先后顺序，依次由南向北排列（大门在最北端，最先到达的第一辆车停放在车场的最南端），若车场内已停满 n 辆车，则后来的汽车只能在门外的便道即候车场上等候，一旦有车开走，则排在便道上的第一辆车即可开入；当停车场内某辆车要离开时，在它之后进入的车辆必须先退出车场为它让路，待该辆车开出大门外，其他车辆再按原次序进入车场，每辆停放在车场的车在它离开停车场时必须按它停留的时间长短交纳费用。整个停车场的示意图如图 3.22所示。

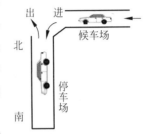

出 进

北

南

候车场

停车场

图 3.22　停车场示意图

✐ 用栈模拟停车场，用队列模拟车场外的便道，按照从键盘获取的数据序列进行模拟管理。每一组输入数据包括 3 个数据项：汽车到达(1)或者离开(2)、汽车牌照号码以及到达或离开的时刻。对每一组输入数据进行操作后的输出信息为：若是车辆到达，则输出汽车在停车场内或便道上的停车位置；若是车辆离开，则输出汽车在停车场内停留的时间和应交纳的费用(在便道上停留的时间不收费)。这里栈采用顺序存储结构，队列采用环形队列。

另外，还需设一个临时栈，用于临时停放为要给离开的汽车让路而从停车场退出来的汽车，也用顺序结构实现。

用户输入的命令有以下 5 种：

(1) 汽车到达。

(2) 汽车离开。

(3) 输出停车场中的所有汽车牌号。

(4) 输出候车场中的所有汽车牌号。

(5) 退出系统运行。

其中，栈 s 和队列 q 分别采用顺序栈和环形队列。设计的功能算法如下。

- InitStack(SqStack *&s)：初始化栈 s。
- StackEmpty(SqStack *s)：判断栈 s 是否为空栈。
- StackFull(SqStack *s)：判断栈 s 是否满。
- Push(SqStack *&s, ElemType e)：元素 e 进栈。
- Pop(SqStack *&s, ElemType &e)：元素 e 出栈。
- DispStack(SqStack *s)：从栈顶到栈底输出元素。
- InitQueue(SqQueue *&q)：初始化队列 q。
- QueueEmpty(SqQueue *q)：判断队列 q 是否为空。
- QueueFull(SqQueue *q)：判断队列 q 是否为满。
- enQueue(SqQueue *&q, ElemType e)：元素 e 进队。
- deQueue(SqQueue *&q, ElemType &e)：元素 e 出队。

实验程序 exp3-9.cpp 的结构如图 3.23 所示,图中方框表示函数,方框中指出函数名,箭头方向表示函数间的调用关系,虚线方框表示文件的组成,即指出该虚线方框中的函数存放在哪个文件中。

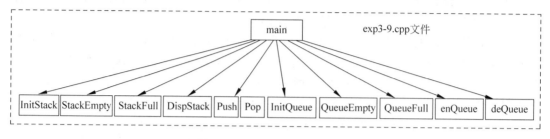

图 3.23 exp3-9.cpp 程序结构

实验程序 exp3-9.cpp 的程序代码如下(设计思路详见代码中的注释):

```
# include <stdio.h>
# include <malloc.h>
# define N 3                          //停车场内最多的停车数
# define M 4                          //候车场内最多的停车数
# define Price 2                      //每单位停车费用
typedef struct
{     int CarNo[N];                   //车牌号
      int CarTime[N];                 //进场时间
      int top;                        //栈指针
} SqStack;                            //声明顺序栈类型
typedef struct
{     int CarNo[M];                   //车牌号
      int front,rear;                 //队首和队尾指针
} SqQueue;                            //声明环形队列类型
//以下为栈的运算算法
void InitStack(SqStack *&s)           //初始化栈
{    s = (SqStack *)malloc(sizeof(SqStack));
     s->top = -1;
}
bool StackEmpty(SqStack * s)          //判断栈空
{
     return(s->top == -1);
}
bool StackFull(SqStack * s)           //判断栈满
{
     return(s->top == N-1);
}
bool Push(SqStack *&s,int e1,int e2)  //进栈
{    if (s->top == N-1)
          return false;
     s->top++;
     s->CarNo[s->top] = e1;
     s->CarTime[s->top] = e2;
     return true;
}
bool Pop(SqStack *&s,int &e1,int &e2) //出栈
```

```
{   if (s -> top == -1)
        return false;
    e1 = s -> CarNo[s -> top];
    e2 = s -> CarTime[s -> top];
    s -> top--;
    return true;
}
void DispStack(SqStack * s)                     //显示栈中元素
{   for (int i = s -> top; i >= 0; i--)
        printf("%d ", s -> CarNo[i]);
    printf("\n");
}
//以下为队列的运算算法
void InitQueue(SqQueue * &q)                     //初始化队
{   q = (SqQueue * )malloc (sizeof(SqQueue));
    q -> front = q -> rear = 0;
}
bool QueueEmpty(SqQueue * q)                     //判断队空
{
    return(q -> front == q -> rear);
}
bool QueueFull(SqQueue * q)                      //判断队满
{
    return ((q -> rear + 1) % M == q -> front);
}
bool enQueue(SqQueue * &q, int e)                //进队
{   if ((q -> rear + 1) % M == q -> front)       //队满
        return false;
    q -> rear = (q -> rear + 1) % M;
    q -> CarNo[q -> rear] = e;
    return true;
}
bool deQueue(SqQueue * &q, int &e)               //出队
{   if (q -> front == q -> rear)                 //队空的情况
        return false;
    q -> front = (q -> front + 1) % M;
    e = q -> CarNo[q -> front];
    return true;
}
void DispQueue(SqQueue * q)                      //显示队中元素
{   int i = (q -> front + 1) % M;
    printf("%d ", q -> CarNo[i]);
    while ((q -> rear - i + M) % M > 0)
    {   i = (i + 1) % M;
        printf("%d ", q -> CarNo[i]);
    }
    printf("\n");
}
int main()
{   int comm, i, j;
    int no, e1, time, e2;
    SqStack * St, * St1;
    SqQueue * Qu;
```

```
    InitStack(St);
    InitStack(St1);
    InitQueue(Qu);
    do
    {   printf(">输入指令(1:到达 2:离开 3:停车场 4:候车场 0:退出):");
        scanf("%d",&comm);
        switch(comm)
        {
        case 1:                                       //汽车到达
            printf("  车号 到达时间:");
            scanf("%d%d",&no,&time);
            if (!StackFull(St))                       //停车场不满
            {   Push(St,no,time);
                printf("  停车场位置:%d\n",St->top+1);
            }
            else                                      //停车场满
            {   if (!QueueFull(Qu))                   //候车场不满
                {   enQueue(Qu,no);
                    printf("  候车场位置:%d\n",Qu->rear);
                }
                else printf("  候车场已满,不能停车\n");
            }
            break;
        case 2:                                       //汽车离开
            printf("  车号 离开时间:");
            scanf("%d%d",&no,&time);
            for (i=0;i<=St->top && St->CarNo[i]!=no;i++);
            if (i>St->top)
                printf("  未找到该编号的汽车\n");
            else
            {   for (j=i;j<=St->top;j++)
                {   Pop(St,e1,e2);
                    Push(St1,e1,e2);                  //倒车到临时栈 St1 中
                }
                Pop(St,e1,e2);                        //该汽车离开
                printf("  %d汽车停车费用:%d\n",no,(time-e2)*Price);
                while (!StackEmpty(St1))              //将临时栈 St1 重新回到 St 中
                {   Pop(St1,e1,e2);
                    Push(St,e1,e2);
                }
                if (!QueueEmpty(Qu))                  //队不空时,将队头进栈 St
                {   deQueue(Qu,e1);
                    Push(St,e1,time);                 //以当前时间开始计费
                }
            }
            break;
        case 3:                                       //显示停车场情况
            if (!StackEmpty(St))
            {   printf("  停车场中的车辆:");          //输出停车场中的车辆
                DispStack(St);
            }
            else printf("  停车场中无车辆\n");
            break;
```

```
        case 4:                              //显示候车场情况
            if (!QueueEmpty(Qu))
            {   printf("  候车场中的车辆:");   //输出候车场中的车辆
                DispQueue(Qu);
            }
            elseprintf("  候车场中无车辆\n");
            break;
        case 0:                              //结束
            if (!StackEmpty(St))
            {   printf("  停车场中的车辆:");   //输出停车场中的车辆
                DispStack(St);
            }
            if (!QueueEmpty(Qu))
            {   printf("  候车场中的车辆:");   //输出候车场中的车辆
                DispQueue(Qu);
            }
            break;
        default:                             //其他情况
            printf("  输入的命令错误\n");
            break;
        }
    } while(comm!= 0);
    return 1;
}
```

📶 exp3-9.cpp 程序的一次执行结果如图 3.24 所示。首先有 4 辆车依次进入,由于停车场内最多只能停放 3 辆车,所以有一辆车停放在候车场。然后 101 车离开,共停车 5 小时,收费 10 元,候车场的车辆进入停车场,此时看到停车场有 3 辆车。

图 3.24　exp3-9.cpp 程序一次执行结果

## 第 4 章

串

4.1 验证性实验

实验题 1：实现顺序串各种基本运算的算法

目的：领会顺序串存储结构和掌握顺序串中各种基本运算算法设计。

内容：编写一个程序 sqstring.cpp，实现顺序串的各种基本运算，并在此基础上设计一个程序 exp4-1.cpp，完成如下功能：

(1) 建立串 s＝"abcdefghefghijklmn"和串 $s1$＝"xyz"。

(2) 输出串 s。

(3) 输出串 s 的长度。

(4) 在串 s 的第 9 个字符位置插入串 $s1$ 而产生串 $s2$。

(5) 输出串 $s2$。

(6) 删除串 s 第 2 个字符开始的 5 个字符而产生串 $s2$。

(7) 输出串 $s2$。

(8) 将串 s 第 2 个字符开始的 5 个字符替换成串 $s1$ 而产生串 $s2$。

(9) 输出串 $s2$。

(10) 提取串 s 的第 2 个字符开始的 10 个字符而产生串 $s3$。

(11) 输出串 $s3$。

(12) 将串 $s1$ 和串 $s2$ 连接起来而产生串 $s4$。

(13) 输出串 $s4$。

📝 根据《教程》中 4.2.1 节的算法得到 sqstring.cpp 程序，其中包含如下函数。

- StrAssign(SqString &str,char cstr[])：由串常量 cstr 创建顺序串 str。
- StrCopy(SqString &s,SqString t)：将顺序串 t 复制到串 s。
- StrEqual(SqString s,SqString t)：判断两个顺序串 s 和 t 是否相同。
- StrLength(SqString s)：求顺序串 s 的长度。
- Concat(SqString s,SqString t)：返回将顺序串 t 连接到顺序串 s 之后构成的新串。
- SubStr(SqString s,int i,int j)：返回由顺序串 s 的第 i 个字符开始的 j 个字符构成的新串。
- InsStr(SqString s1,int i,SqString s2)：返回将顺序串 s2 插入到顺序串 s1 的第 i 个位置中构成的新串。
- DelStr(SqString s,int i,int j)：返回删除顺序串 s 的第 i 个字符开始的 j 个字符构成的新串。
- RepStr(SqString s,int i,int j,SqString t)：返回将顺序串 s 的第 i 个字符开始的 j 个字符替换成顺序串 t 构成的新串。
- DispStr(SqString s)：输出顺序串 s 的所有元素。

对应的程序代码如下(设计思路详见代码中的注释):

```
#include <stdio.h>
#define MaxSize 100
typedef struct
{    char data[MaxSize];                              //串中字符
     int length;                                      //串长
} SqString;                                           //声明顺序串类型
void StrAssign(SqString &s,char cstr[])               //将字符串常量赋给串 s
{    for (int i = 0;cstr[i]!= '\0';i++)
         s.data[i] = cstr[i];
     s.length = i;
}

void DestroyStr(SqString &s)                          //销毁串
{   }
void StrCopy(SqString &s,SqString t)                  //串复制
{    for (int i = 0;i < t.length;i++)
         s.data[i] = t.data[i];
     s.length = t.length;
}

bool StrEqual(SqString s,SqString t)                  //判串相等
{    bool same = true;
     if (s.length!= t.length)                         //长度不相等时返回 0
         same = false;
     else
         for (int i = 0;i < s.length;i++)
             if (s.data[i]!= t.data[i])               //有一个对应字符不相同时返回假
             {    same = false;
                  break;
             }
     return same;
}

int StrLength(SqString s)                             //求串长
{
     return s.length;
}

SqString Concat(SqString s,SqString t)               //串连接
{    SqString str;
     int i;
     str.length = s.length + t.length;
     for (i = 0;i < s.length;i++)                     //s.data[0..s.length-1]→str
         str.data[i] = s.data[i];
     for (i = 0;i < t.length;i++)                     //t.data[0..t.length-1]→str
         str.data[s.length + i] = t.data[i];
     return str;
}

SqString SubStr(SqString s,int i,int j)              //求子串
{    SqString str;
     int k;
     str.length = 0;
```

```
      if (i<=0 ‖ i>s.length ‖ j<0 ‖ i+j-1>s.length)
          return str;                              //参数不正确时返回空串
      for (k=i-1;k<i+j-1;k++)                       //s.data[i..i+j]→str
          str.data[k-i+1]=s.data[k];
      str.length=j;
      return str;
}
SqString InsStr(SqString s1,int i,SqString s2)      //插入子串
{   int j;SqString str;
    str.length=0;
    if (i<=0 ‖ i>s1.length+1)                        //参数不正确时返回空串
        return str;
    for (j=0;j<i-1;j++)                              //s1.data[0..i-2]→str
        str.data[j]=s1.data[j];
    for (j=0;j<s2.length;j++)                        //s2.data[0..s2.length-1]→str
        str.data[i+j-1]=s2.data[j];
    for (j=i-1;j<s1.length;j++)                      //s1.data[i-1..s1.length-1]→str
        str.data[s2.length+j]=s1.data[j];
    str.length=s1.length+s2.length;
    return str;
}
SqString DelStr(SqString s,int i,int j)             //删除子串
{   int k;SqString str;
    str.length=0;
    if (i<=0 ‖ i>s.length ‖ i+j>s.length+1)          //参数不正确时返回空串
        return str;
    for (k=0;k<i-1;k++)                              //s.data[0..i-2]→str
        str.data[k]=s.data[k];
    for (k=i+j-1;k<s.length;k++)                     //s.data[i+j-1..s.length-1]→str
        str.data[k-j]=s.data[k];
    str.length=s.length-j;
    return str;
}
SqString RepStr(SqString s,int i,int j,SqString t)  //替换子串
{   int k;SqString str;
    str.length=0;
    if (i<=0 ‖ i>s.length ‖ i+j-1>s.length)          //参数不正确时返回空串
        return str;
    for (k=0;k<i-1;k++)                              //s.data[0..i-2]→str
        str.data[k]=s.data[k];
    for (k=0;k<t.length;k++)                         //t.data[0..t.length-1]→str
        str.data[i+k-1]=t.data[k];
    for (k=i+j-1;k<s.length;k++)                     //s.data[i+j-1..s.length-1]→str
        str.data[t.length+k-j]=s.data[k];
    str.length=s.length-j+t.length;
    return str;
}
void DispStr(SqString s)                            //输出串s
{   if (s.length>0)
```

```
{      for (int i = 0;i < s.length;i++)
           printf("%c",s.data[i]);
       printf("\n");
   }
}
```

实验程序 exp4-1.cpp 的结构如图 4.1 所示,图中方框表示函数,方框中指出函数名,箭头方向表示函数间的调用关系,虚线方框表示文件的组成,即指出该虚线方框中的函数存放在哪个文件中。

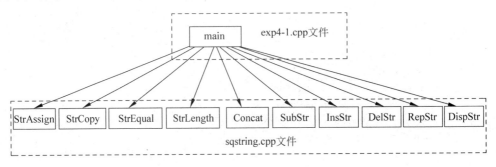

图 4.1　exp4-1.cpp 程序结构

🖳 实验程序 exp4-1.cpp 的程序代码如下:

```
# include "sqstring.cpp"                    //包含顺序串基本运算算法
int main()
{    SqString s,s1,s2,s3,s4;
     printf("顺序串的基本运算如下:\n");
     printf("  (1)建立串 s 和串 s1\n");
     StrAssign(s,"abcdefghijklmn");
     StrAssign(s1,"123");
     printf("  (2)输出串 s:");DispStr(s);
     printf("  (3)串 s 的长度:%d\n",StrLength(s));
     printf("  (4)在串 s 的第 9 个字符位置插入串 s1 而产生串 s2\n");
     s2 = InsStr(s,9,s1);
     printf("  (5)输出串 s2:");DispStr(s2);
     printf("  (6)删除串 s 第 2 个字符开始的 5 个字符而产生串 s2\n");
     s2 = DelStr(s,2,3);
     printf("  (7)输出串 s2:");DispStr(s2);
     printf("  (8)将串 s 第 2 个字符开始的 5 个字符替换成串 s1 而产生串 s2\n");
     s2 = RepStr(s,2,5,s1);
     printf("  (9)输出串 s2:");DispStr(s2);
     printf("  (10)提取串 s 的第 2 个字符开始的 10 个字符而产生串 s3\n");
     s3 = SubStr(s,2,10);
     printf("  (11)输出串 s3:");DispStr(s3);
     printf("  (12)将串 s1 和串 s2 连接起来而产生串 s4\n");
     s4 = Concat(s1,s2);
     printf("  (13)输出串 s4:");DispStr(s4);
     DestroyStr(s);DestroyStr(s1); DestroyStr(s2);
```

```
        DestroyStr(s3); DestroyStr(s4);
        return 1;
    }
```

🖥 exp4-1.cpp 程序的执行结果如图 4.2 所示。

图 4.2 exp4-1.cpp 程序执行结果

实验题 2：实现链串各种基本运算的算法

目的：领会链串存储结构和掌握链串中各种基本运算算法设计。

内容：编写一个程序 listring.cpp，实现链串的各种基本运算，并在此基础上设计一个程序 exp4-2.cpp，完成如下功能：

（1）建立串 s＝"abcdefghefghijklmn"和串 $s1$＝"xyz"。

（2）输出串 s。

（3）输出串 s 的长度。

（4）在串 s 的第 9 个字符位置插入串 $s1$ 而产生串 $s2$。

（5）输出串 $s2$。

（6）删除串 s 第 2 个字符开始的 5 个字符而产生串 $s2$。

（7）输出串 $s2$。

（8）将串 s 第 2 个字符开始的 5 个字符替换成串 $s1$ 而产生串 $s2$。

（9）输出串 $s2$。

（10）提取串 s 的第 2 个字符开始的 10 个字符而产生串 $s3$。

（11）输出串 $s3$。

（12）将串 $s1$ 和串 $s2$ 连接起来而产生串 $s4$。

（13）输出串 $s4$。

✍ 根据《教程》中 4.2.2 节的算法得到 listring.cpp 程序，其中包含如下函数。

• StrAssign(LinkStrNode &str,char cstr[])：由串常量 cstr 创建链串 str。

• StrCopy(LinkStrNode &s,LinkStrNode t)：将链串 t 复制到链串 s。

- StrEqual(LinkStrNode s,LinkStrNode t)：判断两个链串 s 和 t 是否相同。
- StrLength(LinkStrNode s)：求链串 s 的长度。
- Concat(LinkStrNode s,LinkStrNode t)：返回将链串 t 连接到链串 s 之后构成的新串。
- SubStr(LinkStrNode s,int i,int j)：返回由链串 s 的第 i 个字符开始的 j 个字符构成的新串。
- InsStr(LinkStrNode $s1$,int i,LinkStrNode $s2$)：返回将链串 $s2$ 插入到链串 $s1$ 的第 i 个位置中构成的新串。
- DelStr(LinkStrNode s,int i,int j)：返回删除链串 s 的第 i 个字符开始的 j 个字符构成的新串。
- RepStr(LinkStrNode s,int i,int j,LinkStrNode t)：返回将链串 s 的第 i 个字符开始的 j 个字符替换成链串 t 构成的新串。
- DispStr(LinkStrNode s)：输出链串 s 的所有元素。

对应的程序代码如下(设计思路详见代码中的注释)：

```c
# include < stdio. h >
# include < malloc. h >
typedef struct snode
{   char data;
    struct snode * next;
} LinkStrNode;                               //声明链串结点类型
void StrAssign(LinkStrNode *&s,char cstr[])     //字符串常量 cstr 赋给串 s
{   LinkStrNode * r, * p;
    s = (LinkStrNode * )malloc(sizeof(LinkStrNode));
    r = s;                                   //r 始终指向尾结点
    for (int i = 0;cstr[i]!= '\0';i++)
    {   p = (LinkStrNode * )malloc(sizeof(LinkStrNode));
        p - > data = cstr[i];
        r - > next = p;r = p;
    }
    r - > next = NULL;
}

void DestroyStr(LinkStrNode *&s)             //销毁串
{   LinkStrNode * pre = s, * p = s - > next;  //pre 指向结点 p 的前驱结点
    while (p!= NULL)                         //扫描链串 s
    {   free(pre);                           //释放 pre 结点
        pre = p;                             //pre、p 同步后移一个结点
        p = pre - > next;
    }
    free(pre);                               //循环结束时,p 为 NULL,pre 指向尾结点,释放它
}

void StrCopy(LinkStrNode *&s,LinkStrNode * t) //串 t 复制给串 s
{   LinkStrNode * p = t - > next, * q, * r;
    s = (LinkStrNode * )malloc(sizeof(LinkStrNode));
    r = s;                                   //r 始终指向尾结点
    while (p!= NULL)                         //将 t 的所有结点复制到 s
```

```
    {   q = (LinkStrNode * )malloc(sizeof(LinkStrNode));
        q->data = p->data;
        r->next = q; r = q;
        p = p->next;
    }
    r->next = NULL;
}
bool StrEqual(LinkStrNode * s, LinkStrNode * t)          //判串相等
{   LinkStrNode * p = s->next, * q = t->next;
    while (p!= NULL && q!= NULL && p->data == q->data)
    {   p = p->next;
        q = q->next;
    }
    if (p == NULL && q == NULL)
        return true;
    else
        return false;
}

int StrLength(LinkStrNode * s)                           //求串长
{   int i = 0;
    LinkStrNode * p = s->next;
    while (p!= NULL)
    {   i++;
        p = p->next;
    }
    return i;
}
LinkStrNode * Concat(LinkStrNode * s, LinkStrNode * t)  //串连接
{   LinkStrNode * str, * p = s->next, * q, * r;
    str = (LinkStrNode * )malloc(sizeof(LinkStrNode));
    r = str;
    while (p!= NULL)                                     //将 s 的所有结点复制到 str
    {   q = (LinkStrNode * )malloc(sizeof(LinkStrNode));
        q->data = p->data;
        r->next = q; r = q;
        p = p->next;
    }
    p = t->next;
    while (p!= NULL)                                     //将 t 的所有结点复制到 str
    {   q = (LinkStrNode * )malloc(sizeof(LinkStrNode));
        q->data = p->data;
        r->next = q; r = q;
        p = p->next;
    }
    r->next = NULL;
    return str;
}
LinkStrNode * SubStr(LinkStrNode * s, int i, int j)      //求子串
{   int k;
    LinkStrNode * str, * p = s->next, * q, * r;
```

```
        str = (LinkStrNode * )malloc(sizeof(LinkStrNode));
        str -> next = NULL;
        r = str;                                    //r 指向新建链串的尾结点
        if (i <= 0 ‖ i > StrLength(s) ‖ j < 0 ‖ i + j - 1 > StrLength(s))
            return str;                             //参数不正确时返回空串
        for (k = 0;k < i - 1;k++)
            p = p -> next;
        for (k = 1;k <= j;k++)                       //将 s 的第 i 个结点开始的 j 个结点复制到 str
        {   q = (LinkStrNode * )malloc(sizeof(LinkStrNode));
            q -> data = p -> data;
            r -> next = q;r = q;
            p = p -> next;
        }
        r -> next = NULL;
        return str;
    }
    LinkStrNode * InsStr(LinkStrNode * s,int i,LinkStrNode * t)      //插入子串
    {   int k;
        LinkStrNode * str, * p = s -> next, * p1 = t -> next, * q, * r;
        str = (LinkStrNode * )malloc(sizeof(LinkStrNode));
        str -> next = NULL;
        r = str;                                    //r 指向新建链串的尾结点
        if (i <= 0 ‖ i > StrLength(s) + 1)           //参数不正确时返回空串
            return str;
        for (k = 1;k < i;k++)                        //将 s 的前 i 个结点复制到 str
        {   q = (LinkStrNode * )malloc(sizeof(LinkStrNode));
            q -> data = p -> data;
            r -> next = q;r = q;
            p = p -> next;
        }
        while (p1 != NULL)                           //将 t 的所有结点复制到 str
        {   q = (LinkStrNode * )malloc(sizeof(LinkStrNode));
            q -> data = p1 -> data;
            r -> next = q;r = q;
            p1 = p1 -> next;
        }
        while (p != NULL)                            //将结点 p 及其后的结点复制到 str
        {   q = (LinkStrNode * )malloc(sizeof(LinkStrNode));
            q -> data = p -> data;
            r -> next = q;r = q;
            p = p -> next;
        }
        r -> next = NULL;
        return str;
    }
    LinkStrNode * DelStr(LinkStrNode * s,int i,int j) //删除子串
    {   int k;
        LinkStrNode * str, * p = s -> next, * q, * r;
        str = (LinkStrNode * )malloc(sizeof(LinkStrNode));
        str -> next = NULL;
```

```
    r = str;                                    //r 指向新建链串的尾结点
    if (i < = 0 ‖ i > StrLength(s) ‖ j < 0 ‖ i + j - 1 > StrLength(s))
        return str;                             //参数不正确时返回空串
    for (k = 0;k < i - 1;k++)                    //将 s 的前 i - 1 个结点复制到 str
    {   q = (LinkStrNode * )malloc(sizeof(LinkStrNode));
        q - > data = p - > data;
        r - > next = q;r = q;
        p = p - > next;
    }
    for (k = 0;k < j;k++)                        //让 p 沿 next 跳 j 个结点
        p = p - > next;
    while (p!= NULL)                            //将结点 p 及其后的结点复制到 str
    {   q = (LinkStrNode * )malloc(sizeof(LinkStrNode));
        q - > data = p - > data;
        r - > next = q;r = q;
        p = p - > next;
    }
    r - > next = NULL;
    return str;
}
LinkStrNode * RepStr(LinkStrNode * s,int i,int j,LinkStrNode * t)        //替换子串
{   int k;
    LinkStrNode * str, * p = s - > next, * p1 = t - > next, * q, * r;
    str = (LinkStrNode * )malloc(sizeof(LinkStrNode));
    str - > next = NULL;
    r = str;                                    //r 指向新建链串的尾结点
    if (i < = 0 ‖ i > StrLength(s) ‖ j < 0 ‖ i + j - 1 > StrLength(s))
        return str;                             //参数不正确时返回空串
    for (k = 0;k < i - 1;k++)                    //将 s 的前 i - 1 个结点复制到 str
    {   q = (LinkStrNode * )malloc(sizeof(LinkStrNode));
        q - > data = p - > data;q - > next = NULL;
        r - > next = q;r = q;
        p = p - > next;
    }
    for (k = 0;k < j;k++)                        //让 p 沿 next 跳 j 个结点
        p = p - > next;
    while (p1!= NULL)                           //将 t 的所有结点复制到 str
    {   q = (LinkStrNode * )malloc(sizeof(LinkStrNode));
        q - > data = p1 - > data;q - > next = NULL;
        r - > next = q;r = q;
        p1 = p1 - > next;
    }
    while (p!= NULL)                            //将结点 p 及其后的结点复制到 str
    {   q = (LinkStrNode * )malloc(sizeof(LinkStrNode));
        q - > data = p - > data;q - > next = NULL;
        r - > next = q;r = q;
        p = p - > next;
    }
    r - > next = NULL;
    return str;
```

```
}
void DispStr(LinkStrNode * s)                    //输出串
{   LinkStrNode  * p = s - > next;
    while (p!= NULL)
    {   printf(" % c",p - > data);
        p = p - > next;
    }
    printf("\n");
}
```

实验程序 exp4-2. cpp 的结构如图 4.3 所示。图中方框表示函数,方框中指出函数名,箭头方向表示函数间的调用关系。虚线方框表示文件的组成,即指出该虚线方框中的函数存放在哪个文件中。

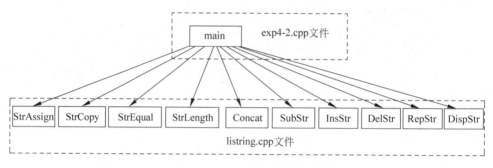

图 4.3　exp4-2. cpp 程序结构

实验程序 exp4-2. cpp 的程序代码如下:

```
# include "listring.cpp"                          //包含链串基本运算算法
int main()
{   LinkStrNode * s, * s1, * s2, * s3, * s4;
    printf("链串的基本运算如下:\n");
    printf("  (1)建立串 s 和串 s1\n");
    StrAssign(s,"abcdefghijklmn");
    StrAssign(s1,"123");
    printf("  (2)输出串 s:");DispStr(s);
    printf("  (3)串 s 的长度:% d\n",StrLength(s));
    printf("  (4)在串 s 的第 9 个字符位置插入串 s1 而产生串 s2\n");
    s2 = InsStr(s,9,s1);
    printf("  (5)输出串 s2:");DispStr(s2);
    printf("  (6)删除串 s 第 2 个字符开始的 5 个字符而产生串 s2\n");
    s2 = DelStr(s,2,3);
    printf("  (7)输出串 s2:");DispStr(s2);
    printf("  (8)将串 s 第 2 个字符开始的 5 个字符替换成串 s1 而产生串 s2\n");
    s2 = RepStr(s,2,5,s1);
    printf("  (9)输出串 s2:");DispStr(s2);
    printf("  (10)提取串 s 的第 2 个字符开始的 10 个字符而产生串 s3\n");
    s3 = SubStr(s,2,10);
    printf("  (11)输出串 s3:");DispStr(s3);
```

```
    printf("    (12)将串 s1 和串 s2 连接起来而产生串 s4\n");
    s4 = Concat(s1,s2);
    printf("    (13)输出串 s4:");DispStr(s4);
    DestroyStr(s); DestroyStr(s1); DestroyStr(s2);
    DestroyStr(s3);    DestroyStr(s4);
    return 1;
}
```

🖥 exp4-2.cpp 程序的执行结果如图 4.4 所示。

图 4.4   exp4-2.cpp 程序执行结果

实验题 3：实现顺序串的各种模式匹配算法

目的：掌握串的模式匹配算法即 BF 和 KMP 算法设计。

内容：编写一个程序 exp4-3.cpp,实现顺序串的各种模式匹配运算,并在此基础上完成如下功能：

（1）建立目标串 s ＝"abcabcdabcdeabcdefabcdefg"和模式串 t ＝"abcdeabcdefab"。

（2）采用简单匹配算法求 t 在 s 中的位置。

（3）由模式串 t 求出 next 数组值和 nextval 数组值。

（4）采用 KMP 算法求 t 在 s 中的位置。

（5）采用改进的 KMP 算法求 t 在 s 中的位置。

✍ 根据《教程》中 4.3 节的算法设计 exp4-3.cpp 文件,其中包含如下函数。

• Index(SqString s,SqString t)：顺序串 s 和 t 的简单匹配算法。

• GetNext(SqString t,int next[])：由模式串 t 求出 next 数组值。

• GetNextval(SqString t,int nextval[])：由模式串 t 求出 nextval 数组值。

• KMPIndex(SqString s,SqString t)：顺序串 s 和 t 的 KMP 算法。

• KMPIndex1(SqString s,SqString t)：顺序串 s 和 t 的改进的 KMP 算法。

实验程序 exp4-3.cpp 的结构如图 4.5 所示,图中方框表示函数,方框中指出函数名,箭头方向表示函数间的调用关系,虚线方框表示文件的组成,即指出该虚线方框中的函数存放

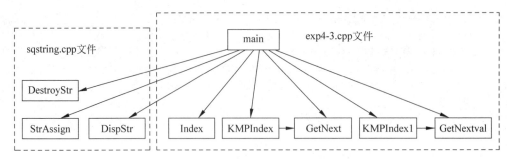

图 4.5 exp4-3.cpp 程序结构

在哪个文件中。

实验程序 exp4-3.cpp 的程序代码如下：

```
#include "sqstring.cpp"                          //包含顺序串的基本运算算法
int Index(SqString s,SqString t)                 //简单匹配算法
{   int i = 0,j = 0;
    while (i < s.length && j < t.length)
    {   if (s.data[i] == t.data[j])              //继续匹配下一个字符
        {   i++;                                 //主串和子串依次匹配下一个字符
            j++;
        }
        else                                     //主串、子串指针回溯重新开始下一次匹配
        {   i = i - j + 1;                       //主串从下一个位置开始匹配
            j = 0;                               //子串从头开始匹配
        }
    }
    if (j >= t.length)
        return(i - t.length);                    //返回匹配的第一个字符的下标
    else
        return(-1);                              //模式匹配不成功
}
void GetNext(SqString t,int next[])              //由模式串 t 求出 next 值
{   int j,k;
    j = 0;k = -1;next[0] = -1;
    while (j < t.length - 1)
    {   if (k == -1 || t.data[j] == t.data[k])   //k 为 -1 或比较的字符相等时
        {   j++;k++;
            next[j] = k;
        }
        else  k = next[k];
    }
}
int KMPIndex(SqString s,SqString t)              //KMP 算法
{   int next[MaxSize],i = 0,j = 0;
    GetNext(t,next);
    while (i < s.length && j < t.length)
    {   if (j == -1 || s.data[i] == t.data[j])
```

```
        {   i++;
            j++;                                    //i、j各增1
        }
        else j = next[j];                           //i不变,j后退
    }
    if (j >= t.length)
        return(i - t.length);                       //返回匹配模式串的首字符下标
    else
        return( -1);                                //返回不匹配标志
}
void GetNextval(SqString t, int nextval[ ])         //由模式串 t 求出 nextval 值
{   int j = 0, k = -1;
    nextval[0] = -1;
    while (j < t.length)
    {   if (k == -1 || t.data[j] == t.data[k])
        {   j++; k++;
            if (t.data[j]!= t.data[k])
                nextval[j] = k;
            else
                nextval[j] = nextval[k];
        }
        elsek = nextval[k];
    }
}
int KMPIndex1(SqString s, SqString t)               //修正的 KMP 算法
{   int nextval[MaxSize], i = 0, j = 0;
    GetNextval(t, nextval);
    while (i < s.length && j < t.length)
    {   if (j == -1 || s.data[i] == t.data[j])
        {   i++;
            j++;
        }
        elsej = nextval[j];
    }
    if (j >= t.length)
        return(i - t.length);
    else
        return( -1);
}
int main()
{   int j;
    int next[MaxSize], nextval[MaxSize];
    SqString s, t;
    StrAssign(s,"abcabcdabcdeabcdefabcdefg");
    StrAssign(t,"abcdeabcdefab");
    printf("串 s:");DispStr(s);
    printf("串 t:");DispStr(t);
    printf("简单匹配算法:\n");
    printf("  t 在 s 中的位置 = %d\n",Index(s,t));
    GetNext(t,next);                                //由模式串 t 求出 next 值
    GetNextval(t,nextval);                          //由模式串 t 求出 nextval 值
```

```
        printf("    j   ");
        for (j = 0;j < t.length;j++)
            printf("% 4d",j);
        printf("\n");
        printf(" t[j]    ");
        for (j = 0;j < t.length;j++)
            printf("% 4c",t.data[j]);
        printf("\n");
        printf(" next    ");
        for (j = 0;j < t.length;j++)
            printf("% 4d",next[j]);
        printf("\n");
        printf(" nextval");
        for (j = 0;j < t.length;j++)
            printf("% 4d",nextval[j]);
        printf("\n");
        printf("KMP 算法:\n");
        printf("    t 在 s 中的位置 = % d\n",KMPIndex(s,t));
        printf("改进的 KMP 算法:\n");
        printf("    t 在 s 中的位置 = % d\n",KMPIndex1(s,t));
        DestroyStr(s); DestroyStr(t);
        return 1;
}
```

🖥 exp4-3.cpp 程序的执行结果如图 4.6 所示。

图 4.6　exp4-3.cpp 程序执行结果

4.2　设计性实验　✳

实验题 4：文本串加密和解密程序

目的：掌握串的应用算法设计。

内容：一个文本串可用事先给定的字母映射表进行加密。例如,设字母映射表为:

a b c d e f g h i j k l m n o p q r s t u v w x y z

n g z q t c o b m u h e l k p d a w x f y i v r s j

则字符串"encrypt"被加密为"tkzwsdf"。编写一个程序 exp4-4.cpp,将输入的文本串进行加密后输出,然后进行解密并输出。

✍ 本实验中设计的功能算法如下。

- EnCrypt(SqString p):字符串 p 的加密过程。
- UnEncrypt(SqString q):字符串 q 的解密过程。
- main():用 A 和 B 两个串存放字母映射表。调用 EnCrypt()用于加密,即扫描 p 串,对于当前字母 $p.data[i]$,若在 A 串中找到 $A.data[j]$,则将它转换成 $B.data[j]$,否则保持原字符不变。调用 UnEncrypt()用于解密,原理与加密过程完全相同。

实验程序 exp4-4.cpp 的结构如图 4.7 所示,图中方框表示函数,方框中指出函数名,箭头方向表示函数间的调用关系,虚线方框表示文件的组成,即指出该虚线方框中的函数存放在哪个文件中。

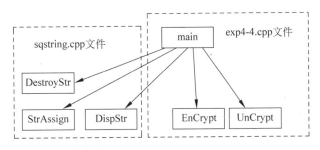

图 4.7 exp4-4.cpp 程序结构

🖥 实验程序 exp4-4.cpp 的程序代码如下:

```cpp
# include "sqstring.cpp"              //包含顺序串的基本运算算法
SqString A,B;                         //全局串
SqString EnCrypt(SqString p)          //返回加密串
{    int i = 0,j;
     SqString q;
     while (i < p.length)
     {    for (j = 0;p.data[i] != A.data[j];j++);
          if (j >= p.length)          //在 A 串中未找到 p.data[i]字母
              q.data[i] = p.data[i];
          else                        //在 A 串中找到 p.data[i]字母
              q.data[i] = B.data[j];
          i++;
     }
     q.length = p.length;
     return q;
}
SqString UnEncrypt(SqString q)        //返回解密串
{    int i = 0,j;
```

```
        SqString p;
        while (i < q.length)
        {   for (j = 0;q.data[i]!= B.data[j];j++);
            if (j >= q.length)                          //在B串中未找到q.data[i]字母
                p.data[i] = q.data[i];
            else                                        //在B串中找到q.data[i]字母
                p.data[i] = A.data[j];
            i++;
        }
        p.length = q.length;
        return p;
}
int main()
{   SqString p,q;
    int ok = 1;
    StrAssign(A,"abcdefghijklmnopqrstuvwxyz");     //建立A串
    StrAssign(B,"ngzqtcobmuhelkpdawxfyivrsj");     //建立B串
    char str[MaxSize];
    printf("\n");
    printf("输入原文串:");
    gets(str);                                      //获取用户输入的原文串
    StrAssign(p,str);                               //建立p串
    printf("加密解密如下:\n");
    printf("  原文串:");DispStr(p);
    q = EnCrypt(p);                                 //p串加密产生q串
    printf("  加密串:");DispStr(q);
    p = UnEncrypt(q);                               //q串解密产生p串
    printf("  解密串:");DispStr(p);
    printf("\n");
    DestroyStr(p); DestroyStr(q);
    return 1;
}
```

🖥 exp4-4.cpp 程序的一次执行结果如图 4.8 所示。

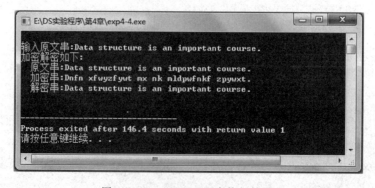

图 4.8　exp4-4.cpp 程序执行结果

实验题 5：求一个串中出现的第一个最长重复子串

目的：掌握串的模式匹配应用算法设计。

内容：采用顺序结构存储串，编写一个程序 exp4-5.cpp，采用简单模式匹配方法求串 s 中出现的第一个最长重复子串的下标和长度。

✍ 本实验中设计的功能算法如下。

- MaxSubstr(SqString s)：采用 BF 模式匹配算法思路。先给最长重复子串的下标 index 和长度 length 均赋值为 0。设 $s = $ "$s_0 s_1 \cdots s_{n-1}$"，扫描通过串 s，对于当前字符 s_i，判定其后是否有相同的字符，若有记为 s_j，再判定 s_{i+1} 是否等于 s_{j+1}，s_{i+2} 是否等于 s_{j+2}，$\cdots$，以此类推，一直找到一个不同的字符为止，即查找到了一个重复出现的子串，把其下标 index1（实际上为 i）与长度 length1 记下来，将 length1 与 length 相比较，保留较长的子串 index 和 length。再从 $s_{j+\text{length1}}$ 之后找重复子串。然后对于 s_{i+1} 之后的字符采用上述过程，直到 s 扫描完毕。最后的 index 与 length 即记录下最长重复子串的下标与长度。

实验程序 exp4-5.cpp 的结构如图 4.9 所示，图中方框表示函数，方框中指出函数名，箭头方向表示函数间的调用关系，虚线方框表示文件的组成，即指出该虚线方框中的函数存放在哪个文件中。

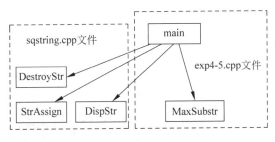

图 4.9　exp4-5.cpp 程序结构

🖥 实验程序 exp4-5.cpp 的程序代码如下（设计思路详见代码中的注释）：

```cpp
# include "sqstring.cpp"                      //包含顺序串的基本运算算法
# include <malloc.h>
SqString * MaxSubstr(SqString s)
{   SqString * subs;
    int index = 0, length = 0, length1, i = 0, j, k;
    while (i < s.length)
    {   j = i + 1;
        while (j < s.length)
        {   if (s.data[i] == s.data[j])       //找一子串,其序号为 i,长度为 length1
            {   length1 = 1;
                for(k = 1; s.data[i + k] == s.data[j + k]; k++)
                    length1++;
                if (length1 > length)         //将较大长度者赋给 index 与 length
                {   index = i;
                    length = length1;
                }
                j += length1;
```

```
            }
        else j++;
        }
        i++;                        //继续扫描第 i 字符之后的字符
    }
    subs = (SqString *)malloc(sizeof(SqString));
    subs -> length = length;
    for (i = 0;i < length;i++)       //将最长重复子串复制到 subs 中
        subs -> data[i] = s.data[index + i];
    return subs;
}
int main()
{   char str[MaxSize];
    SqString s, * subs;
    printf("输入串:");
    gets(str);
    StrAssign(s,str);               //创建串 s
    subs = MaxSubstr(s);
    printf("求最长重复子串:\n");
    printf("    原串:");
    DispStr(s);
    printf("  最长重复子串:");       //输出最长重复子串
    DispStr( * subs);
    DestroyStr(s); free(subs);
    return 1;
}
```

💻 exp4-5.cpp 程序的一次执行结果如图 4.10 所示。

图 4.10　exp4-5.cpp 程序执行结果

4.3　综合性实验

实验题 6：利用 KMP 算法求子串在主串中出现的次数

目的：深入掌握 KMP 算法的应用。

内容：编写一个程序 exp4-6.cpp，利用 KMP 算法求子串 t 在主串 s 中出现的次数，并以 $s =$ "aaabbdaabbde"，$t =$ "aabbd" 为例，显示匹配过程。

✎ 本实验中设计的功能算法如下。

- GetNext(SqString t,int next[])：由模式串 t 求出 next 数组值。

- display(SqString s, SqString t, int i, int j)：显示匹配状态信息。
- Count(SqString s, SqString t)：利用 KMP 算法求 t 在 s 中出现的次数。用 count 记录次数，初始时为 0。当一次匹配成功后，将 count 增 1，并置 $j=0$ 继续匹配。

实验程序 exp4-6.cpp 的结构如图 4.11 所示，图中方框表示函数，方框中指出函数名，箭头方向表示函数间的调用关系，虚线方框表示文件的组成，即指出该虚线方框中的函数存放在哪个文件中。

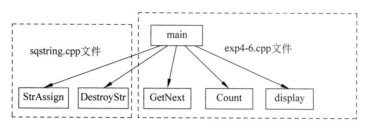

图 4.11 exp4-6.cpp 程序结构

🖥 实验程序 exp4-6.cpp 的程序代码如下（设计思路详见代码中的注释）：

```cpp
#include "sqstring.cpp"              //包含顺序串的基本运算算法
void GetNext(SqString t,int next[ ]) //由模式串 t 求出 next 值
{   int j,k;
    j = 0;k = - 1;next[0] = - 1;
    while (j < t.length - 1)
    {   if (k == - 1 || t.data[j] == t.data[k])  //k 为 - 1 或比较的字符相等时
        {   j++;k++;
            next[j] = k;
        }
        else   k = next[k];
    }
}
void display(SqString s,SqString t,int i,int j)  //显示匹配状态
{   int k;
    printf("  ");
    for (k = 0;k < i;k++)
        printf("  ");
    printf("↓ i = %d,j = %d\n",i,j);     //显示 i 指向的 s 中的字符
    printf("s:");
    for (k = 0;k < s.length;k++)          //显示 s
        printf("%c ",s.data[k]);
    printf("\n");
    printf("t:");
    for (k = 0;k < i - j;k++)             //显示 t 前面的空格
        printf("  ");
    for (k = 0;k < t.length;k++)          //显示 t
        printf("%c ",t.data[k]);
    printf("\n");
    for (k = 0;k < i - j;k++)             //显示 t 前面的空格
        printf("  ");
    for (k = 0;k <= j;k++)                //显示 j 前面的空格
        printf("  ");
```

```
            printf("↑\n");                           //显示 j 指向的 t 中的字符
    }
    int Count(SqString s,SqString t)                 //利用 KMP 算法求 t 在 s 中出现的次数
    {   int next[MaxSize],i = 0,j = 0,count = 0;
        GetNext(t,next);
        display(s,t,i,j);
        while (i < s.length && j < t.length)
        {   if (j == -1 || s.data[i] == t.data[j])
            {   i++;
                j++;                                 //i、j 各增 1
            }
            else
            {   j = next[j];                         //i 不变,j 后退
                display(s,t,i,j);
            }
            if (j == t.length)
            {   display(s,t,i,j);
                printf("\t 成功匹配 1 次\n");
                count++;
                j = 0;                               //j 设置为 0,继续匹配
            }
        }
        return count;
    }
    int main()
    {   SqString s,t;
        StrAssign(s,"aaabbdaabbde");
        StrAssign(t,"aabbd");
        printf("t 在 s 中出现次数:%d\n",Count(s,t));
        DestroyStr(s); DestroyStr(t);
        return 1;
    }
```

💻 exp4-6.cpp 程序的执行结果如图 4.12 所示。

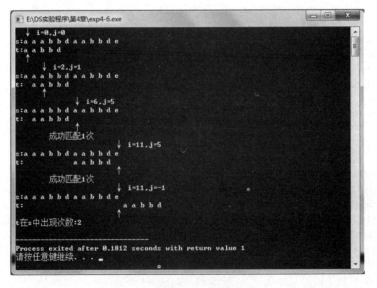

图 4.12 exp4-6.cpp 程序执行结果

第 **5** 章

递归

5.1 验证性实验

实验题 1：采用递归和非递归方法求解 Hanoi 问题

目的：领会基本递归算法设计和递归到非递归的转换方法。

内容：编写程序 exp5-1.cpp，采用递归和非递归方法求解 Hanoi 问题，输出 3 个盘片的移动过程。

✐ 根据《教程》第 5 章的原理设计本实验的功能算法如下。

- Hanoi1(int n, char a, char b, char c)：求解 Hanoi 问题的递归算法。
- Hanoi2(int n, char x, char y, char z)：求解 Hanoi 问题的非递归算法。其原理参见《教程》第 5 章 5.2.3 小节。
- 栈的基本运算算法：用于 Hanoi2 算法中。

实验程序 exp5-1.cpp 的结构如图 5.1 所示。图中，方框表示函数，方框中指出函数名；箭头方向表示函数间的调用关系；虚线方框表示文件的组成，即指出该虚线方框中的函数存放在哪个文件中。

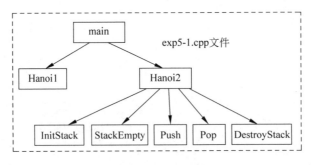

图 5.1 exp5-1.cpp 程序结构

⌨ 实验程序 exp5-1.cpp 的程序代码如下：

```
#include <stdio.h>
#include <malloc.h>
#define MaxSize 100
//---- 递归算法 ------------------------------------------
void Hanoi1(int n, char a, char b, char c)
{   if (n==1)
        printf("\t 将第 %d 个盘片从 %c 移动到 %c\n",n,a,c);
    else
    {   Hanoi1(n-1,a,c,b);
        printf("\t 将第 %d 个盘片从 %c 移动到 %c\n",n,a,c);
        Hanoi1(n-1,b,a,c);
    }
}
//---- 非递归算法 ----------------------------------------
```

```
typedef struct
{   int n;                             //盘片个数
    char x, y, z;                      //3 个塔座
    bool flag;                         //可直接移动盘片时为 true,否则为 false
} ElemType;                            //顺序栈中元素的类型
typedef struct
{   ElemType data[MaxSize];            //存放元素
    int top;                           //栈顶指针
} StackType;                           //声明顺序栈类型
//-- 求解 Hanoi 问题对应顺序栈的基本运算算法--------------
void InitStack(StackType *&s)          //初始化栈
{   s = (StackType * )malloc(sizeof(StackType));
    s->top = -1;
}
void DestroyStack(StackType *&s)       //销毁栈
{
    free(s);
}
bool StackEmpty(StackType * s)         //判断栈是否为空
{
    return(s->top == -1);
}
bool Push(StackType *&s, ElemType e)   //进栈
{   if (s->top == MaxSize - 1)
        return false;
    s->top++;
    s->data[s->top] = e;
    return true;
}
bool Pop(StackType *&s, ElemType &e)   //出栈
{   if (s->top == -1)
        return false;
    e = s->data[s->top];
    s->top--;
    return true;
}
void Hanoi2(int n, char x, char y, char z)
{   StackType * st;                    //定义顺序栈指针
    ElemType e, e1, e2, e3;
    if (n<=0) return;                  //参数错误时直接返回
    InitStack(st);                     //初始化栈
    e.n = n; e.x = x; e.y = y; e.z = z; e.flag = false;
    Push(st, e);                       //元素 e 进栈
    while (!StackEmpty(st))            //栈不空循环
    {   Pop(st, e);                    //出栈元素 e
        if (e.flag == false)           //当不能直接移动盘片时
        {   e1.n = e.n - 1; e1.x = e.y; e1.y = e.x; e1.z = e.z;
            if (e1.n == 1)             //只有一个盘片时可直接移动
                e1.flag = true;
            else                       //有一个以上盘片时不能直接移动
```

```
                e1.flag = false;
            Push(st,e1);                    //处理 Hanoi(n-1,y,x,z)步骤
            e2.n = e.n; e2.x = e.x; e2.y = e.y; e2.z = e.z; e2.flag = true;
            Push(st,e2);                    //处理 move(n,x,z)步骤
            e3.n = e.n-1; e3.x = e.x; e3.y = e.z; e3.z = e.y;
            if (e3.n == 1)                  //只有一个盘片时可直接移动
                e3.flag = true;
            else
                e3.flag = false;            //有一个以上盘片时不能直接移动
            Push(st,e3);                    //处理 Hanoi(n-1,x,z,y)步骤
        }
        else                               //当可以直接移动时
            printf("\t将第%d个盘片从%c移动到%c\n",e.n,e.x,e.z);
    }
    DestroyStack(st);                      //销毁栈
}
//---------------------------------------------------------------
int main()
{   int n = 3;
    printf("递归算法: %d个盘片移动过程:\n",n);
    Hanoi1(n,'X','Y','Z');
    printf("非递归算法: %d个盘片移动过程:\n",n);
    Hanoi2(n,'X','Y','Z');
    return 1;
}
```

exp5-1.cpp 程序的执行结果如图 5.2 所示。

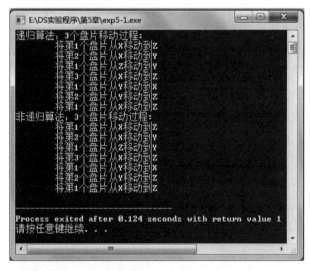

图 5.2　exp5-1.cpp 程序执行结果

实验题 2：求路径和路径条数问题

目的：领会基本递归算法设计和递归执行过程。

内容：编写程序 exp5-2.cpp 求路径和路径条数问题。有一个 $m \times n$ 的网格，如图 5.3 所示是一个 2×5 的网格。现在一个机器人位于左上角，该机器人在任何位置上时，只能向下或者向右移动一步，问机器人达到网格的右下角(1,1)位置的所有可能的路径条数，并输出所有的路径。以 $m=2, n=2$ 为例说明输出所有路径的过程。

图 5.3　一个 2×5 的网格

✍ 本实验中设计的功能算法如下。

- pathnum(int m, int n)：求解从 (m,n) 到目的地 $(1,1)$ 的路径条数。
- disppath(int m, int n, PathType path[], int d)：输出从 (m,n) 到目的地 $(1,1)$ 的所有路径。

pathnum(m,n)算法思路是：设 $f(m,n)$ 为从 (m,n) 到 $(1,1)$ 的路径条数，当 $m>1$ 或者 $n>1$ 时，可以从 (m,n) 向下移动一步，对应的路径条数为 $f(m-1,n)$，也可以向右移动一步，对应的路径条数为 $f(m,n-1)$。其递归模型如下：

$$f(m,n) = \begin{cases} 0 & \text{当 } m<1 \text{ 或者 } n<1 \\ 1 & \text{当 } m=1 \text{ 并且 } n=1 \\ f(m-1,n) + f(m,n-1) & \text{其他情况} \end{cases}$$

实验程序 exp5-2.cpp 的结构如图 5.4 所示。图中，方框表示函数，方框中指出函数名；箭头方向表示函数间的调用关系；虚线方框表示文件的组成，即指出该虚线方框中的函数存放在哪个文件中。

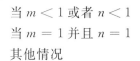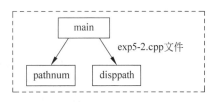

图 5.4　exp5-2.cpp 程序结构

🖥 实验程序 exp5-2.cpp 的程序代码如下：

```c
#include <stdio.h>
#define MaxSize 100
int pathnum(int m,int n)                    //求解从(m,n)到(1,1)的路径条数
{   if (m<1 || n<1) return 0;
    if (m==1 && n==1) return 1;
    return pathnum(m-1,n) + pathnum(m,n-1);
}
typedef struct
{
    int i,j;
} PathType;                                 //路径元素类型
int count = 0;                              //路径编号
void disppath(int m,int n,PathType path[],int d) //输出从(m,n)到(1,1)的所有路径
{   if (m<1 || n<1) return;
    if (m==1 && n==1)                       //找到目的地,输出一条路径
    {   d++;                                //将当前位置放入 path 中
        path[d].i = m; path[d].j = n;
        printf("路径%d: ",++count);
        for (int k = 0;k<=d;k++)
```

```
            printf("( %d, %d) ",path[k].i,path[k].j);
        printf("\n");
    }
    else
    {   d++;//将当前位置放入 path 中
        path[d].i = m; path[d].j = n;
        disppath(m - 1,n,path,d);//向下走一步
        disppath(m,n - 1,path,d);//退回来,向右走一步
    }
}
int main()
{   int m = 2,n = 5;
    printf("m= %d,n= %d的路径条数: %d\n",m,n,pathnum(m,n));
    PathType path[MaxSize];
    int d = - 1;
    disppath(m,n,path,d);
    return 1;
}
```

💻 exp5-2.cpp 程序的执行结果如图 5.5 所示。

图 5.5　exp5-2.cpp 程序执行结果

当 $m=2,n=2$ 时,disppath 输出所有路径的过程如图 5.6 所示。首先 path=[],从(2,2)开始,即 disppath(2,2,path,-1),对应图中结点①。将(2,2)加入 path,调用 disppath(1,

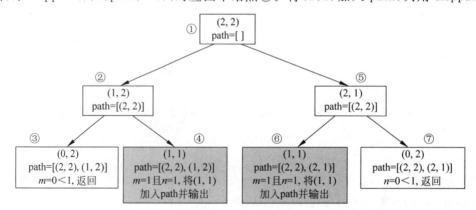

图 5.6　$m=2,n=2$ 时,disppath 的执行过程

2, path, 0), 对应图中结点②。执行 disppath(1, 2, path, 0), 将 (1, 2) 加入 path, 调用 disppath(0, 2, path, 1), 对应图中结点③, 此时 $m < 1$, 直接返回到结点②。再调用 disppath(1, 1, path, 1), 对应图中结点④, 此时满足递归出口条件 $m = 1$、$n = 1$, 将 (1, 1) 加入 path, 并输出 path 构成一条路径, 然后返回到结点②, 继续返回到结点①。接着调用 disppath(2, 1, path, 0), 对应图中结点⑤, 执行过程同上。

因此, 递归函数中的形参(非引用型)表示递归状态, 在执行时由系统保存, 所以可以方便地回退, 如从结点④回退到结点①。

5.2 设计性实验

实验题 3: 恢复 IP 地址

目的: 掌握基本递归算法设计。

内容: 编写程序 exp5-3.cpp 恢复 IP 地址。给定一个仅包含数字的字符串, 恢复它的所有可能的有效 IP 地址。例如, 给定字符串为"25525511135", 返回"255.255.11.135"和"255.255.111.35"(顺序可以任意)。

✍ 本实验中, 用字符数组 s 存放仅包含数字的字符串(共 n 个字符), 并设计如下类型用于存放恢复的 IP 地址串:

```
typedef struct
{   char data[MaxSize];          //ip 串
    int length;                  //串长度
} IP;
```

设计的功能算法如下。

- addch(IP &ip, char ch): 在 ip 串的末尾添加一个字符 ch。
- adddot(IP ip): 在 ip 串的末尾添加一个".", 并返回结果。
- solveip(char s[], int n, int start, int step, IP ip): 用于恢复 IP 地址串。一个合法的 IP 地址由 4 个子串构成, 以"."分隔, 每个子串为 1~3 位, 其数值大于 0 且小于或等于 255。算法中, start 用于扫描串 s; step 表示提取第几个子串。当扫描完 s 中所有字符, step=4, 并且每个子串都合法时, 才会产生一个合法的 IP 地址串 ip。

实验程序 exp5-3.cpp 的结构如图 5.7 所示。图中, 方框表示函数, 方框中指出函数名; 箭头方向表示函数间的调用关系; 虚线方框表示文件的组成, 即指出该虚线方框中的函数存放在哪个文件中。

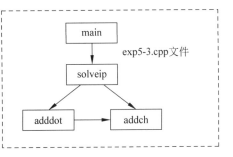

图 5.7 exp5-3.cpp 程序结构

　　实验程序 exp5-3.cpp 的程序代码如下：

```c
#include <stdio.h>
#define MaxSize 100
typedef struct
{   char data[MaxSize];
    int length;
} IP;
void addch(IP &ip, char ch)                    //ip 的末尾添加一个字符 ch
{   ip.data[ip.length] = ch;
    ip.length++;
}
IP adddot(IP ip)                               //ip 的末尾添加一个"."，并返回结果
{   addch(ip, '.');
    return ip;
}
void solveip(char s[], int n, int start, int step, IP ip)    //恢复 IP 地址串
{   if (start <= n)
    {   if (start == n && step == 4)          //找到一个合法解
        {   for (int i = 0; i < ip.length - 1; i++)  //输出其结果，不含最后的一个"."
                printf("%c", ip.data[i]);
            printf("\n");
        }
    }
    int num = 0;
    for (int i = start; i < n && i < start + 3; i++)  //每个子串为 1～3 位
    {   num = 10 * num + (s[i] - '0');        //将 start 开始的 i 个数字符转换为数值
        if (num <= 255)                      //为合法点，继续递归
        {   addch(ip, s[i]);
            solveip(s, n, i + 1, step + 1, adddot(ip));
        }
        if (num == 0) break;                 //不允许前缀 0，只允许单个 0
    }
}
int main()
{   char s[MaxSize] = "25525511135";
    int n = 11;
    IP ip;
    ip.length = 0;
    solveip(s, n, 0, 0, ip);
    return 1;
}
```

　　exp5-3.cpp 程序的执行结果如图 5.8 所示。

实验题 4：高效求解 x^n

目的：掌握基本递归算法设计。

内容：编写程序 exp5-4.cpp 高效求解 x^n。要求最多使用 $O(\log_2 n)$ 次递归调用。

图 5.8　exp5-3.cpp 程序执行结果

✍ 本实验设计的功能算法如下。

• expx(double x,int n)：高效求解 x^n。

expx(x,n)算法的思路是：设 $f(x,n)=x^n$，$f(x,n/2)=x^{n/2}$，当 n 为偶数时，$f(x,n)=x^{n/2}\times x^{n/2}=f(x,n/2)\times f(x,n/2)$；当 n 为奇数时，$f(x,n)=x\times x^{(n-1)/2}\times x^{(n-1)/2}=x\times f(x,(n-1)/2)\times f(x,(n-1)/2)$。对应的递归模型如下：

$$f(x,n)=\begin{cases} x & \text{当 } n=1 \text{ 时}\\ f(x,n/2)*f(x,n/2) & \text{当 } n \text{ 为大于 } 1 \text{ 的偶数时}\\ x*f(x,(n-1)/2)*f(x,(n-1)/2) & \text{当 } n \text{ 为大于 } 1 \text{ 的奇数时}\end{cases}$$

实验程序 exp5-4.cpp 的结构如图 5.9 所示。图中，方框表示函数，方框中指出函数名；箭头方向表示函数间的调用关系；虚线方框表示文件的组成，即指出该虚线方框中的函数存放在哪个文件中。

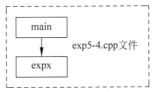

图 5.9　exp5-4.cpp 程序结构

🖥 实验程序 exp5-4.cpp 的程序代码如下：

```c
# include < stdio. h >
double expx(double x, int n)
{    if (n == 1)
         return x;
     else if (n % 2 == 0)                    //当 n 为大于 1 的偶数时
         return expx(x, n/2) * expx(x, n/2);
     else                                    //当 n 为大于 1 的奇数时
         return x * expx(x, (n - 1)/2) * expx(x, (n - 1)/2);
}
int main()
{    double x;
     int n;
     printf("x:"); scanf(" % lf",&x);
     printf("n:"); scanf(" % d",&n);
     printf(" % g 的 % d 次方: % g\n",x,n,expx(x,n));
     return 1;
}
```

🖥 exp5-4.cpp 程序的一次执行结果如图 5.10 所示。

图 5.10　exp5-4.cpp 程序执行结果

实验题 5：用递归方法逆置带头结点的单链表

目的：掌握单链表递归算法设计方法。

内容：编写一个程序 exp5-5.cpp，用递归方法逆置一个带头结点的单链表。

✍ 本实验设计的功能算法如下。

• Reverse(LinkNode $*p$,LinkNode $*\&L$)：逆置带头结点的单链表 L。

Reverse(p,L)算法的思路是：逆置以 p 为首结点指针的单链表（不带头结点），逆置后 p 指向尾结点，它是"大问题"；Reverse($p->$next,L)是"小问题"，用于逆置以 $p->$next 为首结点指针的单链表，逆置后 $p->$next 指向尾结点。递归模型如下：

$$\text{Reverse}(p,L) \equiv L->\text{next} = p \qquad \text{以 } p \text{ 为首结点指针的单链表只有一个结点时}$$
$$\text{Reverse}(p,L) \equiv \text{Reverse}(p->\text{next},L); \qquad \text{其他情况}$$
$$p->\text{next}->\text{next} = p;$$
$$p->\text{next} = \text{NULL};$$

实验程序 exp5-5.cpp 的结构如图 5.11 所示。图中，方框表示函数，方框中指出函数名；箭头方向表示函数间的调用关系；虚线方框表示文件的组成，即指出该虚线方框中的函数存放在哪个文件中。

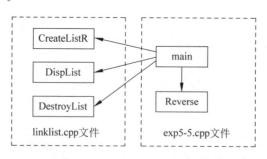

图 5.11　exp5-5.cpp 程序结构

🖳 实验程序 exp5-5.cpp 的程序代码如下：

```
#include "linklist.cpp"                    //包含单链表的基本运算算法
void Reverse(LinkNode *p,LinkNode *&L)
{    if(p->next==NULL)                      //以 p 为首结点指针的单链表只有一个结点时
```

```
    {    L -> next = p;                      //p 结点变为尾结点
         return;
    }
    Reverse(p -> next,L);                     //逆置后的尾结点是 p -> next
    p -> next -> next = p;                    //将结点链接在尾结点之后
    p -> next = NULL;                         //尾结点 next 域置为 NULL
}
int main()
{    LinkNode * L;
     char a[ ] = "12345678";
     int n = 8;
     CreateListR(L,a,n);
     printf("L:"); DispList(L);
     printf("逆置 L\n");
     Reverse(L -> next,L);
     printf("L:"); DispList(L);
     DestroyList(L);
     return 1;
}
```

📺 exp5-5.cpp 程序的一次执行结果如图 5.12 所示。

图 5.12   exp5-5.cpp 程序执行结果

实验题 6: 用递归方法求单链表中倒数第 *k* 个结点

目的: 掌握单链表递归算法设计方法。

内容: 编写一个程序 exp5-6.cpp,用递归方法求单链表中倒数第 *k* 个结点。

✍ 本实验设计的功能算法如下。

- kthNode(LinkNode * L,int k,int &i): 求倒数第 *k* 个结点。

kthNode (L,k,i) 算法的思路是: 返回不带头结点单链表 *L* 中的倒数第 *k* 个结点(i 用于全局计数倒数第几个结点,从 0 开始),它是"大问题"; kthNode $(L->\text{next},k,j)$ 是"小问题",显然有 $i=j+1$。递归模型如下:

$$\text{kthNode}\ (L,k,i) = \begin{cases} \text{NULL} & \text{当 } L=\text{NULL 时} \\ L & \text{若 } p=\text{kthNode}\ (L->\text{next},k,i), \text{有 } i+1=k \text{ 成立} \\ p & \text{其他情况} \end{cases}$$

实验程序 exp5-6.cpp 的结构如图 5.13 所示。图中,方框表示函数,方框中指出函数

名;箭头方向表示函数间的调用关系;虚线方框表示文件的组成,即指出该虚线方框中的
函数存放在哪个文件中。

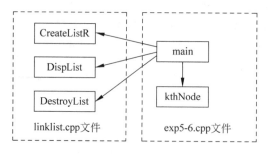

图 5.13　exp5-6.cpp 程序结构

实验程序 exp5-6.cpp 的程序代码如下:

```
# include "linklist.cpp"                     //包含单链表的基本运算算法
LinkNode * kthNode(LinkNode * L, int k, int &i)    //求倒数第 k 个结点
{    LinkNode * p;
     if(L == NULL) return NULL;               //空表返回 NULL
     p = kthNode(L -> next, k, i);
     i++;
     if (i == k) return L;
     return p;
}
int main()
{    LinkNode * L, * p;
     char a[] = "12345678";
     int n = 8, k = 2, i = 0;
     CreateListR(L, a, n);
     printf("L:"); DispList(L);
     p = kthNode(L -> next, k, i);
     if (p!= NULL)
         printf("倒数第 % d 个结点: % c\n", k, p -> data);
     else
         printf("没有找到\n");
     DestroyList(L);
     return 1;
}
```

exp5-6.cpp 程序的一次执行结果如图 5.14 所示。

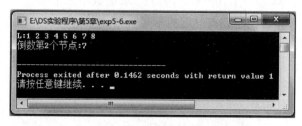

图 5.14　exp5-6.cpp 程序执行结果

5.3　综合性实验 ✳

实验题 7：用递归方法求解 *n* 皇后问题

目的：深入掌握递归算法设计方法。

内容：编写一个程序 exp5-7.cpp，用递归方法求解 n 皇后问题。n 皇后问题的描述参见第 3 章实验题 8。

📝 本实验设计的功能算法如下。

- print(int n)：输出一个解。
- place(int k, int j)：测试 (k,j) 位置能否摆放皇后，其原理参见第 3 章实验题 7。
- queen(int k, int n)：用于在 1～k 行放置皇后。

queen 算法的思路是：采用整数数组 $q[N]$ 求解结果，因为每行只能放一个皇后，$q[i]$（$1 \leqslant i \leqslant n$）的值表示第 i 个皇后所在的列号，即该皇后放在 $(i,q[i])$ 的位置上。

设 queen(k,n) 是在 1～$k-1$ 列上已经放好了 $k-1$ 个皇后，用于在 k～n 行放置 $n-k+1$ 个皇后，是"大问题"；queen($k+1$,n) 表示在 1～k 行上已经放好了 k 个皇后，用于在 $k+1$～n 行放置 $n-k$ 个皇后，显然 queen($k+1$,n) 比 queen(k,n) 少放置一个皇后，是"小问题"。

求解 n 皇后问题的递归模型如下：

$$\text{queen}(k,n) \equiv \begin{cases} n \text{ 个皇后放置完毕，输出解} & \text{若 } k>n \\ \text{对于第 } k \text{ 行的每个合适的列位置 } j，在其上放置一个皇后；} & \text{其他情况} \\ \text{queen}(k+1,n)； \end{cases}$$

得到递归过程如下：

```
queen( int k, int n)
{    if (k > n)
         输出一个解;
     else
         for (j = 1;j < = n;j++)                    //在第 k 行中找所有的列位置
             if (第 k 行的第 j 列合适)
             {   在(k,j)位置处放一个皇后,即 q[k] = j;
                 queen(k + 1,n);
             }
}
```

实验程序 exp5-7.cpp 的结构如图 5.15 所示。图中，方框表示函数，方框中指出函数名；箭头方向表示函数间的调用关系；虚线方框表示文件的组成，即指出该虚线方框中的函数存放在哪个文件中。

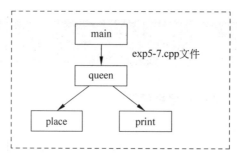

图 5.15 exp5-7.cpp 程序结构

实验程序 exp5-7.cpp 的程序代码如下:

```c
# include < stdio. h>
# include < stdlib. h>
const int N = 20;                          //最多皇后个数
int q[N];                                  //存放各皇后所在的列号
int count = 0;                             //存放解个数
void print(int n)                          //输出一个解
{    count++;
     int i;
     printf("  第 % d 个解: ",count);
     for (i = 1; i < = n; i++)
         printf("( % d, % d) ",i,q[i]);
     printf("\n");
}
bool place(int k,int j)                    //测试(k,j)位置能否摆放皇后
{    int i = 1;
     while (i < k)                         //i = 1～k - 1 是已放置了皇后的行
     {    if ((q[i] == j) ‖ (abs(q[i] - j) == abs(i - k)))
             return false;                 //有冲突时返回假
         i++;
     }
     return true;                          //没有冲突时返回真
}
void queen(int k,int n)                    //放置 1～k 的皇后
{    int j;
     if (k > n)
         print(n);                         //所有皇后放置结束
     else
         for (j = 1; j < = n; j++)         //在第 k 行上穷举每一个位置
             if (place(k,j))               //在第 k 行上找到一个合适位置(k,j)
             {    q[k] = j;
                 queen(k + 1,n);
             }
}
int main()
{    int n;                                //n 存放实际皇后个数
     printf(" 皇后问题(n < 20) n:");
```

```
        scanf(" % d",&n);
        if (n>20)
            printf("n值太大,不能求解\n");
        else
        {   printf(" % d皇后问题求解如下: \n",n);
            queen(1,n);
            printf("\n");
        }
        return 1;
    }
```

💻 exp5-7.cpp 程序的一次执行结果如图 5.16 所示。

图 5.16   exp5-7.cpp 程序执行结果

实验题 8: 用递归方法求解 0/1 背包问题

目的: 深入掌握递归算法设计方法。

内容: 编写一个程序 exp5-8.cpp, 用递归方法求解 0/1 背包问题。0/1 背包问题是: 设有不同价值、不同重量的物品 n 件, 求从这 n 件物品中选取一部分物品的方案, 使选中物品的总重量不超过指定的限制重量 W, 但选中物品的价值之和为最大。每种物品要么被选中, 要么不被选中。

✐ 本实验程序中, n 表示物品种数, $w[0..n-1]$ 数组存放物品重量, $v[0..n-1]$ 数组存放物品价值, W 表示限制的总重量。产生的解描述为: maxv 存放最优解的总价值; maxw 存放最优解的总重量; 用 x 数组存放最优解, 其中每个元素取 1 或 0, $x[i]=1$ 表示第 i 个物品放入背包中, $x[i]=0$ 表示第 i 个物品不放入背包中。

设计的功能算法如下。

- dispasolution(int $x[]$,int n): 输出 x 中保存的一个解。

- knap(int i,int tw,int tv,int op[]): 求解 0/1 背包问题。

knap(i,tw,tv,op) 算法是已考虑了前 $i-1$ 件物品, 现在要考虑第 i 件物品。参数 i 表示考虑第 i 个物品; op 数组的含义与 x 数组一样, 它保存一种临时选择方案; tw 表示 op 方案对应的总重量; tv 表示 op 方案对应的总价值。若 $i \geqslant n$, 表示考虑了所有物品, 若 tw$\leqslant W$ 并且 tv$>$maxv, 表示找到一个满足条件的更优解, 将这个解保存; 否则, 考虑第 i 个物品, 有两种方案, 即选中它和不选中它。

显然,knap(i,tw,tv,op)是"大问题",而 knap($i+1$, ∗ , ∗ ,op)是"小问题"(需要考虑的物品个数比大问题少一个)。其递归模型如下:

$$\text{knap}(i,tw,tv,op) \equiv \begin{cases} \text{将找到一个满足条件的更优解保存到 } x \text{ 中} & \text{当 } i \geqslant n \text{ 时} \\ \text{选中第 i 件物品:} op[i]=1; knap(i+1,tw+w[i],tv+v[i],op); \\ \text{不选中第 i 件物品:} op[i]=0; knap(i+1,tw,tv,op); & \text{其他情况} \end{cases}$$

实验程序 $exp5\text{-}8.cpp$ 的结构如图 5.17 所示。图中,方框表示函数,方框中指出函数名;箭头方向表示函数间的调用关系;虚线方框表示文件的组成,即指出该虚线方框中的函数存放在哪个文件中。

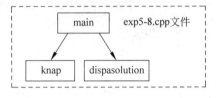

图 5.17　exp5-8.cpp 程序结构

实验程序 $exp5\text{-}8.cpp$ 的程序代码如下:

```
# include <stdio.h>
# define MAXN 20                         //最多物品数
int maxv;                                //存放最优解的总价值
int maxw;                                //存放最优解的总重量
int x[MAXN];                             //存放最终解
int W = 7;                               //限制的总重量
int n = 4;                               //物品种数
int w[] = {5,3,2,1};                     //物品重量
int v[] = {4,4,3,1};                     //物品价值
void knap(int i, int tw, int tv, int op[])   //考虑第 i 个物品
{    int j;
     if (i >= n)                         //递归出口:所有物品都考虑过
     {    if (tw <= W && tv > maxv)      //找到一个满足条件的更优解,保存它
          {    maxv = tv;
               maxw = tw;
               for (j = 1; j <= n; j++)
                    x[j] = op[j];
          }
     }
     else                               //尚未找完所有物品
     {    op[i] = 1;                     //选取第 i 个物品
          knap(i + 1, tw + w[i], tv + v[i], op);
          op[i] = 0;                     //不选取第 i 个物品,回溯
          knap(i + 1, tw, tv, op);
     }
}
void dispasolution(int x[], int n)       //输出一个解
{    int i;
     printf("最佳装填方案是:\n");
     for (i = 1; i <= n; i++)
          if (x[i] == 1)
               printf("   选取第 % d 个物品\n", i);
     printf("总重量 = % d, 总价值 = % d\n", maxw, maxv);
```

```
}
int main()
{    int op[MAXN];                     //存放临时解
     knap(0,0,0,op);
     dispasolution(x,n);
     return 1;
}
```

 exp5-8.cpp 程序的执行结果如图 5.18 所示。这里的 0/1 背包问题是：物品种数为 4，它们的重量分别是 5、3、2、1，价值分别是 4、4、3、1，限制的总重量为 7。最佳方案是选择后 3 个物品，总重量为 6，总价值为 8。

图 5.18   exp5-8.cpp 程序执行结果

第6章

第 **6** 章

数组和广义表

6.1 验证性实验

实验题 1：实现稀疏矩阵(采用三元组表示)的基本运算

目的：领会稀疏矩阵三元组的存储结构及其基本算法设计。

内容：假设 $n \times n$ 的稀疏矩阵 A 采用三元组表示，设计一个程序 exp6-1.cpp，实现如下功能：

(1) 生成如下两个稀疏矩阵的三元组 a 和 b。

$$\begin{bmatrix} 1 & 0 & 3 & 0 \\ 0 & 1 & 0 & 0 \\ 0 & 0 & 1 & 0 \\ 0 & 0 & 1 & 1 \end{bmatrix} \qquad \begin{bmatrix} 3 & 0 & 0 & 0 \\ 0 & 4 & 0 & 0 \\ 0 & 0 & 1 & 0 \\ 0 & 0 & 0 & 2 \end{bmatrix}$$

(2) 输出 a 转置矩阵的三元组。

(3) 输出 $a+b$ 的三元组。

(4) 输出 $a \times b$ 的三元组。

✎ 本实验中设计的功能算法如下。

- CreatMat(TSMatrix $\&t$, ElemType $A[N][N]$)：产生稀疏矩阵 A 的三元组表示 t。有关建立稀疏矩阵的三元组表示和相加的算法思路参见《教程》的 6.2.1 小节。

- DispMat(TSMatrix t)：输出三元组表示 t。

- TranMat(TSMatrix t, TSMatrix $\&tb$)：求三元组表示 t 的转置矩阵 tb(仍用三元组表示)。

- MatAdd(TSMatrix a, TSMatrix b, TSMatrix $\&c$)：求 $c=a+b$。

- getvalue(TSMatrix t, int i, int j)：返回三元组 t 中稀疏矩阵 A 的 $A[i][j]$ 之值。

- MatMul(TSMatrix a, TSMatrix b, TSMatrix $\&c$)：求 $c=a \times b$。在三元组表示稀疏矩阵相乘的方法中，关键是通过给定的行号 i 和列号 j 找出原矩阵的对应元素值，这里设计了一个函数 getvalue()。当在三元组表示中找到时，返回其元素值；找不到时，说明原该位置处的元素值为 0，因此返回 0。然后利用该函数进行矩阵相乘，若求出某个元素值不为 0，则将其存入结果矩阵的三元组表示中，否则不存入。

实验程序 exp6-1.cpp 的结构如图 6.1 所示。图中，方框表示函数，方框中指出函数名；

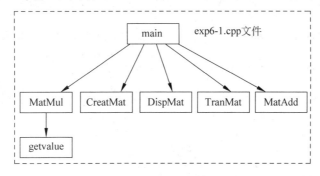

图 6.1 exp6-1.cpp 程序结构

箭头方向表示函数间的调用关系；虚线方框表示文件的组成，即指出该虚线方框中的函数存放在哪个文件中。

实验程序 exp6-1.cpp 的程序代码如下：

```
# include < stdio. h >
# define N 4
typedefintElemType;
# define MaxSize  100                      //矩阵中非零元素最多个数
typedefstruct
{   int r;                                 //行号
    int c;                                 //列号
    ElemType d;                            //元素值
} TupNode;                                 //三元组定义
typedefstruct
{   int rows;                              //行数值
    int cols;                              //列数值
    intnums;                               //非零元素个数
TupNode data[MaxSize];
} TSMatrix;                                //三元组顺序表定义
void CreatMat(TSMatrix   &t,ElemType A[N][N])//产生稀疏矩阵 A 的三元组表示 t
{   inti,j;
    t. rows = N;t. cols = N;t. nums = 0;
    for (i = 0;i < N;i++)
    {     for (j = 0;j < N;j++)
            if (A[i][j]!= 0)
            {   t. data[t. nums]. r = i;t. data[t. nums]. c = j;
                t. data[t. nums]. d = A[i][j];t. nums++;
            }
    }
}
void DispMat(TSMatrix t)                    //输出三元组表示 t
{   int i;
    if (t. nums < = 0)
        return;
    printf("\t % d\t % d\t % d\n",t. rows,t. cols,t. nums);
        printf("\t -------------------- \n");
    for (i = 0;i < t. nums;i++)
        printf("\t % d\t % d\t % d\n",t. data[i]. r,t. data[i]. c,t. data[i]. d);
}
void TranMat(TSMatrixt,TSMatrix & tb)       //求三元组表示 t 的转置矩阵 tb
{   intp,q = 0,v;                           //q 为 tb. data 的下标
    tb. rows = t. cols;tb. cols = t. rows;tb. nums = t. nums;
    if (t. nums!= 0)
    {    for (v = 0;v < t. cols;v++)         //tb. data[q]中的记录以 c 域的次序排列
            for (p = 0;p < t. nums;p++)      //p 为 t. data 的下标
                if (t. data[p]. c == v)
                {   tb. data[q]. r = t. data[p]. c;
                    tb. data[q]. c = t. data[p]. r;
                    tb. data[q]. d = t. data[p]. d;
```

```
                            q++;
                    }
            }
    }
}
bool MatAdd(TSMatrix a, TSMatrix b, TSMatrix & c)          //求 c = a + b
{       int i = 0, j = 0, k = 0;
        ElemType v;
        if (a. rows!= b. rows || a. cols!= b. cols)
            return false;                                  //行数或列数不等时不能进行相加运算
        c. rows = a. rows; c. cols = a. cols;              //c 的行列数与 a 的相同
        while (i < a. nums && j < b. nums)                 //处理 a 和 b 中的每个元素
        {   if (a. data[i]. r == b. data[j]. r)            //行号相等时
            {   if(a. data[i]. c < b. data[j]. c)          //a 元素的列号小于 b 元素的列号
                {   c. data[k]. r = a. data[i]. r;         //将 a 元素添加到 c 中
                    c. data[k]. c = a. data[i]. c;
                    c. data[k]. d = a. data[i]. d;
                    k++ ; i++ ;
                }
                else if (a. data[i]. c > b. data[j]. c)    //a 元素的列号大于 b 元素的列号
                {   c. data[k]. r = b. data[j]. r;         //将 b 元素添加到 c 中
                    c. data[k]. c = b. data[j]. c;
                    c. data[k]. d = b. data[j]. d;
                    k++ ; j++ ;
                }
                else                                       //a 元素的列号等于 b 元素的列号
                {   v = a. data[i]. d + b. data[j]. d;
                    if (v!= 0)                             //只将不为 0 的结果添加到 c 中
                    {   c. data[k]. r = a. data[i]. r;
                        c. data[k]. c = a. data[i]. c;
                        c. data[k]. d = v;
                        k++ ;
                    }
                    i++ ; j++ ;
                }
            }
            else if (a. data[i]. r < b. data[j]. r)        //a 元素的行号小于 b 元素的行号
            {   c. data[k]. r = a. data[i]. r;             //将 a 元素添加到 c 中
                c. data[k]. c = a. data[i]. c;
                c. data[k]. d = a. data[i]. d;
                k++ ; i++ ;
            }
            else                                           //a 元素的行号大于 b 元素的行号
            {   c. data[k]. r = b. data[j]. r;             //将 b 元素添加到 c 中
                c. data[k]. c = b. data[j]. c;
                c. data[k]. d = b. data[j]. d;
                k++ ; j++ ;
            }
            c. nums = k;
        }
        return true;
```

```
    }
    int getvalue(TSMatrix t,inti,int j)          //返回三元组 t 表示的 A[i][j]值
    {   int k = 0;
        while (k < t.nums&& (t.data[k].r!= i ‖ t.data[k].c!= j))
            k++;
        if (k < t.nums)
            return(t.data[k].d);
        else     return(0);
    }
    bool MatMul(TSMatrix a,TSMatrix b,TSMatrix & c)//求 c = a × b
    {   inti,j,k,p = 0;
        ElemType s;
        if (a.cols!= b.rows)                      //a 的列数不等于 b 的行数时不能进行相乘运算
            return false;
        for (i = 0;i < a.rows;i++)
            for (j = 0;j < b.cols;j++)
            {   s = 0;
                for (k = 0;k < a.cols;k++)
                    s = s + getvalue(a,i,k) * getvalue(b,k,j);
                if (s!= 0)                        //产生一个三元组元素
                {   c.data[p].r = i;
                    c.data[p].c = j;
                    c.data[p].d = s;
                    p++;
                }
            }
        c.rows = a.rows; c.cols = b.cols;c.nums = p;
        return true;
    }
    int main()
    {   ElemType a1[N][N] = {{1,0,3,0},{0,1,0,0},{0,0,1,0},{0,0,1,1}};
        ElemType b1[N][N] = {{3,0,0,0},{0,4,0,0},{0,0,1,0},{0,0,0,2}};
        TSMatrixa,b,c;
        CreatMat(a,a1);CreatMat(b,b1);
        printf("a 的三元组:\n");DispMat(a);
        printf("b 的三元组:\n");DispMat(b);
        printf("a 转置为 c\n");
        TranMat(a,c);
        printf("c 的三元组:\n");DispMat(c);
        printf("c = a + b\n");
        MatAdd(a,b,c);
        printf("c 的三元组:\n");DispMat(c);
        printf("c = a × b\n");
        MatMul(a,b,c);
        printf("c 的三元组:\n");DispMat(c);
        return 1;
    }
```

💻 exp6-1.cpp 程序的执行结果如图 6.2 所示。

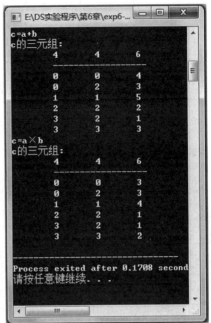

图 6.2 exp6-1.cpp 程序执行结果

实验题 2：实现广义表的基本运算

目的：领会广义表的链式存储结构及其基本算法设计。

内容：编写一个程序 exp6-2.cpp，实现广义表的各种运算，并在此基础上设计一个主程序，完成如下功能：

(1) 建立广义表 g ＝"(b,(b,a,(♯),d),((a,b),c,((♯))))"的链式存储结构。

(2) 输出广义表 g 的长度。

(3) 输出广义表 g 的深度。

(4) 输出广义表 g 的最大原子。

✍ 根据《教程》中 6.3 节的原理得到功能算法如下。

- CreateGL(char *&s)：由广义表括号表示串 s 建立一个广义表并返回。
- GLLength(GLNode *g)：求广义表 g 的长度。
- GLDepth(GLNode *g)：求带头结点的广义表 g 的深度。
- DispGL(GLNode *g)：输出广义表 g。
- maxatom(GLNode *g)：求广义表 g 中的最大原子。
- DestroyGL(GLNode *g)：销毁广义表 g。

实验程序 exp6-2.cpp 的结构如图 6.3 所示。图中，方框表示函数，方框中指出函数名；箭头方向表示函数间的调用关系；虚线方框表示文件的组成，即指出该虚线方框中的函数存放在哪个文件中。

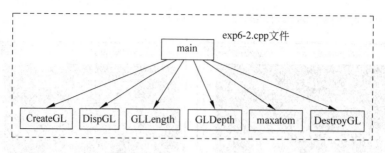

图 6.3 exp6-2.cpp 程序结构

实验程序 exp6-2.cpp 的程序代码如下:

```c
#include <stdio.h>
#include <malloc.h>
typedef struct lnode
{   int tag;                                    //结点类型标识
    union
    {   char data;
        struct lnode * sublist;
    } val;
    struct lnode * link;                        //指向下一个元素
} GLNode;                                        //声明广义表结点类型
GLNode * CreateGL(char * &s)                      //返回由括号表示法表示 s 的广义表链式存储结构
{   GLNode * g;
    char ch = * s++;                            //取一个字符
    if (ch!= '\0')                              //串未结束判断
    {   g = (GLNode * )malloc(sizeof(GLNode));  //创建一个新结点
        if (ch == '(')                          //当前字符为左括号时
        {   g->tag = 1;                         //新结点作为表头结点
            g->val.sublist = CreateGL(s);       //递归构造子表并链到表头结点
        }
        else if (ch == ')')
            g = NULL;                           //遇到右括号字符,g 置为空
        else if (ch == '#')                     //遇到#字符,表示空表
            g->val.sublist = NULL;
        else                                    //为原子字符
        {   g->tag = 0;                         //新结点作为原子结点
            g->val.data = ch;
        }
    }
    else                                        //串结束,g 置为空
        g = NULL;
    ch = * s++;                                  //取下一个字符
    if (g!= NULL)                               //串未结束,继续构造兄弟结点
        if (ch == ',')                          //当前字符为逗号
            g->link = CreateGL(s);              //递归构造兄弟结点
        else                                    //没有兄弟了,将兄弟指针置为 NULL
```

```
        g->link = NULL;
    return g;                              //返回广义表 g
}
int GLLength(GLNode *g)                    //求广义表 g 的长度
{   int n = 0;
    g = g->val.sublist;                    //g 指向广义表的第一个元素
    while (g!= NULL)
    {   n++;
        g = g->link;
    }
    return n;
}
int GLDepth(GLNode *g)                     //求广义表 g 的深度
{   int max = 0,dep;
    if (g->tag == 0)return 0;
    g = g->val.sublist;                    //g 指向第一个元素
    if (g == NULL)     return 1;           //为空表时返回 1
    while (g!= NULL)                       //遍历表中的每一个元素
    {   if (g->tag == 1)                   //元素为子表的情况
        {   dep = GLDepth(g);              //递归调用求出子表的深度
            if (dep > max) max = dep;      //max 为同一层所求过的子表中深度的最大值
        }
        g = g->link;                       //使 g 指向下一个元素
    }
    return(max + 1);                       //返回表的深度
}
void DispGL(GLNode *g)                     //输出广义表 g
{   if (g!= NULL)                          //表不为空判断
    {   if (g->tag == 0)                   //g 的元素为原子时
            printf("%c", g->val.data);     //输出原子值
        else                               //g 的元素为子表时
        {   printf("(");                   //输出右括号
            if (g->val.sublist == NULL)    //为空表时
                printf("#");
            else                           //为非空子表时
                DispGL(g->val.sublist);    //递归输出子表
            printf(")");                   //输出右括号
        }
        if (g->link!= NULL)
        {   printf(",");
            DispGL(g->link);               //递归输出 g 的兄弟
        }
    }
}
char maxatom(GLNode *g)                    //求广义表 g 中最大原子
{   char max1,max2;
    if (g!= NULL)
    {   if (g->tag == 0)
        {   max1 = maxatom(g->link);
            return(g->val.data > max1?g->val.data:max1);
```

```
        }
        else
        {   max1 = maxatom(g -> val.sublist);
            max2 = maxatom(g -> link);
            return(max1 > max2?max1:max2);
        }
    }
    elsereturn 0;
}
void DestroyGL(GLNode * &g)              //销毁广义表 g
{   GLNode * g1, * g2;
    g1 = g -> val.sublist;               //g1 指向广义表的第一个元素
    while (g1!= NULL)                     //遍历所有元素
    {   if (g1 -> tag == 0)              //若为原子结点
        {   g2 = g1 -> link;            //g2 临时保存兄弟结点
            free(g1);                    //释放 g1 所指原子结点
            g1 = g2;                     //g1 指向后继兄弟结点
        }
        else                             //若为子表
        {   g2 = g1 -> link;            //g2 临时保存兄弟结点
            DestroyGL(g1);               //递归释放 g1 所指子表的空间
            g1 = g2;                     //g1 指向后继兄弟结点
        }
    }
    free(g);                             //释放头结点空间
}
int main()
{   GLNode * g;
    char * str = "(b,(b,a,( # ),d),((a,b),c,(( # ))))";
    g = CreateGL(str);
    printf("广义表 g:");DispGL(g);printf("\n");
    printf("广义表 g 的长度:% d\n",GLLength(g));
    printf("广义表 g 的深度:% d\n",GLDepth(g));
    printf("最大原子:% c\n",maxatom(g));
    DestroyGL(g);
    return 1;
}
```

exp6-2.cpp 程序的执行结果如图 6.4 所示。

图 6.4　exp6-2.cpp 程序执行结果

6.2 设计性实验

实验题 3：求 5×5 阶螺旋方阵

目的：掌握数组算法设计。

内容：以下是一个 5×5 阶螺旋方阵。编写一个程序 exp6-3.cpp，输出该形式的 $n×n(n<10)$ 阶方阵（顺时针方向旋进）。

$$
\begin{array}{ccccc}
1 & 2 & 3 & 4 & 5 \\
16 & 17 & 18 & 19 & 6 \\
15 & 24 & 25 & 20 & 7 \\
14 & 23 & 22 & 21 & 8 \\
13 & 12 & 11 & 10 & 9
\end{array}
$$

✍ 本实验中设计的功能算法如下。

- fun(int a[ ][ ],int n)：用二维数组 a 存放 n 阶螺旋方阵。n 阶螺旋方阵共有 $m(m=⌈n/2⌉)$ 圈，对于第 $i(0≤i≤m-1$ 共执行 m 次)圈循环，产生该圈上横行的数字，产生该圈右竖行的数字，产生该圈下横行的数字，产生该圈左竖行的数字。最后输出该方阵。

实验程序 exp6-3.cpp 的结构如图 6.5 所示。图中，方框表示函数，方框中指出函数名；箭头方向表示函数间的调用关系；虚线方框表示文件的组成，即指出该虚线方框中的函数存放在哪个文件中。

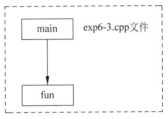

图 6.5　exp6-3.cpp 程序结构

📟 实验程序 exp6-3.cpp 的程序代码如下：

```cpp
#include <stdio.h>
#define MaxLen 10
void fun(int a[MaxLen][MaxLen],int n)              //求 n 阶螺旋方阵 a
{   int i,j,k = 0,m;
    if (n % 2 == 0) m = n/2;
    else m = n/2 + 1;
    for (i = 0;i < m;i++)
    {   for (j = i;j < n - i;j++)
        {   k++;
            a[i][j] = k;
        }
        for (j = i + 1;j < n - i;j++)
        {   k++;
            a[j][n - i - 1] = k;
        }
        for (j = n - i - 2;j >= i;j--)
        {   k++;
```

```
                a[n-i-1][j]=k;
            }
            for (j=n-i-2;j>=i+1;j--)
            {   k++;
                a[j][i]=k;
            }
        }
}
int main()
{   intn,i,j;
    int a[MaxLen][MaxLen];
    printf("输入 n(n<10):");
    scanf("%d",&n);
    fun(a,n);
    printf("%d阶数字方阵如下:\n",n);
    for (i=0;i<n;i++)
    {   for (j=0;j<n;j++)
            printf("%4d",a[i][j]);
        printf("\n");
    }
    return 1;
}
```

　　📟 exp6-3.cpp 程序的一次执行结果如图 6.6 所示。

图 6.6　exp6-3.cpp 程序执行结果

实验题 4: 求一个矩阵的马鞍点

目的: 掌握数组算法设计。

内容: 如果矩阵 A 中存在这样的一个元素,满足条件: $A[i][j]$ 是第 i 行中值最小的元素,且又是第 j 列中值最大的元素,则称之为该矩阵的一个马鞍点。设计一个程序 exp6-2.cpp,计算出 $m×n$ 的矩阵 A 的所有马鞍点。

　　✍ 本实验中设计的功能算法如下。

- MinMax(int A[][]): 先求出每行的最小值元素,放入 min[m] 中,再求出每列的最大值元素,放入 max[n] 中,若某元素既在 min[i] 中,又在 max[j] 中,则该元素

$A[i][j]$便是马鞍点,找出所有这样的元素,即找到了所有马鞍点。

实验程序 exp6-4.cpp 的结构如图 6.7 所示。图中,方框表示函数,方框中指出函数名;箭头方向表示函数间的调用关系;虚线方框表示文件的组成,即指出该虚线方框中的函数存放在哪个文件中。

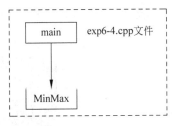

📖 实验程序 exp6-4.cpp 的程序代码如下:

图 6.7 exp6-4.cpp 程序结构

```c
# include < stdio.h >
# define M 4
# define N 4
void MinMax( int A[M][N] )            //求矩阵 A 的所有马鞍点
{   int i,j;
    bool have = false;
    int min[M],max[N];
    for (i = 0;i < M;i++)             //计算出每行的最小值元素,放入 min[0..M-1]中
    {   min[i] = A[i][0];
        for (j = 1;j < N;j++)
            if (A[i][j] < min[i])
                min[i] = A[i][j];
    }
    for (j = 0;j < N;j++)             //计算出每列的最大值元素,放入 max[0..N-1]中
    {   max[j] = A[0][j];
        for (i = 1;i < M;i++)
            if (A[i][j] > max[j])
                max[j] = A[i][j];
    }
    for (i = 0;i < M;i++)             //判定是否为马鞍点
        for (j = 0;j < N;j++)
            if (min[i] == max[j])
            {   printf("   A[%d][%d] = %d\n",i,j,A[i][j]);     //显示马鞍点
                have = true;
            }
    if (!have)
        printf("没有马鞍点\n");
}
int main()
{   int i,j;
    int A[M][N] = {{9, 7, 6, 8},{20,26,22,25},{28,36,25,30},{12,4, 2, 6}};
    printf("A 矩阵:\n");
    for (i = 0;i < M;i++)
    {   for (j = 0;j < N;j++)
            printf("%4d",A[i][j]);
        printf("\n");
    }
    printf("A 矩阵中的马鞍点:\n");
    MinMax(A);                        //调用 MinMax()找马鞍点
    return 1;
}
```

💻 exp6-4.cpp 程序的执行结果如图 6.8 所示。

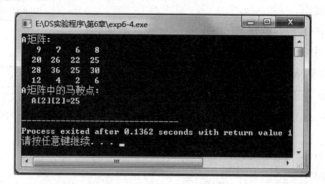

图 6.8 exp6-4.cpp 程序执行结果

6.3　综合性实验

实验题 5：求两个对称矩阵之和与乘积

目的：掌握对称矩阵的压缩存储方法及相关算法设计。

内容：已知 **A** 和 **B** 为两个 $n \times n$ 阶的对称矩阵，输入时，对称矩阵只输入下三角形元素，存入一维数组，如图 6.9 所示（对称矩阵 **M** 存储在一维数组 **A** 中），设计一个程序 exp6-5.cpp，实现如下功能：

（1）求对称矩阵 **A** 和 **B** 的和。

（2）求对称矩阵 **A** 和 **B** 的乘积。

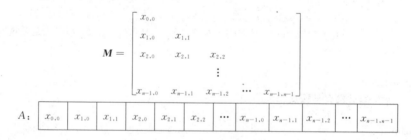

图 6.9　对称矩阵的存储转换形式

✍ 本实验中设计的功能算法如下。

- value(int a[],int i,int j)：返回压缩存储 a 中 $a[i][j]$ 的值。
- madd(int a[],int b[],int c[][N])：求压缩存储 a 和 b 的和。
- mult(int a[],int b[],int c[][N])：求压缩存储 a 和 b 的乘积。
- disp1(int a[])：输出压缩存储 a。
- disp2(int c[][N])：输出对称矩阵 **c**。

value()算法的思路是：对称矩阵 **M** 的第 i 行和第 j 列的元素的数据存储在一维数组 a 中的位置 k 的计算公式如下：

$$k = \begin{cases} (i-1)/2 + j & \text{当 } i \geqslant j \text{ 时} \\ j(j-1)/2 + i & \text{当 } i < j \text{ 时} \end{cases}$$

实验程序 exp6-5.cpp 的结构如图 6.10 所示。图中,方框表示函数,方框中指出函数名;箭头方向表示函数间的调用关系;虚线方框表示文件的组成,即指出该虚线方框中的函数存放在哪个文件中。

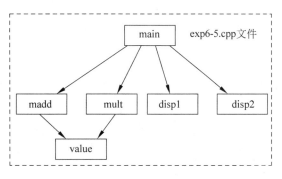

图 6.10   exp6-5.cpp 程序结构

📖 实验程序 exp6-5.cpp 的程序代码如下:

```c
# include < stdio. h>
# define N 4
# define M 10
int value(int a[ ],inti,int j)                //返回压缩存储 a 中 a[i][j]的值
{   if ( i > = j)
        return a[(i * (i-1))/2 + j];
    else
        return a[(j * (j-1))/2 + i];
}
void madd(int a[ ],int b[ ],int c[ ][N])      //求压缩存储 a 和 b 的和
{   inti,j;
    for (i = 0;i < N;i++)
    for (j = 0;j < N;j++)
        c[i][j] = value(a,i,j) + value(b,i,j);
}
void mult(int a[ ],int b[ ],int c[ ][N])      //求压缩存储 a 和 b 的乘积
{   inti,j,k,s;
    for (i = 0;i < N;i++)
    for (j = 0;j < N;j++)
    {   s = 0;
        for (k = 0;k < N;k++)
                s = s + value(a,i,k) * value(b,k,j);
        c[i][j] = s;
    }
}
void disp1(int a[ ])                          //输出压缩存储 a
{   inti,j;
    for (i = 0;i < N;i++)
```

```
    {   for (j = 0;j < N;j++)
            printf(" % 4d",value(a,i,j));
        printf("\n");
    }
}
void disp2(int c[][N])                      //输出对称矩阵 c
{   inti,j;
    for (i = 0;i < N;i++)
    {   for (j = 0;j < N;j++)
            printf(" % 4d",c[i][j]);
        printf("\n");
    }
}
int main()
{   int a[M] = {1,2,3,4,5,6,7,8,9,10};
    int b[M] = {1,1,1,1,1,1,1,1,1,1};
    int c1[N][N],c2[N][N];
    madd(a,b,c1);
    mult(a,b,c2);
    printf("a 矩阵:\n");disp1(a);
    printf("b 矩阵:\n");disp1(b);
    printf("a + b:\n");disp2(c1);
    printf("a × b:\n");disp2(c2);
    return 1;
}
```

💻 exp6-5.cpp 程序的执行结果如图 6.11 所示。

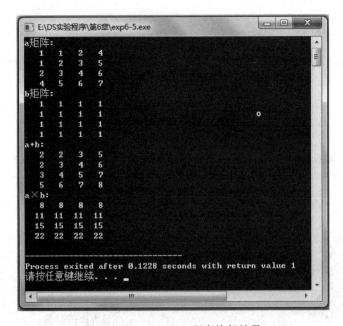

图 6.11　exp6-5.cpp 程序执行结果

第7章

树和二叉树

7.1　验证性实验

实验题1：实现二叉树各种基本运算的算法

目的：领会二叉链存储结构和掌握二叉树中各种基本运算算法设计。

内容：编写一个程序 btree.cpp，实现二叉树的基本运算，并在此基础上设计一个程序 exp7-1.cpp，完成如下功能：

（1）由如图 7.1 所示的二叉树创建对应的二叉链存储结构 b，该二叉树的括号表示串为"A(B(D,E(H(J,K(L,M(,N))))),C(F,G(,I)))"。

（2）输出二叉树 b。

（3）输出 'H' 结点的左、右孩子结点值。

（4）输出二叉树 b 的高度。

（5）释放二叉树 b。

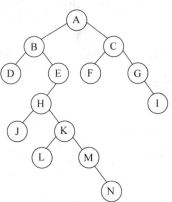

图 7.1　一棵二叉树

✍ 根据《教程》中 7.4 节的算法得到 btree.cpp 程序，其中包含如下函数。

- CreateBTree(BTNode * &b, char * str)：由括号表示串 str 创建二叉链 b。
- FindNode(BTNode * b, ElemType x)：返回 data 域为 x 的结点指针。
- LchildNode(BTNode * p)：返回 p 结点的左孩子结点指针。
- RchildNode(BTNode * p)：返回 p 结点的右孩子结点指针。
- BTHeight(BTNode * b)：返回二叉树 b 的高度。
- DispBTree(BTNode * b)：以括号表示法输出二叉树 b。
- DestroyBTree(BTNode * &b)：释放二叉树 b 的所有结点。

对应的程序代码如下（设计思路详见代码中的注释）：

```
# include < stdio.h >
# include < malloc.h >
# define MaxSize 100
typedef char ElemType;
typedef struct node
{    ElemType data;                        //数据元素
     struct node * lchild;                 //指向左孩子结点
     struct node * rchild;                 //指向右孩子结点
} BTNode;                                   //声明二叉链结点类型
void CreateBTree(BTNode * &b, char * str)   //创建二叉树
{    BTNode * St[MaxSize], * p;
     int top = − 1, k, j = 0; char ch;
     b = NULL;                              //建立的二叉树初始时为空
     ch = str[j];
```

```
        while (ch!= '\0')                        //str 未扫描完时循环
        {   switch(ch)
            {
            case '(':top++;St[top] = p;k = 1; break;    //开始处理左子树
            case ')':top -- ;break;                     //子树处理完毕
            case ',':k = 2; break;                      //开始处理右子树
            default:p = (BTNode * )malloc(sizeof(BTNode));
                    p - > data = ch;p - > lchild = p - > rchild = NULL;
                    if (b == NULL)                      //若 b 为空,p 置为二叉树的根结点
                        b = p;
                    else                                //已建立二叉树根结点
                    {   switch(k)
                        {
                        case 1:St[top] - > lchild = p;break;
                        case 2:St[top] - > rchild = p;break;
                        }
                    }
            }
            j++;ch = str[j];
        }
}
void DestroyBTree(BTNode *&b)                     //销毁二叉树
{   if (b!= NULL)
    {   DestroyBTree(b - > lchild);
        DestroyBTree(b - > rchild);
        free(b);
    }
}
BTNode * FindNode(BTNode * b,ElemType x)          //查找值为 x 的结点
{   BTNode * p;
    if (b == NULL)
        return NULL;
    else if (b - > data == x)
        return b;
    else
    {   p = FindNode(b - > lchild,x);
        if (p!= NULL)
            return p;
        else
            return FindNode(b - > rchild,x);
    }
}
BTNode * LchildNode(BTNode * p)                   //返回 p 结点的左孩子结点指针
{
    return p - > lchild;
}
BTNode * RchildNode(BTNode * p)                   //返回 p 结点的右孩子结点指针
{
    return p - > rchild;
}
```

```
int BTHeight(BTNode *b)                          //求二叉树b的高度
{   int lchildh,rchildh;
    if (b==NULL) return(0);                      //空树的高度为0
    else
    {   lchildh=BTHeight(b->lchild);             //求左子树的高度为lchildh
        rchildh=BTHeight(b->rchild);             //求右子树的高度为rchildh
        return (lchildh>rchildh)?(lchildh+1):(rchildh+1);
    }
}
void DispBTree(BTNode *b)                         //以括号表示法输出二叉树
{   if (b!=NULL)
    {   printf("%c",b->data);
        if (b->lchild!=NULL || b->rchild!=NULL)
        {   printf("(");                         //有孩子结点时才输出(
            DispBTree(b->lchild);                //递归处理左子树
            if (b->rchild!=NULL) printf(",");    //有右子结点时才输出,
            DispBTree(b->rchild);                //递归处理右子树
            printf(")");                         //有孩子结点时才输出)
        }
    }
}
```

实验程序 exp7-1.cpp 的结构如图 7.2 所示,图中方框表示函数,方框中指出函数名,箭头方向表示函数间的调用关系,虚线方框表示文件的组成,即指出该虚线方框中的函数存放在哪个文件中。

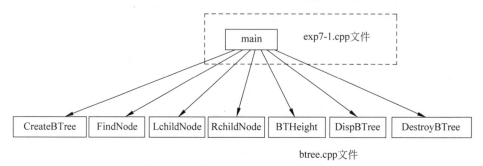

图 7.2　exp7-1.cpp 程序结构

🖳 实验程序 exp7-1.cpp 的程序代码如下:

```
//文件名:exp7-1.cpp
#include "btree.cpp"                             //包含二叉树的基本运算算法
int main()
{   BTNode *b,*p,*lp,*rp;;
    printf("二叉树的基本运算如下:\n");
    printf("  (1)创建二叉树\n");
    CreateBTree(b,"A(B(D,E(H(J,K(L,M(,N))))),C(F,G(,I)))");
    printf("  (2)输出二叉树:");DispBTree(b);printf("\n");
    printf("  (3)H结点:");
    p=FindNode(b,'H');
```

```
        if (p!= NULL)
        {   lp = LchildNode(p);
            if (lp!= NULL) printf("左孩子为% c ",lp->data);
            else printf("无左孩子 ");
            rp = RchildNode(p);
            if (rp!= NULL) printf("右孩子为% c ",rp->data);
            else printf("无右孩子 ");
        }
        printf("\n");
        printf("  (4)二叉树 b 的高度:% d\n",BTHeight(b));
        printf("  (5)释放二叉树 b\n");
        DestroyBTree(b);
        return 1;
    }
```

🖥 exp7-1.cpp 程序的执行结果如图 7.3 所示。

图 7.3　exp7-1.cpp 程序执行结果

实验题 2：实现二叉树各种遍历算法

目的：领会二叉树的各种遍历过程以及遍历算法设计。

内容：编写一个程序 exp7-2.cpp，实现二叉树的先序遍历、中序遍历和后序遍历的递归和非递归算法，以及层次遍历的算法。并对如图 7.1 所示的二叉树 b 给出求解结果。

✍ 根据《教程》中 7.5 节的原理设计相关算法，其中包含如下函数。

* PreOrder(BTNode *b)：二叉树 b 的先序遍历的递归算法。
* PreOrder1(BTNode *b)：二叉树 b 的先序遍历的非递归算法。
* InOrder(BTNode *b)：二叉树 b 的中序遍历的递归算法。
* InOrder1(BTNode *b)：二叉树 b 的中序遍历的非递归算法。
* PostOrder(BTNode *b)：二叉树 b 的后序遍历的递归算法。
* PostOrder1(BTNode *b)：二叉树 b 的后序遍历的非递归算法。
* TravLevel(BTNode *b)：二叉树 b 的层次遍历算法。

实验程序 exp7-2.cpp 的结构如图 7.4 所示，图中方框表示函数，方框中指出函数名，箭头方向表示函数间的调用关系，虚线方框表示文件的组成，即指出该虚线方框中的函数存放在哪个文件中。

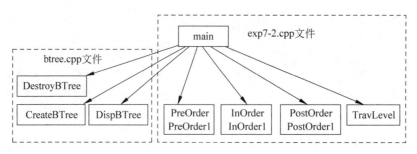

图 7.4 exp7-2.cpp 程序结构

实验程序 exp7-2.cpp 的程序代码如下：

```
#include "btree.cpp"                              //包含二叉树的基本运算算法
void PreOrder(BTNode *b)                          //先序遍历的递归算法
{   if (b!= NULL)
    {   printf("%c ",b->data);                    //访问根结点
        PreOrder(b->lchild);                      //递归访问左子树
        PreOrder(b->rchild);                      //递归访问右子树
    }
}
void PreOrder1(BTNode *b)                         //先序非递归遍历算法
{   BTNode *St[MaxSize], *p;
    int top = -1;
    if (b!= NULL)
    {   top++;                                    //根结点进栈
        St[top] = b;
        while (top>-1)                            //栈不为空时循环
        {   p = St[top];                          //退栈并访问该结点
            top--;
            printf("%c ",p->data);
            if (p->rchild!= NULL)                 //有右孩子,将其进栈
            {   top++;
                St[top] = p->rchild;
            }
            if (p->lchild!= NULL)                 //有左孩子,将其进栈
            {   top++;
                St[top] = p->lchild;
            }
        }
        printf("\n");
    }
}
void InOrder(BTNode *b)                           //中序遍历的递归算法
{   if (b!= NULL)
    {   InOrder(b->lchild);                       //递归访问左子树
        printf("%c ",b->data);                    //访问根结点
        InOrder(b->rchild);                       //递归访问右子树
    }
```

```
}
void InOrder1(BTNode * b)                        //中序非递归遍历算法
{   BTNode  * St[MaxSize], * p;
    int top = - 1;
    if (b!= NULL)
    {   p = b;
        while (top > - 1 || p!= NULL)
        {   while (p!= NULL)                      //扫描结点 p 的所有左下结点并进栈
            {   top++;
                St[top] = p;
                p = p - > lchild;
            }
            if (top > - 1)
            {   p = St[top];                       //出栈结点 p 并访问
                top -- ;
                printf(" % c ",p - > data);
                p = p - > rchild;
            }
        }
        printf("\n");
    }
}
void PostOrder(BTNode * b)                        //后序遍历的递归算法
{   if (b!= NULL)
    {   PostOrder(b - > lchild);                  //递归访问左子树
        PostOrder(b - > rchild);                  //递归访问右子树
        printf(" % c ",b - > data);               //访问根结点
    }
}
void PostOrder1(BTNode * b)                       //后序非递归遍历算法
{   BTNode * St[MaxSize];
    BTNode * p;
    int top = - 1;                                //栈指针置初值
    bool flag;
    if (b!= NULL)
    {   do
        {   while (b!= NULL)                       //将 b 结点的所有左下结点进栈
            {   top++;
                St[top] = b;
                b = b - > lchild;
            }
            p = NULL;                              //p 指向当前结点的前一个已访问的结点
            flag = true;                           //flag 为真表示正在处理栈顶结点
            while (top!= - 1 && flag)
            {   b = St[top];                       //取出当前的栈顶元素
                if (b - > rchild == p)             //右子树不存在或已被访问,访问之
                {   printf(" % c ",b - > data);//访问 b 结点
                    top -- ;
                    p = b;                          //p 指向被访问的结点
                }
```

```
                else
                {    b = b->rchild;                  //b指向右子树
                     flag = false;                   //表示当前不是处理栈顶结点
                }
            }
        } while (top!= -1);
        printf("\n");
    }
}
void TravLevel(BTNode *b)                            //层次遍历
{    BTNode  *Qu[MaxSize];                           //定义环形队列
     int front,rear;                                 //定义队首和队尾指针
     front = rear = 0;                               //置队列为空队
     if (b!= NULL) printf("%c ",b->data);
     rear++;                                          //根结点进队
     Qu[rear] = b;
     while (rear!= front)                            //队列不为空
     {    front = (front + 1) % MaxSize;
          b = Qu[front];                             //出队结点b
          if (b->lchild!= NULL)                      //输出左孩子,并进队
          {    printf("%c ",b->lchild->data);
               rear = (rear + 1) % MaxSize;
               Qu[rear] = b->lchild;
          }
          if (b->rchild!= NULL)                      //输出右孩子,并进队
          {    printf("%c ",b->rchild->data);
               rear = (rear + 1) % MaxSize;
               Qu[rear] = b->rchild;
          }
     }
     printf("\n");
}
int main()
{    BTNode *b;
     CreateBTree(b,"A(B(D,E(H(J,K(L,M(,N))))),C(F,G(,I)))");
     printf("二叉树b:");DispBTree(b);printf("\n");
     printf("层次遍历序列:");
     TravLevel(b);
     printf("先序遍历序列:\n");
     printf("    递归算法:");PreOrder(b);printf("\n");
     printf("  非递归算法:");PreOrder1(b);
     printf("中序遍历序列:\n");
     printf("    递归算法:");InOrder(b);printf("\n");
     printf("  非递归算法:");InOrder1(b);
     printf("后序遍历序列:\n");
     printf("    递归算法:");PostOrder(b);printf("\n");
     printf("  非递归算法:");PostOrder1(b);
     DestroyBTree(b);
     return 1;
}
```

exp7-2.cpp 程序的执行结果如图 7.5 所示。

图 7.5　exp7-2.cpp 程序执行结果

实验题 3：由遍历序列构造二叉树

目的：领会二叉树的构造过程以及构造二叉树的算法设计。

内容：编写一个程序 exp7-3.cpp，实现由先序序列和中序序列以及由中序序列和后序序列构造一棵二叉树的功能（二叉树中每个结点值为单个字符）。要求以括号表示和凹入表示法输出该二叉树。并用先序遍历序列"ABDEHJKLMNCFGI"和中序遍历序列"DBJHLKMNEAFCGI"以及中序遍历序列"DBJHLKMNEAFCGI"和后序遍历序列"DJLNMKHEBFIGCA"进行验证。

根据《教程》中 7.6 节的原理设计相关算法，其中包含如下函数。

- CreateBT1(char * pre, char * in, int *n*)：由先序序列 pre 和中序序列 in 构造二叉树。
- CreateBT2(char * post, char * in, int *n*)：由中序序列 in 和后序序列 post 构造二叉树。
- DispBTree1(BTNode *b*)：以凹入表示法输出一棵二叉树 *b*。

实验程序 exp7-3.cpp 的结构如图 7.6 所示，图中方框表示函数，方框中指出函数名，箭头方向表示函数间的调用关系，虚线方框表示文件的组成，即指出该虚线方框中的函数存放在哪个文件中。

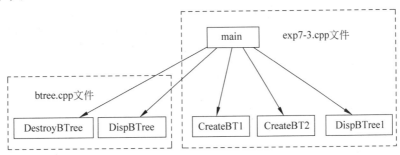

图 7.6　exp7-3.cpp 程序结构

实验程序 exp7-3.cpp 的程序代码如下:

```cpp
#include "btree.cpp"                              //包含二叉树的基本运算算法
#define MaxWidth 40
BTNode * CreateBT1(char * pre,char * in,int n)    //由先序和中序遍历序列构造二叉树
{    BTNode * b;
     char * p; int k;
     if (n <= 0) return NULL;
     b = (BTNode * )malloc(sizeof(BTNode));       //创建二叉树结点 b
     b -> data = * pre;
     for (p = in;p < in + n;p++)                  //在中序序列中找等于 * pre 字符的位置 k
         if ( * p == * pre)                       //pre 指向根结点
              break;                              //在 in 中找到后退出循环
     k = p - in;                                  //确定根结点在 in 中的位置
     b -> lchild = CreateBT1(pre + 1,in,k);       //递归构造左子树
     b -> rchild = CreateBT1(pre + k + 1,p + 1,n - k - 1);   //递归构造右子树
     return b;
}

BTNode * CreateBT2(char * post,char * in,int n)   //由中序和后序遍历序列构造二叉树
{    BTNode * b;char r, * p;int k;
     if (n <= 0) return NULL;
     r = * (post + n - 1);                        //取根结点值
     b = (BTNode * )malloc(sizeof(BTNode));       //创建二叉树结点 * b
     b -> data = r;
     for (p = in;p < in + n;p++)                  //在 in 中查找根结点
         if ( * p == r) break;
     k = p - in;                                  //k 为根结点在 in 中的下标
     b -> lchild = CreateBT2(post,in,k);          //递归构造左子树
     b -> rchild = CreateBT2(post + k,p + 1,n - k - 1);  //递归构造右子树
     return b;
}

void DispBTree1(BTNode * b)                       //以凹入表示法输出一棵二叉树
{    BTNode * St[MaxSize], * p;
     int level[MaxSize][2],top = - 1,n,i,width = 4;
     char type;                                   //存放左右孩子标记
     if (b!= NULL)
     {    top++; St[top] = b;                      //根结点进栈
          level[top][0] = width;
          level[top][1] = 2;                      //2 表示是根
          while (top > - 1)                       //栈不空循环
          {    p = St[top];                       //取栈顶结点,并凹入显示该结点值
               n = level[top][0];                 //取根结点的显示场宽,即左边的空格个数
               switch(level[top][1])
               {
               case 0:type = 'L';break;           //左结点之后输出(L)
               case 1:type = 'R';break;           //右结点之后输出(R)
               case 2:type = 'B';break;           //根结点之后输出(B)
               }
               for (i = 1;i <= n;i++)             //其中 n 为显示场宽,字符以右对齐显示
```

```
                        printf(" ");
                printf("%c(%c)",p->data,type);
                for (i=n+1;i<=MaxWidth;i+=2)
                    printf("--");
                printf("\n");
                top--;                          //退栈
                if (p->rchild!=NULL)
                {    top++;
                    St[top]=p->rchild;           //右孩子进栈
                    level[top][0]=n+width;        //显示场宽增 width
                    level[top][1]=1;             //1 表示是右子树
                }
                if (p->lchild!=NULL)
                {    top++;
                    St[top]=p->lchild;           //左孩子进栈
                    level[top][0]=n+width;        //显示场宽增 width
                    level[top][1]=0;             //0 表示是左子树
                }
            }
        }
    }
}
int main()
{    BTNode *b;
    ElemType pre[]="ABDEHJKLMNCFGI";
    ElemType in[]="DBJHLKMNEAFCGI";
    ElemType post[]="DJLNMKHEBFIGCA";
    int n=14;                               //二叉树中共有 14 个结点
    b=CreateBT1(pre,in,n);
    printf("先序序列:%s\n",pre);
    printf("中序序列:%s\n",in);
    printf("构造一棵二叉树 b:\n");
    printf("   括号表示法:");DispBTree(b);printf("\n");
    printf("   凹入表示法:\n");DispBTree1(b);printf("\n\n");
    printf("中序序列:%s\n",in);
    printf("后序序列:%s\n",post);
    b=CreateBT2(post,in,n);
    printf("构造一棵二叉树 b:\n");
    printf(" 括号表示法:");DispBTree(b);printf("\n");
    printf(" 凹入表示法:\n");DispBTree1(b);printf("\n");
    DestroyBTree(b);
    return 1;
}
```

💻 exp7-3.cpp 程序的执行结果如图 7.7 所示。从程序执行结果看到,构造的二叉树是如图 7.1 所示的二叉树。

实验题 4:实现中序线索化二叉树

目的:领会线索二叉树的构造过程以及构造线索二叉树的算法设计。

内容:编写一个程序 exp7-4.cpp,实现二叉树的中序线索化,采用递归和非递归两种方

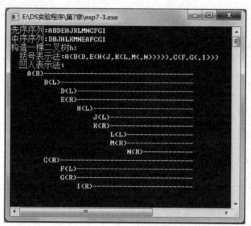

图 7.7　exp7-3.cpp 程序执行结果

式输出中序线索二叉树的中序序列。并以如图 7.1 所示的二叉树 b 对程序进行验证。

　　✍　根据《教程》中 7.4 节和 7.7 节的原理设计相关算法,其中包含如下函数。

- CreateTBTree(TBTNode * & b, char * str):由 str 串建立含空线索域的二叉链 b。
- DispTBTree(TBTNode * b):采用括号表示输出含空线索域的二叉树 b。
- CreateThread(TBTNode * b):创建二叉树 b 的中序线索二叉树并返回。
- Thread(TBTNode * & p):中序线索化二叉树,被 CreateThread 调用。
- ThInOrder(TBTNode * tb):中序线索二叉树 tb 的中序遍历递归算法。
- InOrder(TBTNode * tb):被 ThInOrder 算法调用,用于递归中序遍历中序线索二叉树 tb。
- ThInOrder1(TBTNode * tb):中序线索二叉树 tb 的中序非递归算法。
- DestroyTBTree(TBTNode * tb):销毁中序线索二叉树 tb。
- DestroyTBTree1(TBTNode * tb):被 DestroyTBTree 算法调用,用于销毁中序线索二叉树 tb。

　　实验程序 exp7-4.cpp 的结构如图 7.8 所示,图中方框表示函数,方框中指出函数名,箭头方向表示函数间的调用关系,虚线方框表示文件的组成,即指出该虚线方框中的函数存放在哪个文件中。

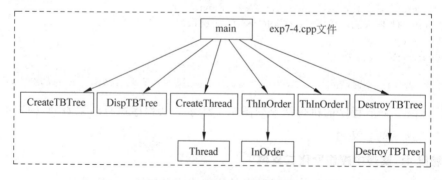

图 7.8　exp7-4.cpp 程序结构

📠 实验程序 exp7-4.cpp 的程序代码如下：

```c
# include < stdio. h >
# include < malloc. h >
# define MaxSize 100
typedef char ElemType;
typedef struct node
{    ElemType data;
     int ltag, rtag;                              //增加的线索标记
     struct node * lchild;                        //左孩子指针
     struct node * rchild;                        //右孩子指针
} TBTNode;
void CreateTBTree(TBTNode * &b, char * str)        //由 str 串建立含空线索域的二叉链 b
{    TBTNode * St[MaxSize], * p;
     int top = - 1, k, j = 0;
     char ch = str[j];;
     b = NULL;                                     //建立的二叉树初始时为空
     while (ch!= '\0')                             //str 未扫描完时循环
     {    switch(ch)
          {
          case '(':top++;St[top] = p;k = 1; break; //处理左子树
          case ')':top -- ;break;
          case ',':k = 2; break;                   //处理右子树
          default:p = (TBTNode * )malloc(sizeof(TBTNode));
                  p -> data = ch;p -> lchild = p -> rchild = NULL;
                  if (b == NULL)                   //若 b 为空
                      b = p;                       //p 为二叉树的根结点
                  else                             //已建立二叉树根结点
                  {    switch(k)
                       {
                       case 1:St[ top] -> lchild = p;break;
                       case 2:St[ top] -> rchild = p;break;
                       }
                  }
          }
          j++;    ch = str[j];
     }
}
void DispTBTree(TBTNode * b)                        //输出含空线索域的二叉树 b
{    if (b!= NULL)
     {    printf(" % c",b -> data);
          if (b -> lchild!= NULL || b -> rchild!= NULL)
          {    printf("(");
               DispTBTree(b -> lchild);
               if (b -> rchild!= NULL) printf(",");
               DispTBTree(b -> rchild);
               printf(")");
          }
     }
```

```
    }
    TBTNode * pre;                                      //全局变量
    void Thread(TBTNode *&p)                            //中序线索化二叉树,被 CreateThread 调用
    {   if (p!= NULL)
        {   Thread(p->lchild);                          //左子树线索化
            if (p->lchild == NULL)                      //若 p 结点的左指针为空
            {   p->lchild = pre;                        //建立当前结点的前驱线索
                p->ltag = 1;
            }
            else p->ltag = 0;
            if (pre->rchild == NULL)                    //若 p 结点的右指针为空
            {   pre->rchild = p;                        //建立前驱结点的后继线索
                pre->rtag = 1;
            }
            else pre->rtag = 0;
            pre = p;
            Thread(p->rchild);                          //右子树线索化
        }
    }

    TBTNode * CreateThread(TBTNode * b)                 //创建中序线索化二叉树
    {   TBTNode * root;
        root = (TBTNode * )malloc(sizeof(TBTNode));     //创建根结点
        root->ltag = 0; root->rtag = 1;
        root->rchild = b;
        if (b == NULL)                                  //空二叉树
            root->lchild = root;
        else
        {   root->lchild = b;
            pre = root;                                 //pre 结点是 p 结点的前驱结点,供加线索用
            Thread(b);                                  //中序遍历线索二叉树
            pre->rchild = root;                         //最后处理,加入指向根结点的线索
            pre->rtag = 1;
            root->rchild = pre;                         //根结点右线索化
        }
        return root;
    }
    void InOrder(TBTNode * tb)                          //被 ThInOrder 算法调用
    {   if (tb->lchild!= NULL && tb->ltag == 0)         //有左孩子
            InOrder(tb->lchild);
        printf(" % c ",tb->data);
        if (tb->rchild!= NULL && tb->rtag == 0)         //有右孩子
            InOrder(tb->rchild);
    }
    void ThInOrder(TBTNode * tb)                        //中序线索二叉树的中序遍历递归算法
    {
        InOrder(tb->lchild);
    }
    void ThInOrder1(TBTNode * tb)                       //中序线索二叉树的中序非递归算法
    {   TBTNode * p = tb->lchild;                       //指向根结点
        while (p!= tb)
```

```
    {   while (p->ltag==0) p=p->lchild;       //找中序开始结点
        printf("%c ",p->data);
        while (p->rtag==1 && p->rchild!=tb)   //有右线索的情况
        {   p=p->rchild;
            printf("%c ",p->data);
        }
        p=p->rchild;                          //转向结点p的右子树
    }
}
void DestroyTBTree1(TBTNode *tb)              //被DestroyTBTree算法调用
{   if (tb!=NULL)
    {   if (tb->lchild!=NULL && tb->ltag==0)  //有左孩子
            DestroyTBTree1(tb->lchild);
        if (tb->rchild!=NULL && tb->rtag==0)  //有右孩子
            DestroyTBTree1(tb->rchild);
        free(tb);
    }
}
void DestroyTBTree(TBTNode *tb)              //释放中序线索二叉树的所有结点
{   DestroyTBTree1(tb->lchild);
    free(tb);
}
int main()
{   TBTNode *b,*tb;
    CreateTBTree(b,"A(B(D,E(H(J,K(L,M(,N)))),C(F,G(,I)))");
    printf("二叉树:");DispTBTree(b);printf("\n");
    tb=CreateThread(b);
    printf("线索中序序列:\n");
    printf("    递归算法:");ThInOrder(tb);printf("\n");
    printf("  非递归算法:");ThInOrder1(tb);printf("\n");
    DestroyTBTree(tb);
    return 1;
}
```

📺 exp7-4.cpp 程序的执行结果如图 7.9 所示。

图 7.9 exp7-4.cpp 程序执行结果

实验题 5：构造哈夫曼树和生成哈夫曼编码

目的：领会哈夫曼的构造过程以及哈夫曼编码的生成过程。

内容：编写一个程序 exp7-5.cpp，构造一棵哈夫曼树，输出对应的哈夫曼编码和平均查找长度。并对如表 7.1 所示的数据进行验证。

表 7.1　单词及出现的频度

单词	The	of	a	to	and	in	that	he	is	at	on	for	His	are	be
出现频度	1192	677	541	518	462	450	242	195	190	181	174	157	138	124	123

✎ 根据《教程》中 7.8 节的原理设计相关算法，其中包含如下函数。

- CreateHT(HTNode ht[], int n)：由含有 n 个叶子结点的 ht 构造完整的哈夫曼树。
- CreateHCode(HTNode ht[], HCode hcd[], int n)：由哈夫曼树 ht 构造哈夫曼编码 hcd。
- DispHCode(HTNode ht[], HCode hcd[], int n)：输出哈夫曼树 ht 和哈夫曼编码 hcd 中 n 个叶子结点的哈夫曼编码。

实验程序 exp7-5.cpp 的结构如图 7.10 所示，图中方框表示函数，方框中指出函数名，箭头方向表示函数间的调用关系，虚线方框表示文件的组成，即指出该虚线方框中的函数存放在哪个文件中。

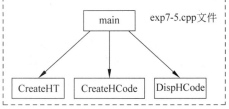

图 7.10　exp7-5.cpp 程序结构

🖥 实验程序 exp7-5.cpp 的程序代码如下：

```
# include < stdio.h >
# include < string.h >
# define N 50                          //叶子结点数
# define M 2 * N - 1                    //树中结点总数
typedef struct
{    char data[5];                      //结点值
     int weight;                        //权重
     int parent;                        //双亲结点
     int lchild;                        //左孩子结点
     int rchild;                        //右孩子结点
} HTNode;
typedef struct
{    char cd[N];                        //存放哈夫曼编码
     int start;                         //ch[start..n]存放哈夫曼编码
} HCode;
void CreateHT(HTNode ht[], int n)       //由 ht 的叶子结点构造完整的哈夫曼树
{    int i, k, lnode, rnode;
     int min1, min2;
     for (i = 0; i < 2 * n - 1; i++)    //所有结点的相关域置初值 - 1
         ht[i].parent = ht[i].lchild = ht[i].rchild = - 1;
     for (i = n; i < 2 * n - 1; i++)    //构造哈夫曼树的分支结点
     {    min1 = min2 = 32767;          //lnode 和 rnode 为最小权重的两个结点位置
          lnode = rnode = - 1;
          for (k = 0; k <= i - 1; k++)  //查找最小和次小的结点
```

```
                if (ht[k].parent == -1)                  //只在尚未构造二叉树的结点中查找
                {   if (ht[k].weight < min1)
                    {   min2 = min1; rnode = lnode;
                        min1 = ht[k].weight; lnode = k;
                    }
                    else if (ht[k].weight < min2)
                    {
                        min2 = ht[k].weight; rnode = k;
                    }
                }
            ht[lnode].parent = i; ht[rnode].parent = i;   //合并两个最小和次小的结点
            ht[i].weight = ht[lnode].weight + ht[rnode].weight;
            ht[i].lchild = lnode; ht[i].rchild = rnode;
        }
    }
    void CreateHCode(HTNode ht[], HCode hcd[], int n)      //由哈夫曼树 ht 构造哈夫曼编码 hcd
    {   int i, f, c;
        HCode hc;
        for (i = 0; i < n; i++)                            //根据哈夫曼树构造所有叶子结点的哈夫曼编码
        {   hc.start = n; c = i;
            f = ht[i].parent;
            while (f != -1)                                //循环直到树根结点
            {   if (ht[f].lchild == c)                     //处理左孩子结点
                    hc.cd[hc.start--] = '0';
                else                                       //处理右孩子结点
                    hc.cd[hc.start--] = '1';
                c = f; f = ht[f].parent;
            }
            hc.start++;                                    //start 指向哈夫曼编码最开始字符
            hcd[i] = hc;
        }
    }
    void DispHCode(HTNode ht[], HCode hcd[], int n)        //输出哈夫曼编码
    {   int i, k;       int sum = 0, m = 0, j;
        printf("输出哈夫曼编码:\n");
        for (i = 0; i < n; i++)
        {   j = 0;
            printf("       %s:\t", ht[i].data);
            for (k = hcd[i].start; k <= n; k++)
            {   printf("%c", hcd[i].cd[k]);
                j++;
            }
            m += ht[i].weight;
            sum += ht[i].weight * j;
        }
        printf("\n平均长度 = %g\n", 1.0 * sum/m);
    }
    int main()
    {   int n = 15, i;
        char * str[] = {"The","of","a","to","and","in","that","he","is","at","on","for",
            "His","are","be"};
        int fnum[] = {1192,677,541,518,462,450,242,195,190,181,174,157,138,124,123};
        HTNode ht[M];
```

```
        HCode hcd[N];
        for (i = 0; i < n; i++)
        {   strcpy(ht[i].data, str[i]);
            ht[i].weight = fnum[i];
        }
        CreateHT(ht, n);                    //创建哈夫曼树
        CreateHCode(ht, hcd, n);            //构造哈夫曼编码
        DispHCode(ht, hcd, n);             //输出哈夫曼编码
        return 1;
    }
```

💻 exp7-5.cpp 程序的执行结果如图 7.11 所示,构造的哈夫曼树如图 7.12 所示。

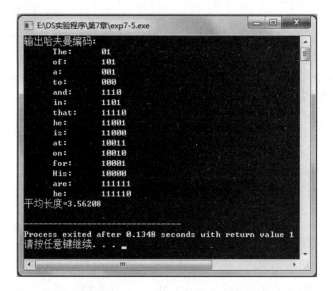

图 7.11　exp7-5.cpp 程序执行结果

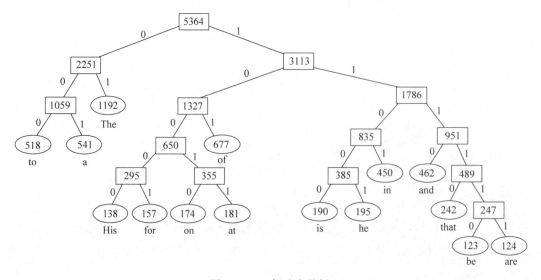

图 7.12　一棵哈夫曼树

7.2 设计性实验 ✳

实验题 6：求二叉树中的结点个数、叶子结点个数、某结点层次和二叉树宽度

目的：掌握二叉树遍历算法的应用，熟练使用先序、中序、后序 3 种递归遍历算法和层次遍历算法进行二叉树问题求解。

内容：编写一个程序 exp7-6.cpp，实现如下功能，并对图 7.1 的二叉树进行验证：

(1) 输出二叉树 b 的结点个数。

(2) 输出二叉树 b 的叶子结点个数。

(3) 求二叉树 b 中指定结点值（假设所有结点值不同）的结点的层次。

(4) 利用层次遍历求二叉树 b 的宽度。

✍ 本实验设计的功能算法如下。

- Nodes(BTNode $*b$)：求二叉树 b 的结点个数。
- LeafNodes(BTNode $*b$)：求二叉树 b 的叶子结点个数。
- Level(BTNode $*b$, ElemType x, int h)：求二叉树 b 中结点值为 x 的结点的层次。
- BTWidth(BTNode $*b$)：利用层次遍历求二叉树 b 的宽度。

实验程序 exp7-6.cpp 的结构如图 7.13 所示，图中方框表示函数，方框中指出函数名，箭头方向表示函数间的调用关系，虚线方框表示文件的组成，即指出该虚线方框中的函数存放在哪个文件中。

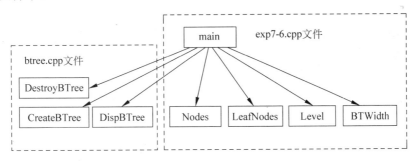

图 7.13　exp7-6.cpp 程序结构

🖥 实验程序 exp7-6.cpp 的程序代码如下：

```
#include "btree.cpp"                      //包含二叉树的基本运算算法
int Nodes(BTNode *b)                      //求二叉树b的结点个数
{   int num1,num2;
    if (b==NULL)
        return 0;
    else if (b->lchild==NULL && b->rchild==NULL)
        return 1;
    else
    {   num1=Nodes(b->lchild);
```

```
                num2 = Nodes(b -> rchild);
                return (num1 + num2 + 1);
        }
}
int LeafNodes(BTNode * b)                           //求二叉树 b 的叶子结点个数
{   int num1,num2;
    if (b == NULL)
        return 0;
    else if (b -> lchild == NULL && b -> rchild == NULL)
        return 1;
    else
    {   num1 = LeafNodes(b -> lchild);
        num2 = LeafNodes(b -> rchild);
        return (num1 + num2);
    }
}
int Level(BTNode * b, ElemType x, int h)             //求二叉树 b 中结点值为 x 的结点的层次
{   int l;
    if (b == NULL)
        return(0);
    else if (b -> data == x)
        return(h);
    else
    {   l = Level(b -> lchild, x, h + 1);            //在左子树中查找
        if (l != 0)return(l);
        else return(Level(b -> rchild, x, h + 1));   //在左子树中未找到,再在右子树中查找
    }
}
int BTWidth(BTNode * b)                              //求二叉树 b 的宽度
{   struct
    {   int lno;                                     //结点的层次
        BTNode * p;                                  //结点指针
    } Qu[MaxSize];                                   //定义非环形队列
    int front, rear;                                 //定义队首和队尾指针
    int lnum, max, i, n;
    front = rear = 0;                                //置队列为空队
    if (b != NULL)
    {   rear++;Qu[rear].p = b;                       //根结点进队
        Qu[rear].lno = 1;                            //根结点的层次为 1
        while (rear != front)                        //队不空时循环
        {   front++;b = Qu[front].p;                 //出队结点 b
            lnum = Qu[front].lno;
            if (b -> lchild != NULL)                 //有左孩子,将其进队
            {   rear++;Qu[rear].p = b -> lchild;
                Qu[rear].lno = lnum + 1;
            }
            if (b -> rchild != NULL)                 //有右孩子,将其进队
            {   rear++;Qu[rear].p = b -> rchild;
                Qu[rear].lno = lnum + 1;
            }
```

```
        }
        max = 0;lnum = 1;i = 1;                          //max 存放宽度
        while (i <= rear)
        {    n = 0;
             while (i <= rear && Qu[i].lno == lnum)
             {    n++;                                    //n 累计一层中的结点个数
                  i++;                                    //i 扫描队列中所有结点
             }
             lnum = Qu[i].lno;
             if (n > max) max = n;
        }
        return max;
    }
    else return 0;
}
int main()
{   ElemType x = 'K';
    BTNode * b, * p, * lp, * rp;;
    CreateBTree(b,"A(B(D,E(H(J,K(L,M(,N))))),C(F,G(,I)))");
    printf("输出二叉树 b:");DispBTree(b);printf("\n");
    printf("二叉树 b 的结点个数: % d\n",Nodes(b));
    printf("二叉树 b 的叶子结点个数: % d\n",LeafNodes(b));
    printf("二叉树 b 中值为 % c 结点的层次: % d\n",x,Level(b,x,1));
    printf("二叉树 b 的宽度: % d\n",BTWidth(b));
    DestroyBTree(b);
    return 1;
}
```

💻 exp7-6.cpp 程序的一次执行结果如图 7.14 所示。

图 7.14   exp7-6.cpp 程序执行结果

实验题 7：求二叉树中从根结点到叶子结点的路径

目的：掌握二叉树遍历算法的应用，熟练使用先序、中序、后序 3 种递归和非递归遍历算法以及层次遍历算法进行二叉树问题求解。

内容：编写一个程序 exp7-7.cpp，实现如下功能，并对图 7.1 的二叉树进行验证：

（1）采用先序遍历方法输出所有从叶子结点到根结点的逆路径。

（2）采用先序遍历方法输出第一条最长的逆路径。

（3）采用后序非递归遍历方法输出所有从叶子结点到根结点的逆路径。

（4）采用层次遍历方法输出所有从叶子结点到根结点的逆路径。

✎ 本实验设计的功能算法如下。

- AllPath1(BTNode ∗ b, ElemType path[ ], int pathlen)：采用先序遍历方法输出所有从叶子结点到根结点的逆路径。path 存放一条路径,pathlen 存放该路径长度。

- LongPath1(BTNode ∗ b, ElemType path[ ], int pathlen, ElemType longpath[ ], int & longpathlen)：采用先序遍历方法输出第一条最长的逆路径。path 存放一条路径,pathlen 存放该路径长度；longpath 存放第一条最长的路径,longpathlen 存放该路径长度。

- AllPath2(BTNode ∗ b)：采用后序非递归遍历方法输出所有从叶子结点到根结点的逆路径。

- AllPath3(BTNode ∗ b)：采用层次遍历方法输出所有从叶子结点到根结点的逆路径。

实验程序 exp7-7.cpp 的结构如图 7.15 所示,图中方框表示函数,方框中指出函数名,箭头方向表示函数间的调用关系,虚线方框表示文件的组成,即指出该虚线方框中的函数存放在哪个文件中。

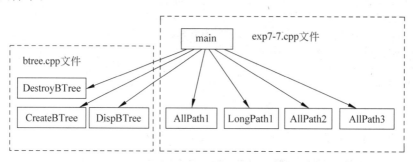

图 7.15　exp7-7.cpp 程序结构

🖳 实验程序 exp7-7.cpp 的程序代码如下：

```cpp
#include "btree.cpp"                                    //包含二叉树的基本运算算法
void AllPath1(BTNode ∗ b, ElemType path[ ], int pathlen)
//采用先序遍历方法输出所有从叶子结点到根结点的逆路径
{   if (b!= NULL)
    {   if (b->lchild == NULL && b->rchild == NULL)    //b 为叶子结点
        {   printf("    %c 到根结点逆路径: %c->",b->data,b->data);
            for (int i = pathlen-1;i>0;i--)
                printf("%c->",path[i]);
            printf("%c\n",path[0]);
        }
        else
        {   path[pathlen] = b->data;                    //将当前结点放入路径中
            pathlen++;                                  //路径长度增1
            AllPath1(b->lchild,path,pathlen);           //递归扫描左子树
            AllPath1(b->rchild,path,pathlen);           //递归扫描右子树
```

```
        }
    }
}
void LongPath1(BTNode * b, ElemType path[ ], int pathlen, ElemType longpath[ ],
    int &longpathlen)                    //采用先序遍历方法输出第一条最长的逆路径
{   if (b == NULL)
    {   if (pathlen > longpathlen)        //若当前路径更长,将路径保存在 longpath 中
        {   for (int i = pathlen - 1; i >= 0; i--)
                longpath[ i] = path[ i];
            longpathlen = pathlen;
        }
    }
    else
    {   path[pathlen] = b -> data;        //将当前结点放入路径中
        pathlen++;                        //路径长度增 1
        LongPath1(b -> lchild, path, pathlen, longpath, longpathlen);    //递归扫描左子树
        LongPath1(b -> rchild, path, pathlen, longpath, longpathlen);    //递归扫描右子树
    }
}
void AllPath2(BTNode * b)        //采用后序非递归遍历方法输出所有从叶子结点到根结点的逆路径
{   BTNode * st[MaxSize];              //定义一个顺序栈 st
    int top = - 1;                    //栈顶指针初始化
    BTNode * p, * r;
    bool flag;
    p = b;
    do
    {   while (p!= NULL)              //扫描结点 p 的所有左下结点并进栈
        {   top++;
            st[top] = p;              //结点 p 进栈
            p = p -> lchild;          //移动到左孩子
        }
        r = NULL;                     //r 指向刚刚访问的结点,初始时为空
        flag = true;                  //flag 为真表示正在处理栈顶结点
        while (top > - 1 && flag)     //栈不空且 flag 为真时循环
        {   p = st[top];              //取出当前的栈顶结点 p
            if (p -> rchild == r)     //若结点 p 的右孩子为空或者为刚刚访问过的结点
            {   if (p -> lchild == NULL && p -> rchild == NULL)    //若为叶子结点
                {                     //输出栈中所有结点值
                    printf("    % c 到根结点逆路径: ", p -> data);
                    for (int i = top; i > 0; i--)
                        printf("% c ->", st[i] -> data);
                    printf("% c\n", st[0] -> data);
                }
                top --;               //退栈
                r = p;                //r 指向刚访问过的结点
            }
            else
            {   p = p -> rchild;      //转向处理其右子树
```

```
                    flag = false;                              //表示当前不是处理栈顶结点
                }
            }
        } while (top > - 1);                                   //栈不空循环
    }
    void AllPath3(BTNode * b)              //采用层次遍历方法输出所有从叶子结点到根结点的逆路径
    {   struct snode
        {   BTNode * node;                                     //存放当前结点指针
            int parent;                                        //存放双亲结点在队列中的位置
        } Qu[MaxSize];                                         //定义顺序队列
        int front, rear, p;                                    //定义队头和队尾指针
        front = rear = - 1;                                    //置队列为空队列
        rear++;
        Qu[rear].node = b;                                     //根结点指针进入队列
        Qu[rear].parent = - 1;                                 //根结点没有双亲结点
        while (front < rear)                                   //队列不为空
        {   front++;
            b = Qu[front].node;                                //队头出队列
            if (b -> lchild == NULL && b -> rchild == NULL)    //b 为叶子结点
            {   printf("    % c 到根结点逆路径: ", b -> data);
                p = front;
                while (Qu[p].parent != - 1)
                {   printf("% c -> ", Qu[p].node -> data);
                    p = Qu[p].parent;
                }
                printf("% c\n", Qu[p].node -> data);
            }
            if (b -> lchild != NULL)                           //若有左孩子,将其进队
            {   rear++;
                Qu[rear].node = b -> lchild;
                Qu[rear].parent = front;
            }
            if (b -> rchild != NULL)                           //若有右孩子,将其进队
            {   rear++;
                Qu[rear].node = b -> rchild;
                Qu[rear].parent = front;
            }
        }
    }
    int main()
    {   BTNode * b;
        ElemType path[MaxSize], longpath[MaxSize];
        int i, longpathlen = 0;
        CreateBTree(b, "A(B(D, E(H(J, K(L, M(, N)))))), C(F, G(, I)))");
        printf("二叉树 b:"); DispBTree(b); printf("\n");
        printf("先序遍历方法:\n"); AllPath1(b, path, 0);
        LongPath1(b, path, 0, longpath, longpathlen);
        printf("    第一条最长逆路径长度: % d\n", longpathlen);
        printf("    第一条最长逆路径:");
        for (i = longpathlen - 1; i >= 0; i -- )
```

```
        printf("%c ",longpath[i]);
    printf("\n");
    printf("后序非递归遍历方法:\n");AllPath2(b);
    printf("层次遍历方法:\n");AllPath3(b);
    DestroyBTree(b);
    return 1;
}
```

exp7-7.cpp 程序的一次执行结果如图 7.16 所示。

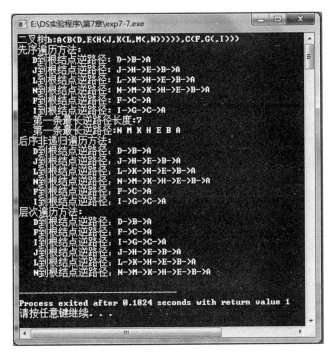

图 7.16　exp7-7.cpp 程序执行结果

实验题 8：简单算术表达式二叉树的构建和求值

目的：掌握二叉树遍历算法的应用,熟练使用先序、中序、后序 3 种递归遍历算法进行二叉树问题求解。

内容：编写一个程序 exp7-8.cpp,先用二叉树来表示一个简单算术表达式,树的每一个结点包括一个运算符或运算数。简单算术表达式中只包含
+、−、*、/和一位正整数且格式正确(不包含括号),并且要按照先乘除后加减的原则构造二叉树。如图 7.17 所示是"1+2*3−4/5"代数表达式对应的二叉树,然后由对应的二叉树计算该表达式的值。

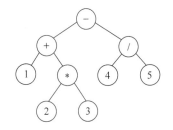

图 7.17　用二叉树来表示简单算术表达式

本实验设计的功能算法如下。

- CRTree(char $s[]$,int i,int j)：它是一个递归函数(用于生成简单算术表达式对应的二叉树)。参数 s

存放简单算术表达式字符串,i 和 j 分别为该字符串或者其子串的起始位置和终止位置。如果 $i=j$,说明子串只有一个字符,即为叶子结点,则创建只有一个根结点的二叉树并返回。如果 $i\neq j$,根据运算规则,在串中找"+"或"-"号,以最后的"+"或"-"为根(体现从左到右的原则);当没有"+"或"-"号时,则进一步找"*"或"/"(体现先乘除后加减的原则),同样以最后的运算符为根,将串分为两部分,即左子树和右子树。创建一个根结点,将找到的运算符放入,递归调用自身进入左子树的建树工作,之后递归调用自身进入右子树的建树工作。

- Comp(BTNode *b):它是一个递归函数,用于计算表达式的值。若为空树则返回 0,否则若 b 所指结点为叶子结点,则返回其 data 值,否则求出左子树的值 v_1,再求出右子树的值 v_2,根据 b 所指结点的运算符对 v_1 和 v_2 进行相应的计算并返回计算后的结果。

实验程序 exp7-8.cpp 的结构如图 7.18 所示,图中方框表示函数,方框中指出函数名,箭头方向表示函数间的调用关系,虚线方框表示文件的组成,即指出该虚线方框中的函数存放在哪个文件中。

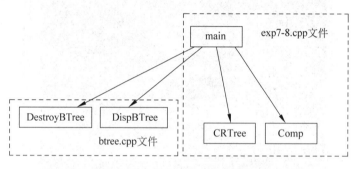

图 7.18　exp7-8.cpp 程序结构

⌨ 实验程序 exp7-8.cpp 的程序代码如下:

```cpp
#include "btree.cpp"                    //包含二叉树的基本运算算法
#include <stdlib.h>
#include <string.h>
typedef char ElemType;
BTNode *CRTree(char s[],int i,int j)    //建立简单算术表达式 s[i..j]对应的二叉树
{   BTNode *p;
    int k,plus = 0,posi;                //plus 记录运算符的个数
    if (i == j)                         //处理 i=j 的情况,说明只有一个字符
    {   p = (BTNode *)malloc(sizeof(BTNode));
        p->data = s[i];
        p->lchild = p->rchild = NULL;
        return p;
    }
                                        //以下为 i!=j 的情况
    for (k = i;k <= j;k++)               //首先查找 + 和 - 运算符
        if (s[k] == '+' || s[k] == '-')
        {   plus++;                      //plus 记录 + 或者 - 的个数
```

```
            posi = k;                         //posi 记录最后一个 + 或 - 的位置
        }
    if (plus == 0)                            //没有 + 或 - 的情况
        for (k = i;k <= j;k++)
            if (s[k] == ' * ' || s[k] == '/')
            {   plus++;                        //plus 记录 * 或者/的个数
                posi = k;                      //posi 记录最后一个 * 或/的位置
            }
    if (plus!= 0)                             //有运算符的情况,创建一个存放它的结点
    {   p = (BTNode * )malloc(sizeof(BTNode));
        p -> data = s[posi];
        p -> lchild = CRTree(s,i,posi - 1);    //递归处理 s[i..posi - 1]构造左子树
        p -> rchild = CRTree(s,posi + 1,j);    //递归处理 s[posi + 1..j]构造右子树
        return p;
    }
    else        //若没有任何运算符,返回 NULL
        return NULL;
}
double Comp(BTNode * b)                        //计算二叉树对应表达式的值
{   double v1,v2;
    if (b == NULL) return 0;
    if (b -> lchild == NULL && b -> rchild == NULL)
        return b -> data - '0';                //叶子结点直接返回结点值
    v1 = Comp(b -> lchild);                    //递归求出左子树的值 v1
    v2 = Comp(b -> rchild);                    //递归求出右子树的值 v2
    switch(b -> data)                          //根据 b 结点做相应运算
    {
    case ' + ':
        return v1 + v2;
    case ' - ':
        return v1 - v2;
    case ' * ':
        return v1 * v2;
    case '/':
        if (v2!= 0)return v1/v2;
        else    abort();                       //除 0 异常退出
    }
}
int main()
{   BTNode * b;
    char s[MaxSize] = "1 + 2 * 3 - 4/5";
    printf("算术表达式 % s\n",s);
    b = CRTree(s,0,strlen(s) - 1);
    printf("对应二叉树:");
    DispBTree(b);
    printf("\n 算术表达式的值: % g\n",Comp(b));
    DestroyBTree(b);
    return 1;
}
```

exp7-8.cpp 程序的一次执行结果如图 7.19 所示。

图 7.19　exp7-8.cpp 程序执行结果

7.3　综合性实验

实验题 9: 用二叉树表示家谱关系并实现各种查找功能

目的: 掌握二叉树遍历算法的应用, 熟练使用先序、中序、后序 3 种递归遍历算法进行二叉树问题求解。

内容: 编写一个程序 exp7-9, 采用一棵二叉树表示一个家谱关系(由若干家谱记录构成, 每个家谱记录由父亲、母亲和儿子姓名构成, 其中姓名是关键字)。要求程序具有如下功能。

(1) 文件操作功能: 家谱记录输入, 家谱记录输出, 清除全部文件记录和将家谱记录存盘。要求在输入家谱记录时按祖先到子孙的顺序输入, 第一个家谱记录的父亲域为所有人的祖先。

(2) 家谱操作功能: 用括号表示法输出家谱二叉树, 查找某人所有儿子, 查找某人所有祖先(这里的祖先是指所设计的二叉树结构中某结点的所有祖先结点)。

由于家谱是一棵树结构, 而不是一棵二叉树, 所以在存储时要转换成二叉树的形式, 这里规定: 一个父亲结点的左孩子结点表示母亲结点(父亲结点无右孩子结点), 母亲结点的右子树表示他们的所有儿子等, 其基本结构如图 7.20 所示, 该图中表示有 3 个儿子结构。这样就将家谱树转换成二叉树了, 对于二叉树的操作是比较容易实现的。

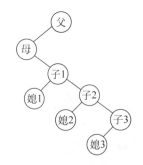

图 7.20　家谱采用二叉树表示时的基本结构

设计家谱文件的记录类型如下:

```
typedef struct fnode
{    char father[NAMEWIDTH];            //父亲姓名
     char wife[NAMEWIDTH];              //母亲姓名
     char son[NAMEWIDTH];              //儿子姓名
} FamType;
```

从家谱文件中读取的记录存放在 fam 数组中,将 fam 数组和其中的记录个数 n 设置成全局变量。fam 数组用于构造家谱二叉树,其结点类型如下:

```
typedef struct tnode
{    char name[NAMEWIDTH];                    //姓名
     struct tnode * lchild, * rchild;         //左右指针
} BTree;
```

本实验设计的功能算法如下。

- BTreeop():家谱二叉树操作。
- CreateBTree(char * root,FamType fam[],int n):从 fam 数组(含 n 个记录)中姓名为 root 的记录开始递归创建一棵家谱二叉树并返回。
- DispTree(BTree *b):以括号表示法输出家谱二叉树。
- DestroyBTree((BTree *b):销毁家谱二叉树。
- FindNode(BTree *b,char xm[]):采用先序递归算法找 name 为 xm 的结点。
- FindSon(BTree *b):输出某人的所有儿子。
- Path(BTree *b,BTree *s):采用后序非递归遍历方法输出从根结点到 s 结点的路径。
- Ancestor(BTree *b):输出某人的所有祖先。
- Fileop():文件家谱操作。
- DelAll():清除家谱文件全部记录。
- ReadFile():读家谱文件存入 fam 数组中。
- SaveFile():将 fam 数组存入数据家谱文件中。
- InputFam():添加一个家谱记录。
- OutputFile():输出家谱文件全部记录。

实验程序 exp7-9.cpp 的结构如图 7.21 所示,图中方框表示函数,方框中指出函数名,箭头方向表示函数间的调用关系,虚线方框表示文件的组成,即指出该虚线方框中的函数存放在哪个文件中。

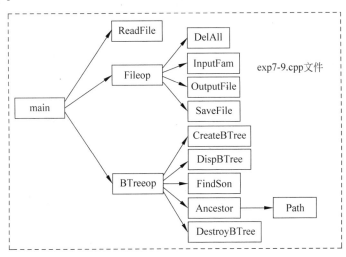

图 7.21 exp7-9.cpp 程序结构

实验程序 exp7-9.cpp 的程序代码如下：

```c
# include < stdio. h >
# include < string. h >
# include < stdlib. h >
# define MaxSize 30                                  //栈的最大元素个数
# define NAMEWIDTH 10                                 //姓名的最多字符个数
typedef struct fnode
{    char father[ NAMEWIDTH ];                        //父
     char wife[ NAMEWIDTH ];                          //母
     char son[ NAMEWIDTH ];                           //子
} FamType;                                            //家谱文件的记录类型
typedef struct tnode
{    char name[ NAMEWIDTH ];
     struct tnode  * lchild, * rchild;
} BTree;                                              //家谱二叉树结点树类型
int n;                                                //家谱记录个数
FamType fam[ MaxSize ];                               //家谱记录数组
//---- 家谱二叉树操作算法 ---------------------------------
BTree * CreateBTree(char * root)                      //从 fam(含 n 个记录)递归创建一棵二叉树
{    int i = 0, j;
     BTree  * b, * p;
     b = (BTree  * )malloc(sizeof(BTree));            //创建父亲结点
     strcpy(b -> name, root);
     b -> lchild = b -> rchild = NULL;
     while (i < n && strcmp(fam[ i ]. father, root)!= 0)
         i++;
     if (i < n)                                       //找到了该姓名的记录
     {    p = (BTree * )malloc(sizeof(BTree));         //创建母亲结点
          p -> lchild = p -> rchild = NULL;
          strcpy(p -> name, fam[ i ]. wife);
          b -> lchild = p;
          for (j = 0; j < n; j++)                      //找所有儿子
              if (strcmp(fam[ j ]. father, root) == 0)  //找到一个儿子
              {    p -> rchild = CreateBTree(fam[ j ]. son);
                   p = p -> rchild;
              }
     }
     return(b);
}

void DispTree(BTree * b)                              //以括号表示法输出二叉树
{    if (b!= NULL)
     {    printf(" % s", b -> name);
          if (b -> lchild!= NULL || b -> rchild!= NULL)
          {    printf("(");
               DispTree(b -> lchild);
               if (b -> rchild!= NULL)
                   printf(",");
               DispTree(b -> rchild);
```

```
            printf(")");
        }
    }
}
BTree * FindNode(BTree * b, char xm[])          //采用先序递归算法找 name 为 xm 的结点
{   BTree * p;
    if (b == NULL)
        return(NULL);
    else
    {   if (strcmp(b -> name, xm) == 0)
            return(b);
        else
        {   p = FindNode(b -> lchild, xm);
            if (p!= NULL)
                return(p);
            else
                return(FindNode(b -> rchild, xm));
        }
    }
}
void FindSon(BTree * b)                          //输出某人的所有儿子
{   char xm[NAMEWIDTH];
    BTree * p;
    printf("  >>父亲姓名:");
    scanf("% s", xm);
    p = FindNode(b, xm);
    if (p == NULL)
        printf("  >>不存在 % s 的父亲!\n", xm);
    else
    {   p = p -> lchild;
        if (p == NULL)
            printf("  >>% s 没有妻子\n", xm);
        else
        {   p = p -> rchild;
            if (p == NULL)
                printf("  >>% s 没有儿子!\n", xm);
            else
            {   printf("  >>% s 的儿子:", xm);
                while (p!= NULL)
                {   printf("% 10s", p -> name);
                    p = p -> rchild;
                }
                printf("\n");
            }
        }
    }
}
int Path(BTree * b, BTree * s)                    //采用后序非递归遍历方法输出从根结点到 s 结点的路径
{   BTree * St[MaxSize];
    BTree * p;
```

```
        int i,top = -1;                     //栈指针置初值
        bool flag;
        do
        {   while (b)                        //将b的所有左下结点进栈
            {   top++;
                St[top] = b;
                b = b->lchild;
            }
            p = NULL;                        //p指向当前结点的前一个已访问的结点
            flag = true;                     //flag为真表示正在处理栈顶结点
            while (top!= -1 && flag)
            {   b = St[top];                 //取出当前的栈顶元素
                if (b->rchild == p)          //右子树不存在或已被访问,访问之
                {   if (b == s)              //当前访问的结点为要找的结点,输出路径
                    {   printf("  >>所有祖先:");
                        for (i = 0;i < top;i++)
                            printf("%s ",St[i]->name);
                        printf("\n");
                        return 1;
                    }
                    else
                    {   top--;
                        p = b;               //p指向被访问的结点
                    }
                }
                else
                {   b = b->rchild;           //b指向右子树
                    flag = false;            //表示当前不是处理栈顶结点
                }
            }
        } while (top!= -1);                  //栈不空时循环
        return 0;                            //其他情况时返回0
}
void Ancestor(BTree *b)                      //输出某人的所有祖先
{   BTree *p;
    char xm[NAMEWIDTH];
    printf("  >>输入姓名:");
    scanf("%s",xm);
    p = FindNode(b,xm);
    if (p!= NULL)
        Path(b,p);
    else
        printf("  >>不存在%s\n",xm);
}
void DestroyBTree(BTree *b)                  //销毁家谱二叉树
{   if (b!= NULL)
    {   DestroyBTree(b->lchild);
        DestroyBTree(b->rchild);
        free(b);
    }
```

```
}
//----家谱文件操作算法--------------------------------------------
    void DelAll()                              //清除家谱文件全部记录
{   FILE *fp;
    if ((fp = fopen("fam.dat","wb")) == NULL)
    {   printf("  >>不能打开家谱文件\n");
        return;
    }
    n = 0;
    fclose(fp);
}
    void ReadFile()                            //读家谱文件存入 fam 数组中
{   FILE *fp;
    long len;
    int i;
    if ((fp = fopen("fam.dat","rb")) == NULL)
    {   n = 0;
        return;
    }
    fseek(fp,0,2);                             //家谱文件位置指针移到家谱文件尾
    len = ftell(fp);                           //len 求出家谱文件长度
    rewind(fp);                                //家谱文件位置指针移到家谱文件首
    n = len/sizeof(FamType);                   //n 求出家谱文件中的记录个数
    for (i = 0;i < n;i++)
        fread(&fam[i],sizeof(FamType),1,fp);   //将家谱文件中的数据读到 fam 中
    fclose(fp);
}
    void SaveFile()                            //将 fam 数组存入数据家谱文件
{   int i;
    FILE *fp;
    if ((fp = fopen("fam.dat","wb")) == NULL)
    {   printf("  >>数据家谱文件不能打开\n");
        return;
    }
    for (i = 0;i < n;i++)
        fwrite(&fam[i],sizeof(FamType),1,fp);
    fclose(fp);
}
    void InputFam()                            //添加一个记录
{   printf("  >>输入父亲、母亲和儿子姓名:");
    scanf("%s%s%s",fam[n].father,fam[n].wife,fam[n].son);
    n++;
}
    void OutputFile()                          //输出家谱文件全部记录
{   int i;
    if (n <= 0)
    {   printf("  >>没有任何记录\n");
        return;
    }
    printf("        父亲      母亲        儿子\n");
```

```
        printf("          -------------------------------- \n");
        for (i = 0;i < n;i++)
            printf("    %10s %10s %10s\n",fam[i].father,fam[i].wife,fam[i].son);
        printf("          -------------------------------- \n");
}
//--------------------------------------------------------------------------------
void Fileop()                              //家谱文件操作
{   int sel;
    do
    {   printf(">1:输入 2:输出 9:全清 0:存盘返回 请选择:");
        scanf("%d",&sel);
        switch(sel)
        {
        case 9:
            DelAll();break;
        case 1:
            InputFam();break;
        case 2:
            OutputFile();break;
        case 0:
            SaveFile();break;
        }
    } while (sel!= 0);
}
void BTreeop()                             //家谱二叉树操作
{   BTree *b;
    int sel;
    if (n == 0) return;                    //家谱记录为0时直接返回
    b = CreateBTree(fam[0].father);
    do
    {   printf(">1:括号表示法 2.找某人所有儿子 3.找某人所有祖先 0:返回 请选择:");
        scanf("%d",&sel);
        switch(sel)
        {
        case 1:
            printf("  >>");DispTree(b);printf("\n");break;
        case 2:
            FindSon(b);break;
        case 3:
            printf("  >>");Ancestor(b);break;
        }
    } while (sel!= 0);
    DestroyBTree(b);                       //销毁家谱二叉树
}
int main()
{   BTree *b;
    int sel;
    ReadFile();
    do
    {   printf("*1.文件操作 2:家谱操作 0:退出 请选择:");
```

```
        scanf(" % d",&sel);
        switch(sel)
        {
        case 1:
            Fileop();    break;
        case 2:
            BTreeop();break;
        }
    } while (sel!= 0);
    return 1;
}
```

💻 exp7-9.cpp 程序的一次执行结果如图 7.22 所示,本次实验构造的家谱二叉树如图 7.23 所示。

图 7.22　exp7-9.cpp 程序执行结果

实验题 10: 大学的数据统计

目的:掌握树的存储结构,熟练使用树遍历算法进行问题求解。

内容:编写一个程序 exp7-10,实现大学的数据统计。某大学的组织结构如表 7.2 所示,该数据存放在文本文件 abc.txt 中。要求采用树的孩子链存储结构存储它,并完成如下功能:

(1) 从 abc.txt 文件读数据到 R 数组中。

(2) 由数组 R 创建树 t 的孩子链存储结构。

(3) 采用括号表示输出树 t。

(4) 求计算机学院的专业数。

(5) 求计算机学院的班数。

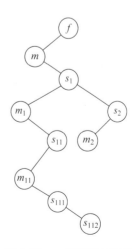

图 7.23　一棵家谱二叉树

173

表 7.2　某大学的组织结构

单位	下级单位或人数	单位	下级单位或人数
中华大学	计算机学院	物联网	物联班
中华大学	电信学院	物联班	38
计算机学院	计算机科学	电信学院	电子信息类
计算机学院	信息安全	电信学院	信息工程
计算机学院	物联网	电子信息类	电信 1 班
计算机科学	计科 1 班	电子信息类	电信 2 班
计算机科学	计科 2 班	电子信息类	电信 3 班
计算机科学	计科 3 班	电信 1 班	40
计科 1 班	32	电信 2 班	38
计科 2 班	35	电信 3 班	42
计科 3 班	33	信息工程	信息 1 班
信息安全	信安 1 班	信息工程	信息 2 班
信息安全	信安 2 班	信息 1 班	38
信安 1 班	36	信息 2 班	35
信安 2 班	38		

（6）求电信学院的学生数。

（7）求销毁树。

✍ 该大学的组织结构是一种树结构，而不是一棵二叉树。采用树的孩子链存储结构 t 存储，其结点类型如下。

```
typedef struct node
{    char data[20];                      //结点的值：单位名称或者人数
     struct node * sons[MaxSons];        //指向孩子结点
} TSonNode;                              //声明孩子链存储结构结点类型
```

在分支结点中存放单位名称，在叶子结点中存放人数，每个叶子结点对应一个班。设计的功能算法如下。

- ReadFile(RecType $R[\,]$, int &n)：读 abc. txt 文件存入 R 数组中。
- CreateTree(char root[\,], RecType $R[\,]$, int n)：由 $R[0..n\text{-}1]$ 数组创建一棵树的孩子链存储结构（根结点值为 root）并返回。
- DispTree(TSonNode * t)：用括号表示输出树 t。
- DestroyTree(TSonNode * &t)：销毁树 t。
- FindNode(TSonNode * t, char $x[\,]$)：求值为 x 的结点的指针。
- ChildCount(TSonNode * p)：求 p 所指结点的孩子个数。
- Sonnum(TSonNode * t, char $x[\,]$)：求树 t 中 x 单位的下一级单位数。
- LeafCount(TSonNode * t)：求树 t 中叶子结点个数。
- Classnum(TSonNode * t, char $x[\,]$)：求树 t 中 x 单位的班数。
- LeafSum(TSonNode * t)：求树 t 中叶子结点的数值和。
- Studnum(TSonNode * t, char $x[\,]$)：求树 t 中 x 单位的总学生人数。

实验程序 exp7-10.cpp 的结构如图 7.24 所示,图中方框表示函数,方框中指出函数名,箭头方向表示函数间的调用关系,虚线方框表示文件的组成,即指出该虚线方框中的函数存放在哪个文件中。

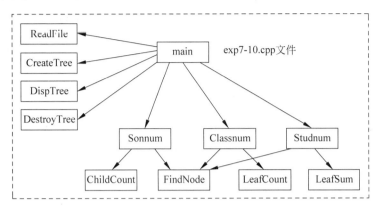

图 7.24 exp7-10.cpp 程序结构

实验程序 exp7-10.cpp 的程序代码如下:

```
# include < stdio.h >
# include < malloc.h >
# include < string.h >
# include < stdlib.h >
# define MaxSize 100                                  //最多记录个数
# define MaxSons 10                                   //最多下级单位数
typedef struct
{    char fname[20];                                  //单位名称
     char sname[20];                                  //下级单位名称或者人数
} RecType;
typedef struct node
{    char data[20];                                   //结点的值:单位名称或者人数
     struct node * sons[MaxSons];                     //指向孩子结点
} TSonNode;                                           //声明孩子链存储结构结点类型
void ReadFile(RecType R[], int &n)                    //读 abc.txt 文件存入 R 数组中
{    FILE * fp;
     n = 0;
     if ((fp = fopen("abc.txt","r")) == NULL)
     {    printf("不能打开文件 abc.txt");
          return;
     }
     while (!feof(fp))
     {    fscanf(fp," % s",&R[n].fname);               //读 fname 域数据
          fscanf(fp," % s",&R[n].sname);               //读 sname 域数据
          n++;
     }
     fclose(fp);
}
TSonNode * CreateTree(char root[],RecType R[], int n)  //创建一棵树
```

```
{    int i,j,k;
     TSonNode * t;
     t = (TSonNode * )malloc(sizeof(TSonNode));        //创建根结点
     strcpy(t->data,root);
     for (k = 0;k < MaxSons;k++)                        //结点所有指针域置为空
         t->sons[k] = NULL;
     i = 0; j = 0;
     while (i < n)
     {    if (strcmp(R[i].fname,root) == 0)             //找到 fname 为 root 的记录
          {    t->sons[j] = CreateTree(R[i].sname,R,n);
               j++;
          }
          i++;
     }
     return t;
}
void DispTree(TSonNode * t)                             //输出孩子链存储结构
{    int i;
     if (t!= NULL)
     {    printf("% s",t->data);
          if (t->sons[0]!= NULL)                        //t 结点至少有一个孩子
          {    printf("(");                             //输出一个左括号
               for (i = 0;i < MaxSons;i++)
               {    DispTree(t->sons[i]);
                    if (t->sons[i + 1]!= NULL)          //如果有下一个孩子
                         printf(",");                   //输出一个","
                    else                                //如果没有下一个孩子
                         break;                         //退出循环
               }
               printf(")");                             //输出一个右括号
          }
     }
}

void DestroyTree(TSonNode * &t)                         //销毁树 t
{    int i;
     if (t!= NULL)
     {    for (i = 0;i < MaxSons;i++)
          {    if (t->sons[i]!= NULL)                   //有子树
                    DestroyTree(t->sons[i]);            //销毁该子树
               else                                     //再没有子树
                    break;                              //退出循环
          }
          free(t);                                      //释放根结点
     }
}

TSonNode * FindNode(TSonNode * t,char x[])              //求 x 结点的指针
{    int i;
     TSonNode * p;
```

```
        if (t == NULL)
            return NULL;
        else if (strcmp(t->data, x) == 0)                //找到值为 x 的结点
            return t;
        else
        {   for (i = 0; i < MaxSons; i++)
                if (t->sons[i] != NULL)
                {   p = FindNode(t->sons[i], x);
                    if (p != NULL) return p;
                }
                else break;
            return NULL;
        }
}
int ChildCount(TSonNode * p)                             //求 p 所指结点的孩子个数
{   int i, num = 0;
    for (i = 0; i < MaxSons; i++)
        if (p->sons[i] != NULL)
            num++;
        else
            break;
    return num;
}
int Sonnum(TSonNode * t, char x[])                       //求 x 单位的下一级单位数
{   TSonNode * p;
    p = FindNode(t, x);
    if (p == NULL)
        return 0;
    else
        return ChildCount(p);
}
int LeafCount(TSonNode * t)                              //求树中叶子结点个数
{   int i, num = 0;
    if (t == NULL)
        return 0;
    else
    {   if (t->sons[0] == NULL)                          //t 为叶子结点
            num++;
        else                                            //t 不为叶子结点
        {   for (i = 0; i < MaxSons; i++)
                if (t->sons[i] != NULL)
                    num += LeafCount(t->sons[i]);
                else break;
        }
        return num;
    }
}
int Classnum(TSonNode * t, char x[])                     //求 x 单位的班数
```

```
{    TSonNode * p;
     p = FindNode(t, x);
     if (p == NULL)
          return 0;
     else
          return LeafCount(p);
}
int LeafSum(TSonNode * t)                        //求树中叶子结点的数值和
{    int i, sum = 0;
     if (t == NULL)
          return 0;
     else
     {    if (t -> sons[0] == NULL)              //t 为叶子结点
               return atoi(t -> data);
          else                                   //t 不为叶子结点
          {    for (i = 0; i < MaxSons; i++)
                    if (t -> sons[i]!= NULL)
                         sum += LeafSum(t -> sons[i]);
                    else break;
          }
          return sum;
     }
}
int Studnum(TSonNode * t, char x[ ])             //求 x 单位的总学生人数
{    TSonNode * p;
     p = FindNode(t, x);
     if (p == NULL)
          return 0;
     else
          return LeafSum(p);
}
int main()
{    TSonNode * t;
     RecType R[MaxSize];
     int n;
     printf("(1)从 abc.txt 文件读数据到 R 数组中\n");
     ReadFile(R, n);
     if (n == 0) return 1;                       //记录个数为 0 时直接返回
     printf("(2)由数组 R 创建树 t 的孩子链存储结构\n");
     t = CreateTree(R[0].fname, R, n);           //创建一棵树
     printf("(3)输出树 t:"); DispTree(t); printf("\n");
     printf("(4)求计算机学院的专业数:%d\n", Sonnum(t, "计算机学院"));
     printf("(5)求计算机学院的班数:%d\n", Classnum(t, "计算机学院"));
     printf("(6)求电信学院的学生数:%d\n", Studnum(t, "电信学院"));
     printf("(7)销毁树 t\n");
     DestroyTree(t);
     return 1;
}
```

exp7-10.cpp 程序的执行结果如图 7.25 所示。

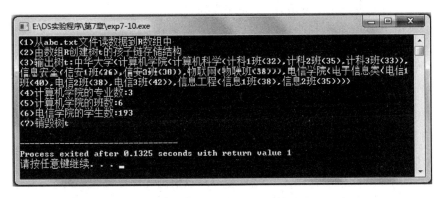

图 7.25 exp7-10.cpp 程序执行结果

实验题 11：二叉树的序列化和反序列化

目的：深入掌握二叉树的遍历和构造算法。

内容：编写一个程序 exp7-11，实现二叉树的序列化和反序列化。

这里介绍通过先序遍历实现二叉树的序列化和反序列化(也可以采用层次遍历实现序列化和反序列化)，假设二叉树每个结点值为单个字符(不含"♯"，这里用"♯"字符表示对应空结点)。所谓序列化，就是对二叉树进行先序遍历产生一个字符序列的过程，与一般先序遍历不同的是，这里还要记录空结点。

例如，如图 7.26 所示的一棵二叉树，一般的先序遍历序列是"ABDEGCFHI"，而这里的先序序列化的结果是"ABD♯♯E♯G♯♯C♯FH♯♯I♯♯"。相当于在二叉树中标记上所有的空结点，如图 7.27 所示(也称为扩展二叉树)，然后进行先序遍历。

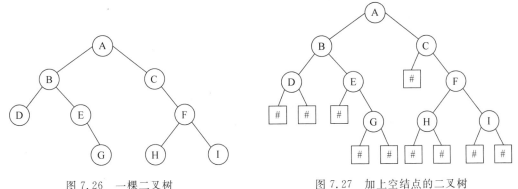

图 7.26 一棵二叉树　　　　图 7.27 加上空结点的二叉树

所谓反序列化，就是通过先序序列化的结果串 str 构建对应的二叉树，其过程是：用 i 从头到尾扫描 str，采用先序方法，当 i 超界时返回 NULL；否则当遇到"♯"字符，返回 NULL，当遇到其他字符时，创建一个结点，然后递归构造它的左右子树。可以证明，采用先序遍历实现的二叉树序列化和反序列化结果是唯一的。

实现上述过程，完成如下功能：

(1) 创建二叉链 b。

（2）采用括号表示输出二叉链 *b*。

（3）对二叉链 *b* 进行先序遍历,产生先序序列化序列 str。

（4）输出串 str。

（5）由 str 构建二叉链 *b*1(反序列化)。

（6）采用括号表示输出二叉链 *b*1。

（7）销毁二叉链 *b* 和 *b*1。

串的操作可以使用本书第 4 章设计的串基本运算算法。

✍ 编写程序 preseq.cpp,包含功能算法如下。

- PreOrderSeq(BTNode * *b*):由二叉链 *b* 产生先序序列化序列 str 并返回。其思路是:若 *b* 为空,返回"#"串;否则产生 *b* 结点值的先序序列化序列串 s_1,递归调用产生左、右子树的先序序列化序列 s_2 和 s_3,返回 s_1、s_2 和 s_3 的连接结果。

- CreatePreSeq(SqString str):采用反序列化的思路,由先序序列化序列 str 创建二叉链并返回根结点。

preseq.cpp 程序的代码如下:

```cpp
# include "btree.cpp"                          //包含二叉树的基本运算算法
# include "sqstring.cpp"                        //包含顺序串的基本运算算法
int i = 0;                                      //全局变量
SqString PreOrderSeq(BTNode * b)               //由二叉链 b 产生先序序列化序列 str
{   SqString str,str1,leftstr,rightstr;
    if (b == NULL)
    {   StrAssign(str,"#");
        return str;
    }
    str.data[0] = b->data; str.length = 1;//构造只有 b->data 字符的字符串 str
    leftstr = PreOrderSeq(b->lchild);
    str1 = Concat(str,leftstr);
    rightstr = PreOrderSeq(b->rchild);
    str = Concat(str1,rightstr);
    return str;
}

BTNode * CreatePreSeq(SqString str)            //由先序序列化序列 str 创建二叉链并返回根结点
{   BTNode * b;
    char value;
    if (i >= str.length)                        //i 超界返回空
        return NULL;
    value = str.data[i]; i++;                    //从 str 中取出一个字符 value
    if (value == '#')                            //若 value 为'#',返回空
        return NULL;
    b = (BTNode * )malloc(sizeof(BTNode)); //创建根结点
    b->data = value;
    b->lchild = CreatePreSeq(str);           //递归构造左子树
    b->rchild = CreatePreSeq(str);           //递归构造右子树
    return b;                                    //返回根结点
}
```

编写实验程序 exp7-11.cpp,其结构如图 7.28 所示,图中方框表示函数,方框中指出函数名,箭头方向表示函数间的调用关系,虚线方框表示文件的组成,即指出该虚线方框中的函数存放在哪个文件中。

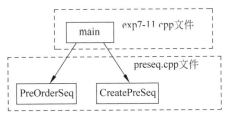

图 7.28　exp7-11.cpp 程序结构

实验程序 exp7-11.cpp 的程序代码如下:

```cpp
# include "preseq.cpp"                    //包含序列化和反序列化算法
int main()
{    BTNode * b, * b1;
     SqString str;
     printf("(1)创建二叉链 b\n");
     CreateBTree(b,"A(B(D,E(,G)),C(,F(H,I)))");
     printf("(2)二叉树 b:");DispBTree(b);printf("\n");
     printf("(3)对 b 进行先序遍历,产生先序序列化序列 str\n");
     str = PreOrderSeq(b);
     printf("(4)str:"); DispStr(str);
     printf("(5)由 str 构建二叉链 b1\n");
     b1 = CreatePreSeq(str);
     printf("(6)二叉树 b1:");DispBTree(b1);printf("\n");
     printf("(7)销毁 b 和 b1\n");
     DestroyBTree(b);
     DestroyBTree(b1);
     return 1;
}
```

exp7-11.cpp 程序的执行结果如图 7.29 所示。

图 7.29　exp7-11.cpp 程序执行结果

实验题 12：判断二叉树 *b1* 中是否有与 *b2* 相同的子树

目的：深入掌握二叉树的遍历算法。

内容：编写一个程序 exp7-12，判断二叉树 *b1* 中是否有与 *b2* 相同的子树。要求算法尽可能高效。

✍ 采用前一个实验的序列化思路，求出 *b1* 的先序序列化序列 *s1*、*b2* 的先序序列化序列 *s2*，若 *s2* 是 *s1* 的子串，则 *b1* 中有与 *b2* 相同的子树；否则，*b1* 中没有与 *b2* 相同的子树。为了高效，串的匹配采用 KMP 算法。exp7-12.cpp 中包含的功能算法如下。

- GetNext(SqString *t*,int next[])：由模式串 *t* 求出 next 数组值。
- KMPIndex(SqString *s*,SqString *t*)：串 *s* 和 *t* 的模式匹配 KMP 算法。
- isSubtree(BTNode *∗b1*,BTNode *∗b2*)：判断 *b2* 是否是 *b1* 的子树。

编写实验程序 exp7-12.cpp，其结构如图 7.30 所示，图中方框表示函数，方框中指出函数名，箭头方向表示函数间的调用关系，虚线方框表示文件的组成，即指出该虚线方框中的函数存放在哪个文件中。

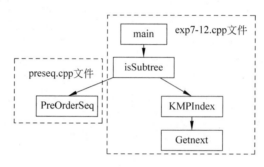

图 7.30　exp7-12.cpp 程序结构

⌨ 实验程序 exp7-12.cpp 的程序代码如下：

```
#include "preseq.cpp"                     //包含序列化和反序列化算法
//GetNext 和 KMPIndex 函数的代码参见本书第 4 章实验题 3
bool isSubtree(BTNode ∗ b1,BTNode ∗ b2)   //判断 b2 是否是 b1 的子树
{    SqString s1 = PreOrderSeq(b1);       //求 b1 的先序序列化序列 s1
     SqString s2 = PreOrderSeq(b2);       //求 b2 的先序序列化序列 s2
     if (KMPIndex(s1,s2)!= -1)            //若 s2 是 s1 的子串,返回真
         return true;
     else                                 //若 s2 不是 s1 的子串,返回假
         return false;
}
int main()
{    BTNode ∗ b1, ∗ b2;
     CreateBTree(b1,"A(B(D,E(,G)),C(,F(H,I)))");
     printf("二叉树 b1:");DispBTree(b1);printf("\n");
     CreateBTree(b2,"C(,F(H,I))");
     printf("二叉树 b2:");DispBTree(b2);printf("\n");
     if (isSubtree(b1,b2))
         printf("结果: b2 是 b1 的子树\n");
```

```
        else
            printf("结果: b2 不是 b1 的子树\n");
    DestroyBTree(b1); DestroyBTree(b2);
    return 1;
}
```

💻 exp7-12.cpp 程序的执行结果如图 7.31 所示。

图 7.31 exp7-12.cpp 程序执行结果

实验题 13: 判断二叉树 *b*1 中是否有与 *b*2 树结构相同的子树

目的: 深入掌握二叉树的遍历算法。

内容: 编写一个程序 exp7-13, 判断二叉树 *b*1 中是否有与 *b*2 树结构相同的子树。要求算法尽可能高效。

✍ 采用前面实验的序列化思路, 求出 *b*1 的先序序列化序列 *s*1、*b*2 的先序序列化序列 *s*2, 由于这里仅仅考虑树结构是否相同, 所以在先序序列化序列中用特殊字符(如'@')代替结点值。若 *s*2 是 *s*1 的子串, 则 *b*1 中有与 *b*2 树结构相同的子树; 否则, *b*1 中没有与 *b*2 树结构相同的子树。有关程序结构和算法原理与实验题 12 类似。

📇 实验程序 exp7-13.cpp 的程序代码如下:

```
# include "preseq.cpp"              //包含序列化和反序列化算法
//GetNext 和 KMPIndex 函数的代码参见第 4 章实验题 3
SqString PreOrderSeq1(BTNode * b)          //由二叉链 b 产生先序序列化序列 str
{   SqString str,str1,leftstr,rightstr;
    if (b == NULL)
    {   StrAssign(str,"#");
        return str;
    }
    str.data[0] = '@'; str.length = 1;     //构造只有特殊字符'@'的字符串 str
    leftstr = PreOrderSeq1(b->lchild);
    str1 = Concat(str,leftstr);
    rightstr = PreOrderSeq1(b->rchild);
    str = Concat(str1,rightstr);
    return str;
}
bool isSubtree1(BTNode * b1,BTNode * b2)  //判断 b1 中是否有与 b2 树结构相同的子树
{   SqString s1 = PreOrderSeq1(b1);        //求 b1 的先序序列化序列 s1
```

```
        SqString s2 = PreOrderSeq1(b2);       //求 b2 的先序序列化序列 s2
        if (KMPIndex(s1,s2)!= -1)              //若 s2 是 s1 的子串,返回真
            return true;
        else                                    //若 s2 不是 s1 的子串,返回假
            return false;
}
int main()
{    BTNode *b1,*b2;
    CreateBTree(b1,"A(B(D,E(,G)),C(,F(H,I)))");
    printf("二叉树 b1:");DispBTree(b1);printf("\n");
    CreateBTree(b2,"c(,f(h,i))");
    printf("二叉树 b2:");DispBTree(b2);printf("\n");
    if (isSubtree1(b1,b2))
        printf("结果: b1 中有与 b2 树结构相同的子树\n");
    else
        printf("结果: b1 中没有与 b2 树结构相同的子树\n");
    DestroyBTree(b1); DestroyBTree(b2);
    return 1;
}
```

exp7-13.cpp 程序的执行结果如图 7.32 所示。

图 7.32 exp7-13.cpp 程序执行结果

第 **8** 章 图

实验题1：实现图的邻接矩阵和邻接表存储

目的：领会图的两种主要存储结构和图基本运算算法设计。

内容：编写一个程序 graph.cpp，设计带权图的邻接矩阵与邻接表的创建和输出运算，并在此基础上设计一个主程序，完成如下功能：

(1) 建立如图8.1所示的有向图 G 的邻接矩阵，并输出之。

(2) 建立如图8.1所示的有向图 G 的邻接表，并输出之。

(3) 销毁图 G 的邻接表。

✍ 根据《教程》中8.2节的算法得到 graph.cpp 程序，其中包含如下函数。

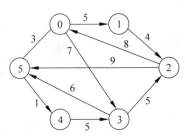

图 8.1 一个带权有向图

- CreateMat (MatGraph $\&g$, int A [MAXV] [MAXV], int n, int e)：由边数组 A、顶点数 n 和边数 e 创建图的邻接矩阵 $\boldsymbol{g}$。
- DispMat(MatGraph g)：输出邻接矩阵 $\boldsymbol{g}$。
- CreateAdj(AdjGraph $* \& G$, int A[MAXV][MAXV], int n, int e)：由边数组 A、顶点数 n 和边数 e 创建图的邻接表 G。
- DispAdj(AdjGraph $* G$)：输出邻接表 G。
- DestroyAdj(AdjGraph $* \& G$)：销毁图的邻接表 G。

对应的程序代码如下（设计思路详见代码中的注释）：

```
# include <stdio.h>
# include <malloc.h>
# define INF 32767              //定义∞
# define MAXV 100               //最大顶点个数
typedef char InfoType;
//以下定义邻接矩阵类型
typedef struct
{   int no;                     //顶点编号
    InfoType info;              //顶点其他信息
} VertexType;                   //顶点类型
typedef struct
{   int edges[MAXV][MAXV];      //邻接矩阵数组
    int n,e;                    //顶点数、边数
    VertexType vexs[MAXV];      //存放顶点信息
} MatGraph;                     //完整的图邻接矩阵类型
                                //以下定义邻接表类型

typedef struct ANode
{   int adjvex;                 //该边的邻接点编号
```

```
        struct ANode * nextarc;              //指向下一条边的指针
        int weight;                          //该边的相关信息,如权值(用整型表示)
    } ArcNode;                               //边结点类型
typedef struct Vnode
{    InfoType info;                          //顶点其他信息
     int count;                              //存放顶点入度,仅仅用于拓扑排序
     ArcNode * firstarc;                     //指向第一条边
} VNode;                                     //邻接表头结点类型
typedef struct
{    VNode adjlist[MAXV];                    //邻接表头结点数组
     int n,e;                                //图中顶点数 n 和边数 e
} AdjGraph;                                  //完整的图邻接表类型
//---- 邻接矩阵的基本运算算法 -----------------------------------
void CreateMat(MatGraph &g,int A[MAXV][MAXV],int n,int e)    //创建图的邻接矩阵
{    int i,j;
     g.n = n; g.e = e;
     for (i = 0;i < g.n;i++)
         for (j = 0;j < g.n;j++)
             g.edges[i][j] = A[i][j];
}

void DispMat(MatGraph g)                               //输出邻接矩阵 g
{    int i,j;
     for (i = 0;i < g.n;i++)
     {    for (j = 0;j < g.n;j++)
             if (g.edges[i][j]!= INF)
                 printf(" % 4d",g.edges[i][j]);
             else
                 printf(" % 4s","∞");
         printf("\n");
     }
}

//---- 邻接表的基本运算算法 -----------------------------------
void CreateAdj(AdjGraph * &G,int A[MAXV][MAXV],int n,int e)    //创建图的邻接表
{    int i,j;
     ArcNode * p;
     G = (AdjGraph * )malloc(sizeof(AdjGraph));
     for (i = 0;i < n;i++)                          //给邻接表中所有头结点的指针域置初值
         G -> adjlist[i]. firstarc = NULL;
     for (i = 0;i < n;i++)                          //检查邻接矩阵中的每个元素
         for (j = n - 1;j > = 0;j -- )
             if (A[i][j]!= 0 && A[i][j]!= INF)     //存在一条边
             {    p = (ArcNode * )malloc(sizeof(ArcNode));    //创建一个结点 p
                  p -> adjvex = j;
                  p -> weight = A[i][j];
                  p -> nextarc = G -> adjlist[i]. firstarc;    //采用头插法插入结点 p
                  G -> adjlist[i]. firstarc = p;
             }
     G -> n = n; G -> e = n;
}
void DispAdj(AdjGraph * G)                             //输出邻接表 G
```

```
{   ArcNode * p;
    for (int i = 0;i < G->n;i++)
    {   p = G->adjlist[i].firstarc;
        printf("%3d: ",i);
        while (p!= NULL)
        {   printf("%3d[%d]→",p->adjvex,p->weight);
            p = p->nextarc;
        }
        printf("∧\n");
    }
}
void DestroyAdj(AdjGraph *&G)//销毁图的邻接表
{   ArcNode * pre, * p;
    for (int i = 0;i < G->n;i++)           //扫描所有的单链表
    {   pre = G->adjlist[i].firstarc;      //p指向第 i 个单链表的首结点
        if (pre!= NULL)
        {   p = pre->nextarc;
            while (p!= NULL)               //释放第 i 个单链表的所有边结点
            {   free(pre);
                pre = p; p = p->nextarc;
            }
            free(pre);
        }
    }
    free(G);                               //释放头结点数组
}
```

实验程序 exp8-1.cpp 的结构如图 8.2 所示,图中方框表示函数,方框中指出函数名,箭头方向表示函数间的调用关系,虚线方框表示文件的组成,即指出该虚线方框中的函数存放在哪个文件中。

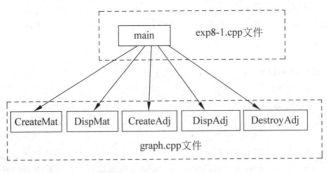

图 8.2　exp8-1.cpp 程序结构

实验程序 exp8-1.cpp 的程序代码如下:

```
# include "graph.cpp"                      //包含图的存储结构及基本运算算法
int main()
{   MatGraph g;
    AdjGraph * G;
```

```
int A[MAXV][MAXV] = {
    {0,5,INF,7,INF,INF},    {INF,0,4,INF,INF,INF},
    {8,INF,0,INF,INF,9},    {INF,INF,5,0,INF,6},
    {INF,INF,INF,5,0,INF},  {3,INF,INF,INF,1,0}};
int n = 6,e = 10;                    //图 8.1 中的数据
CreateMat(g,A,n,e);
printf("(1)图 G 的邻接矩阵:\n");    DispMat(g);
CreateAdj(G,A,n,e);
printf("(2)图 G 的邻接表:\n"); DispAdj(G);
printf("(3)销毁图 G 的邻接表\n");
DestroyAdj(G);
return 1;
}
```

💻 exp8-1.cpp 程序的执行结果如图 8.3 所示。

图 8.3   exp8-1.cpp 程序执行结果

实验题 2: 实现图的遍历算法

目的: 领会图的两种遍历算法。

内容: 编写一个程序 travsal.cpp,实现图的两种遍历运算,并在此基础上设计一个程序 exp8-2.cpp,完成如下功能:

(1) 输出如图 8.1 所示的有向图 G 从顶点 0 开始的深度优先遍历序列(递归算法)。

(2) 输出如图 8.1 所示的有向图 G 从顶点 0 开始的深度优先遍历序列(非递归算法)。

(3) 输出如图 8.1 所示的有向图 G 从顶点 0 开始的广度优先遍历序列。

✍ 根据《教程》中 8.3 节的算法得到 travsal.cpp 程序,其中包含如下函数。

- DFS(G,v): 以递归的方法从顶点 v 深度优先遍历图 G。

- DFS1(G,v): 以非递归的方法从顶点 v 深度优先遍历图 G。

- BFS(G,v): 从顶点 v 广度优先遍历图 G。

DFS1(G,v)算法的思路如下：

```
栈 St 初始化,visited 数组所有元素初始化为 0;
访问顶点 v,visited[v] = 1; 顶点 v 进栈 St;
while(栈 St 非空)
{   取 St 的栈顶顶点 x(不退栈);
    找顶点 x 的第一个相邻点;
    while (顶点 x 存在相邻点 w)
    {   if (顶点 w 没有访问过)
        {   访问顶点 w 并置 visited[w] = 1;
            将顶点 w 进栈;
            退出第 2 重循环;
        }
        继续找 x 的其他相邻点;
    }
    if (顶点 x 没有其他相邻点) 将 x 退栈;
}
```

travsal. cpp 程序代码如下(设计思路详见代码中的注释):

```
# include "graph.cpp"                              //包含图的存储结构及基本运算算法
int visited[MAXV];                                 //全局数组
void DFS(AdjGraph * G, int v)                       //递归深度优先遍历算法
{   ArcNode * p;
    printf("% 3d",v);visited[v] = 1;                //访问顶点 v,并置已访问标记
    p = G−>adjlist[v].firstarc;                     //p 指向顶点 v 的第一条弧的弧头结点
    while (p!= NULL)
    {   if (visited[p−>adjvex] == 0)                 //若 p−>adjvex 顶点未访问,递归访问它
            DFS(G,p−>adjvex);
        p = p−>nextarc;                             //p 指向顶点 v 的下一条弧的弧头结点
    }
}
void DFS1(AdjGraph * G, int v)                       //非递归深度优先遍历算法
{   ArcNode * p;
    int St[MAXV];
    int top = − 1,w,x,i;
    for (i = 0;i<G−>n;i++) visited[i] = 0;           //顶点访问标志均置成 0
    printf("% 3d",v);                               //访问顶点 v
    visited[v] = 1;                                 //置顶点 v 已访问
    top++; St[top] = v;                             //将顶点 v 进栈
    while (top>− 1)                                 //栈不空循环
    {   x = St[top];                                //取栈顶顶点 x 作为当前顶点
        p = G−>adjlist[x].firstarc;                 //找顶点 x 的第一个相邻点
        while (p!= NULL)
        {   w = p−>adjvex;                          //x 的相邻点为 w
            if (visited[w] == 0)                     //若顶点 w 没有访问
            {   printf("% 3d",w);                   //访问顶点 w
                visited[w] = 1;                     //置顶点 w 已访问
                top++;                              //将顶点 w 进栈
```

```
                St[top] = w;
                break;                          //退出循环,即再处理栈顶的顶点(体现后进先出)
            }
            p = p->nextarc;                     //找顶点 x 的下一个相邻点
        }
        if (p == NULL) top--;                   //若顶点 x 再没有相邻点,将其退栈
    }
    printf("\n");
}
void BFS(AdjGraph * G, int v)                   //广度优先遍历算法
{   ArcNode * p;
    int queue[MAXV], front = 0, rear = 0;       //定义环形队列并初始化
    int visited[MAXV];                          //定义存放顶点的访问标志的数组
    int w, i;
    for (i = 0; i < G->n; i++) visited[i] = 0;  //访问标志数组初始化
    printf(" %3d", v);                          //输出被访问顶点的编号
    visited[v] = 1;                             //置已访问标记
    rear = (rear + 1) % MAXV;
    queue[rear] = v;                            //v 进队
    while (front!= rear)                        //若队列不空时循环
    {   front = (front + 1) % MAXV;
        w = queue[front];                       //出队并赋给 w
        p = G->adjlist[w].firstarc;             //找顶点 w 的第一个相邻点
        while (p!= NULL)
        {   if (visited[p->adjvex] == 0)        //若相邻点未被访问
            {   printf(" %3d", p->adjvex);      //访问相邻点
                visited[p->adjvex] = 1;         //置该顶点已被访问的标志
                rear = (rear + 1) % MAXV;       //该顶点进队
                queue[rear] = p->adjvex;
            }
            p = p->nextarc;                     //找下一个相邻点
        }
    }
    printf("\n");
}
```

实验程序 exp8-2.cpp 的结构如图 8.4 所示,图中方框表示函数,方框中指出函数名,箭头方向表示函数间的调用关系,虚线方框表示文件的组成,即指出该虚线方框中的函数存放在哪个文件中。

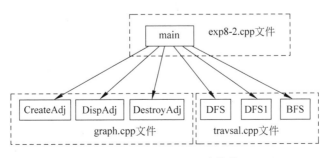

图 8.4 exp8-2.cpp 程序结构

实验程序 exp8-2.cpp 的程序代码如下:

```
#include "travsal.cpp"
int main()
{    AdjGraph * G;
     int A[MAXV][MAXV] = {
         {0,5,INF,7,INF,INF},{INF,0,4,INF,INF,INF},
         {8,INF,0,INF,INF,9},{INF,INF,5,0,INF,6},
         {INF,INF,INF,5,0,INF},    {3,INF,INF,INF,1,0}};
     int n = 6,e = 10;                    //图 8.1 中的数据
     CreateAdj(G,A,n,e);
     printf("图 G 的邻接表:\n"); DispAdj(G);
     printf("从顶点 0 开始的 DFS(递归算法):\n");
     DFS(G,0);printf("\n");
     printf("从顶点 0 开始的 DFS(非递归算法):\n");
     DFS1(G,0);
     printf("从顶点 0 开始的 BFS:\n");
     BFS(G,0);
     DestroyAdj(G);
     return 1;
}
```

exp8-2.cpp 程序的执行结果如图 8.5 所示。

图 8.5 exp8-2.cpp 程序执行结果

实验题 3:求连通图的所有深度优先遍历序列

目的:领会图的深度优先遍历算法。

内容:编写一个程序 exp8-3.cpp,假设一个连通图采用邻接表存储,输出它的所有深度优先遍历序列。并求《教程》中图 8.1(a)从顶点 1 出发的所有深度优先遍历序列。

根据《教程》中 8.3 节的算法得到 exp8-3.cpp 程序,其中包含如下函数。

- DFSALL(ALGraph * G,int v,int path[],int d):求图 G 中从顶点 v 出发的所有深度优先遍历序列。path 数组记录访问过的顶点序列,d 记录访问的顶点数,其初值为 0,当 $d = n$ 时输出 path 中的访问序列。

实验程序 exp8-3.cpp 的结构如图 8.6 所示,图中方框表示函数,方框中指出函数名,箭头方向表示函数间的调用关系,虚线方框表示文件的组成,即指出该虚线方框中的函数存放在哪个文件中。

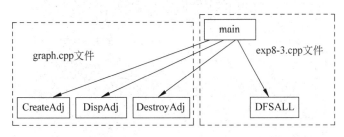

图 8.6 exp8-3.cpp 程序结构

实验程序 exp8-3.cpp 的程序代码如下:

```cpp
#include "graph.cpp"                    //包含图的存储结构及基本运算算法
int visited[MAXV];
void DFSALL(AdjGraph *G,int v,int path[],int d)
{    ArcNode *p;
     visited[v] = 1;                    //置已访问标记
     path[d] = v;
     d++;
     if (d == G->n)                     //如果已访问所有顶点,则输出访问序列
     {    for (int k = 0;k < d;k++)
              printf(" %2d",path[k]);
          printf("\n");
     }
     p = G->adjlist[v].firstarc;        //p指向顶点v的第一个相邻点
     while (p!= NULL)
     {    if (visited[p->adjvex] == 0)  //若 p->adjvex 顶点未访问,递归访问它
              DFSALL(G,p->adjvex,path,d);
          p = p->nextarc;               //找顶点v的下一个相邻点
     }
     visited[v] = 0;
}
int main()
{    AdjGraph *G;
     int A[MAXV][MAXV] = {{0,1,0,1,1},{1,0,1,1,0},
                    {0,1,0,1,1},{1,1,1,0,1},{1,0,1,1,0}};
     int n = 5,e = 8;                   //《教程》中图 8.1 中的数据
     CreateAdj(G,A,n,e);
     printf("图 G 的邻接表:\n"); DispAdj(G);
     int path[MAXV],v = 1;
     printf("从顶点 %d 出发的所有深度优先序列:\n",v);
     DFSALL(G,v,path,0);
     printf("\n");
     DestroyAdj(G);
     return 1;
}
```

💻 exp8-3.cpp 程序的执行结果如图 8.7 所示。

图 8.7   exp8-3.cpp 程序执行结果

说明：同一个图 G 的邻接表表示可能不唯一，本算法并不能真正产生图 G 的所有深度优先遍历序列，而是针对给定的某种邻接表来找所有深度优先遍历序列。

实验题 4：求连通图的深度优先生成树和广度优先生成树

目的：领会图的深度优先遍历算法、广度优先遍历算法和生成树的概念。

内容：编写一个程序 exp8-4.cpp，输出一个连通图的深度优先生成树和广度优先生成树。并对《教程》中的图 8.24，求从顶点 3 出发的一棵深度优先生成树和一棵广度优先生成树。

✍ 根据《教程》中 8.4 节的算法得到 exp8-4.cpp 程序，其中包含如下函数。

• DFSTree(AdjGraph $*G$, int v)：求图 G 从顶点 v 出发的深度优先生成树。

• BFSTree(AdjGraph $*G$, int v)：求图 G 从顶点 v 出发的广度优先生成树。

实验程序 exp8-4.cpp 的结构如图 8.8 所示，图中方框表示函数，方框中指出函数名，箭头方向表示函数间的调用关系，虚线方框表示文件的组成，即指出该虚线方框中的函数存放在哪个文件中。

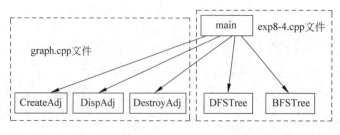

图 8.8   exp8-4.cpp 程序结构

实验程序 exp8-4.cpp 的程序代码如下：

```
# include "graph.cpp"                         //包含图的存储结构及基本运算算法
# define MaxSize 100
int visited[MAXV] = {0};
void DFSTree(AdjGraph * G, int v)              //求图 G 从顶点 v 出发的深度优先生成树
{   ArcNode * p;
    visited[v] = 1;                            //置已访问标记
    p = G->adjlist[v].firstarc;                //p 指向顶点 v 的第一个相邻点
    while (p!= NULL)
    {   if (visited[p->adjvex] == 0)           //若 p->adjvex 顶点未访问,递归访问它
        {   printf("( % d, % d) ", v, p->adjvex);
            DFSTree(G, p->adjvex);
        }
        p = p->nextarc;                        //p 指向顶点 v 的下一个相邻点
    }
}
void BFSTree(AdjGraph * G, int v)              //求图 G 从顶点 v 出发的广度优先生成树
{   int w, i;
    int qu[MAXV];                              //定义环形队列
    int front = 0, rear = 0;
    ArcNode * p;
    int visited[MAXV];                         //定义顶点访问标志数组
    for (i = 0; i < G->n; i++) visited[i] = 0; //访问标志数组初始化
    visited[v] = 1;                            //置已访问标记
    rear++;                                    //顶点 v 进队
    qu[rear] = v;
    while (front!= rear)                       //队不空循环
    {   front = (front + 1) % MAXV;            //出队一个顶点 w
        w = qu[front];
        p = G->adjlist[w].firstarc;            //p 指向 w 的第一个相邻点
        while (p!= NULL)                       //查找 w 的所有相邻点
        {   if (visited[p->adjvex] == 0)       //若当前邻接点未被访问
            {   printf("( % d, % d) ", w, p->adjvex);
                visited[p->adjvex] = 1;        //置已访问标记
                rear = (rear + 1) % MAXV;      //顶点 p->adjvex 进队
                qu[rear] = p->adjvex;
            }
            p = p->nextarc;                    //p 指向顶点 v 的下一个相邻点
        }
    }
    printf("\n");
}
int main()
{   AdjGraph * G;
    int A[MAXV][MAXV];
    int n = 11, e = 13;
    for (int i = 0; i < n; i++)
        for (int j = 0; j < n; j++)
            A[i][j] = 0;
```

```
A[0][1] = 1; A[0][2] = 1; A[0][3] = 1;
A[1][0] = 1; A[1][4] = 1; A[1][5] = 1;
A[2][0] = 1; A[2][3] = 1; A[2][5] = 1; A[2][6] = 1;
A[3][0] = 1; A[3][2] = 1; A[3][7] = 1;
A[4][1] = 1;A[5][1] = 1; A[5][2] = 1;
A[6][2] = 1; A[6][7] = 1; A[6][8] = 1; A[6][9] = 1;
A[7][3] = 1; A[7][6] = 1; A[7][10] = 1;
A[8][6] = 1;A[9][6] = 1;A[10][7] = 1;
CreateAdj(G,A,n,e);                      //建立《教程》中图8.24的邻接表
printf("图G的邻接表:\n");
DispAdj(G);                              //输出邻接表G
int v = 3;
printf("深度优先生成树:\n");DFSTree(G,v);printf("\n");
printf("广度优先生成树:\n");BFSTree(G,v);
DestroyAdj(G);                           //销毁邻接表
return 1;
}
```

💻 exp8-4.cpp 程序的执行结果如图8.9所示。

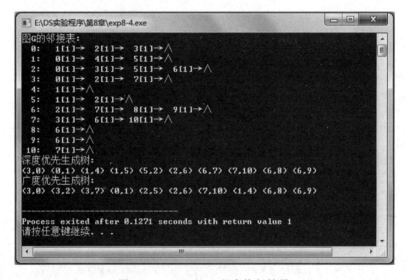

图8.9　exp8-4.cpp程序执行结果

实验题5：采用普里姆算法求最小生成树

目的：领会普里姆算法求带权连通图中最小生成树的过程和相关算法设计。

内容：编写一个程序 exp8-5.cpp，实现求带权连通图最小生成树的普里姆算法。对于如图8.10所示的带权连通图，输出从顶点0出发的一棵最小生成树。

✍ 根据《教程》中8.4.3小节的算法得到 exp8-5.cpp 程序，其中包含如下函数。

• Prim(g,v)：采用普里姆算法输出图 g 中从顶点 v 出发的一棵最小生成树。

实验程序 exp8-5.cpp 的结构如图8.11所示，图中方框表示函数，方框中指出函数名，箭头方向表示函数间的调用关系，虚线方框表示文件的组成，即指出该虚线方框中的函数存放在哪个文件中。

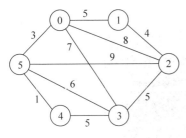

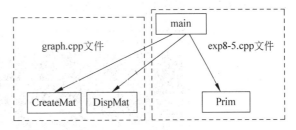

图 8.10　一个带权连通图　　　　　图 8.11　exp8-5.cpp 程序结构

 实验程序 exp8-5.cpp 的程序代码如下:

```cpp
//文件名:exp8-5.cpp
#include "graph.cpp"                    //包含图的存储结构及基本运算算法
void Prim(MatGraph g,int v)
{   int lowcost[MAXV],min,n = g.n;
    int closest[MAXV],i,j,k;
    for (i = 0;i < n;i++)               //给 lowcost[]和 closest[]置初值
    {   lowcost[i] = g.edges[v][i];
        closest[i] = v;
    }
    for (i = 1;i < n;i++)               //找出 n-1 个顶点
    {   min = INF;
        for (j = 0;j < n;j++)           //在(V-U)中找出离 U 最近的顶点 k
            if (lowcost[j]!= 0 && lowcost[j]< min)
            {   min = lowcost[j];
                k = j;
            }
        printf("  边(%d,%d)权为:%d\n",closest[k],k,min);
        lowcost[k] = 0;                 //标记 k 已经加入 U
        for (j = 0;j < n;j++)           //修改数组 lowcost 和 closest
            if (g.edges[k][j]!= 0 && g.edges[k][j]< lowcost[j])
            {   lowcost[j] = g.edges[k][j];
                closest[j] = k;
            }
    }
}
int main()
{   int v = 3;
    MatGraph g;
    int A[MAXV][MAXV] = {
        {0,5,8,7,INF,3},{5,0,4,INF,INF,INF},{8,4,0,5,INF,9},
        {7,INF,5,0,5,6},{INF,INF,INF,5,0,1},{3,INF,9,6,1,0}};
    int n = 6,e = 10;
    CreateMat(g,A,n,e);                 //建立图 8.10 的邻接矩阵
    printf("图 G 的邻接矩阵:\n");DispMat(g);
    printf("普里姆算法求解结果:\n");
    Prim(g,0);
    return 1;
}
```

exp8-5.cpp 程序的执行结果如图 8.12 所示。

图 8.12　exp8-5.cpp 程序执行结果

实验题 6：采用克鲁斯卡尔算法求最小生成树

目的：领会克鲁斯卡尔算法求带权连通图中最小生成树的过程和相关算法设计。

内容：编写一个程序 exp8-6.cpp，实现求带权连通图最小生成树的克鲁斯卡尔算法。对于如图 8.10 所示的带权连通图 G，输出从顶点 0 出发的一棵最小生成树。

根据《教程》中 8.4.4 小节的算法得到 exp8-6.cpp 程序，其中包含如下函数。

- InsertSort(Edge $E[\ ]$, int n)：采用直接插入排序方法对 $E[0..n-1]$ 按边权值 w 进行递增排序。

- Kruskal(MatGraph g)：采用克鲁斯卡尔算法输出图 g 的一棵最小生成树。

实验程序 exp8-6.cpp 的结构如图 8.13 所示，图中方框表示函数，方框中指出函数名，箭头方向表示函数间的调用关系，虚线方框表示文件的组成，即指出该虚线方框中的函数存放在哪个文件中。

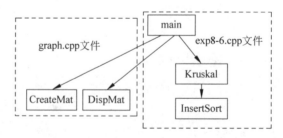

图 8.13　exp8-6.cpp 程序结构

实验程序 exp8-6.cpp 的程序代码如下：

```
# include "graph.cpp"            //包含图的存储结构及基本运算算法
# define MaxSize 100
typedef struct
```

```c
{    int u;                              //边的起始顶点
     int v;                              //边的终止顶点
     int w;                              //边的权值
} Edge;
void InsertSort(Edge E[],int n)         //采用直接插入排序方法对 E[0..n-1]按 w 递增排序
{    int i,j;
     Edge temp;
     for (i=1;i<n;i++)
     {    temp=E[i];
          j=i-1;                         //从右向左在有序区 E[0..i-1]中找 E[i]的插入位置
          while (j>=0 && temp.w<E[j].w)
          {    E[j+1]=E[j];              //将关键字大于 E[i].w 的记录后移
               j--;
          }
          E[j+1]=temp;                   //在 j+1 处插入 E[i]
     }
}

void Kruskal(MatGraph g)                 //采用克鲁斯卡尔算法输出图 g 的最小生成树
{    int i,j,u1,v1,sn1,sn2,k;
     int vset[MAXV];
     Edge E[MaxSize];                    //存放所有边
     k=0;                                //E 数组的下标从 0 开始计
     for (i=0;i<g.n;i++)                 //由 g 产生的边集 E
          for (j=0;j<=i;j++)
          {    if (g.edges[i][j]!=0 && g.edges[i][j]!=INF)
               {    E[k].u=i;E[k].v=j;E[k].w=g.edges[i][j];
                    k++;
               }
          }
     InsertSort(E,g.e);                  //采用直接插入排序方法对 E 数组按权值递增排序
     for (i=0;i<g.n;i++)                 //初始化辅助数组
          vset[i]=i;
     k=1;                                //k 表示当前构造生成树的第几条边,初值为 1
     j=0;                                //E 中边的下标,初值为 0
     while (k<g.n)                       //生成的边数小于 n 时循环
     {    u1=E[j].u;v1=E[j].v;           //取一条边的头尾顶点
          sn1=vset[u1];
          sn2=vset[v1];                  //分别得到两个顶点所属的集合编号
          if (sn1!=sn2)                  //两顶点属于不同的集合,该边是最小生成树的一条边
          {    printf("  (%d,%d):%d\n",u1,v1,E[j].w);
               k++;                      //生成边数增 1
               for (i=0;i<g.n;i++)       //两个集合统一编号
                    if (vset[i]==sn2)    //集合编号为 sn2 的改为 sn1
                         vset[i]=sn1;
          }
          j++;                           //扫描下一条边
     }
}
int main()
{    int u=3;
```

```
MatGraph g;
int A[MAXV][MAXV] = {
    {0,5,8,7,INF,3},{5,0,4,INF,INF,INF},{8,4,0,5,INF,9},
    {7,INF,5,0,5,6},{INF,INF,INF,5,0,1},{3,INF,9,6,1,0}};
int n = 6, e = 10;
CreateMat(g,A,n,e);                      //建立图 8.10 的邻接矩阵
printf("图 G 的邻接矩阵:\n"); DispMat(g);
printf("克鲁斯卡尔算法求解结果:\n");
Kruskal(g);
return 1;
}
```

🖥 exp8-6.cpp 程序的执行结果如图 8.14 所示。

图 8.14　exp8-6.cpp 程序执行结果

实验题 7:采用狄克斯特拉算法求带权有向图的最短路径

目的:领会狄克斯特拉算法求带权有向图中单源最短路径的过程和相关算法设计。

内容:编写一个程序 exp8-7.cpp,实现求带权有向图中单源最短路径的狄克斯特拉算法。并输出如图 8.1 所示的带权有向图 G 中从顶点 0 到达其他各顶点的最短路径长度和最短路径。

✍ 根据《教程》中 8.5.2 小节的算法得到 exp8-7.cpp 程序,其中包含如下函数。

- Dispath(MatGraph g,int dist[],int path[],int S[],int v):输出从顶点 v 出发的所有最短路径和最短路径长度。
- Dijkstra(MatGraph g,int v):求图 g 中从顶点 v 出发的单源最短路径长度和最短路径。

实验程序 exp8-7.cpp 的结构如图 8.15 所示,图中方框表示函数,方框中指出函数名,箭头方向表示函数间的调用关系,虚线方框表示文件的组成,即指出该虚线方框中的函数存放在哪个文件中。

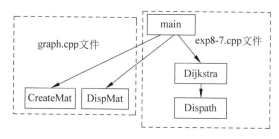

图 8.15 exp8-7.cpp 程序结构

实验程序 exp8-7.cpp 的程序代码如下：

```
# include "graph.cpp"                    //包含图的存储结构及基本运算算法
void Dispath(MatGraph g,int dist[ ],int path[ ],int S[ ],int v)
                                         //输出从顶点 v 出发的所有最短路径
{   int i,j,k;
    int apath[MAXV],d;                   //存放一条最短路径(逆向)及其顶点个数
    for (i = 0;i < g.n;i++)              //循环输出从顶点 v 到 i 的路径
        if (S[i] == 1 && i!= v)
        {   printf("  从顶点%d到顶点%d的路径长度为:%d\t路径为:",v,i,dist[i]);
            d = 0; apath[d] = i;         //添加路径上的终点
            k = path[i];
            if (k == - 1)                //没有路径的情况
                printf("无路径\n");
            else                         //存在路径时输出该路径
            {   while (k!= v)
                {   d++; apath[d] = k;
                    k = path[k];
                }
                d++; apath[d] = v;       //添加路径上的起点
                printf("%d",apath[d]);   //先输出起点
                for (j = d - 1;j > = 0;j -- )  //再输出其他顶点
                    printf(",%d",apath[j]);
                printf("\n");
            }
        }
}
void Dijkstra(MatGraph g,int v)          //Dijkstra 算法
{   int dist[MAXV],path[MAXV];
    int S[MAXV];                         //S[i] = 1 表示顶点 i 在 S 中,S[i] = 0 表示顶点 i 在 U 中
    int Mindis,i,j,u;
    for (i = 0;i < g.n;i++)
    {   dist[i] = g.edges[v][i];         //距离初始化
        S[i] = 0;                        //S[]置空
        if (g.edges[v][i]< INF)          //路径初始化
            path[i] = v;                 //顶点 v 到顶点 i 有边时,置顶点 i 的前一个顶点为 v
        else
            path[i] = - 1;               //顶点 v 到顶点 i 没边时,置顶点 i 的前一个顶点为 - 1
    }
```

```
    S[v] = 1;path[v] = 0;                //源点编号 v 放入 S 中
    for (i = 0;i < g.n - 1;i++)          //循环直到所有顶点的最短路径都求出
    {   Mindis = INF;                    //Mindis 置最大长度初值
        for (j = 0;j < g.n;j++)          //选取不在 S 中(即 U 中)且具有最小最短路径长度的顶点 u
            if (S[j] == 0 && dist[j]< Mindis)
            {   u = j;
                Mindis = dist[j];
            }
        S[u] = 1;                        //顶点 u 加入 S 中
        for (j = 0;j < g.n;j++)          //修改不在 S 中(即 U 中)的顶点的最短路径
            if (S[j] == 0)
                if (g.edges[u][j]< INF && dist[u] + g.edges[u][j]< dist[j])
                {   dist[j] = dist[u] + g.edges[u][j];
                    path[j] = u;
                }
    }
    Dispath(g,dist,path,S,v);            //输出最短路径
}
int main()
{   int v = 0;
    MatGraph g;
    int A[MAXV][MAXV] = {
        {0,5,INF,7,INF,INF},{INF,0,4,INF,INF,INF},
        {8,INF,0,INF,INF,9},{INF,INF,5,0,INF,6},
        {INF,INF,INF,5,0,INF},{3,INF,INF,INF,1,0}};
    int n = 6, e = 10;
    CreateMat(g,A,n,e);                  //建立图 8.1 的邻接矩阵
    printf("有向图 G 的邻接矩阵:\n"); DispMat(g);
    printf("狄克斯特拉算法求解结果:\n");
    Dijkstra(g,v);
    return 1;
}
```

💻 exp8-7.cpp 程序的执行结果如图 8.16 所示。

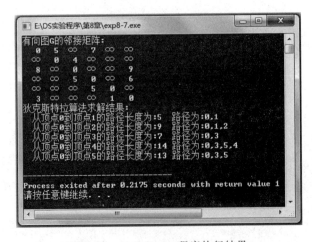

图 8.16　exp8-7.cpp 程序执行结果

实验题 8：采用弗洛伊德算法求带权有向图的最短路径

目的：领会弗洛伊德算法求带权有向图中多源最短路径的过程和相关算法设计。

内容：编写一个程序 exp8-8.cpp，实现求带权有向图中多源最短路径的弗洛伊德算法。并输出如图 8.1 所示的带权有向图 G 中所有两个顶点之间的最短路径长度和最短路径。

✍ 根据《教程》中 8.5.3 小节的算法得到 exp8-8.cpp 程序，其中包含如下函数。

- Dispath(MatGraph g, int $A[\ ][MAXV]$, int path$[\ ][MAXV]$)：输出图 g 中所有两个顶点之间的最短路径和最短路径长度。
- Floyd(MatGraph g)：求图 g 中所有两个顶点之间的最短路径和最短路径长度。

实验程序 exp8-8.cpp 的结构如图 8.17 所示，图中方框表示函数，方框中指出函数名，箭头方向表示函数间的调用关系，虚线方框表示文件的组成，即指出该虚线方框中的函数存放在哪个文件中。

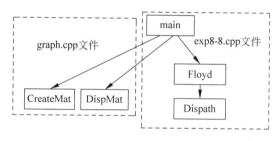

图 8.17　exp8-8.cpp 程序结构

🖮 实验程序 exp8-8.cpp 的程序代码如下：

```
# include "graph.cpp"                    //包含图的存储结构及基本运算算法
void Dispath(MatGraph g, int A[ ][MAXV], int path[ ][MAXV])      //输出最短路径
{    int i,j,k,s;
     int apath[MAXV],d;                  //存放一条最短路径中间顶点(反向)及其顶点个数
     for (i = 0;i < g.n;i++)
         for (j = 0;j < g.n;j++)
         {   if (A[i][j]!= INF && i!= j)         //若顶点 i 和 j 之间存在路径
             {    printf("  从 %d 到 %d 的路径为:",i,j);
                  k = path[i][j];
                  d = 0; apath[d] = j;            //路径上添加终点
                  while (k!= − 1 && k!= i)        //路径上添加中间点
                  {    d++; apath[d] = k;
                       k = path[i][k];
                  }
                  d++; apath[d] = i;              //路径上添加起点
                  printf(" %d",apath[d]);         //输出起点
                  for (s = d-1;s>= 0;s-- )        //输出路径上的中间顶点
                      printf(", %d",apath[s]);
                  printf("     \t路径长度为:%d\n",A[i][j]);
             }
         }
}
```

```
    void Floyd(MatGraph g)                                  //Floyd算法
{   int A[MAXV][MAXV],path[MAXV][MAXV];
    int i,j,k;
    for (i = 0;i < g.n;i++)
        for (j = 0;j < g.n;j++)
        {   A[i][j] = g.edges[i][j];
            if (i!= j && g.edges[i][j]< INF)
                path[i][j] = i;                             //顶点 i 到 j 有边时
            else
                path[i][j] = -1;                            //顶点 i 到 j 没有边时
        }
    for (k = 0;k < g.n;k++)                                 //依次考察所有顶点
    {   for (i = 0;i < g.n;i++)
            for (j = 0;j < g.n;j++)
                if (A[i][j]> A[i][k] + A[k][j])
                {   A[i][j] = A[i][k] + A[k][j];            //修改最短路径长度
                    path[i][j] = path[k][j];               //修改最短路径
                }
    }
    Dispath(g,A,path);                                     //输出最短路径
}
int main()
{   MatGraph g;
    int A[MAXV][MAXV] = {
        {0,5,INF,7,INF,INF},{INF,0,4,INF,INF,INF},
        {8,INF,0,INF,INF,9},{INF,INF,5,0,INF,6},
        {INF,INF,INF,5,0,INF},{3,INF,INF,INF,1,0}};
    int n = 6, e = 10;
    CreateMat(g,A,n,e);                                    //建立图 8.1 的邻接矩阵
    printf("有向图 G 的邻接矩阵:\n"); DispMat(g);
    printf("弗洛伊德算法求解结果:\n");
    Floyd(g);
    return 1;
}
```

🖥 exp8-8.cpp 程序的执行结果如图 8.18 所示。

实验题 9: 求 AOE 网中的所有关键活动

目的：领会拓扑排序和 AOE 网中关键路径的求解过程及其算法设计。

内容：编写一个程序 exp8-9.cpp，求《教程》中图 8.45 所示的 AOE 网的所有关键活动。

✍ 根据《教程》中 8.6 节和 8.7 节的算法得到 exp8-9.cpp 程序，其中包含如下函数。

* TopSort(AdjGraph $*G$,int topseq[])：由含有 n 个顶点的有向图 G 产生一个拓扑序列 topseq。
* KeyPath(AdjGraph $*G$,int &inode,int &enode,KeyNode keynode[],int &d)：从图邻接表 G 中求出从源点 inode 到汇点 enode 的关键活动 keynode[0..d]。

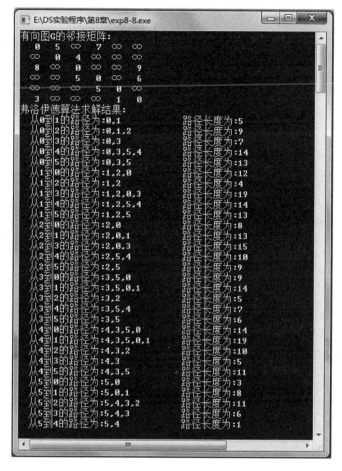

图 8.18　exp8-8.cpp 程序执行结果

• DispKeynode(AdjGraph *G)：输出图 G 的关键活动。

实验程序 exp8-9.cpp 的结构如图 8.19 所示,图中方框表示函数,方框中指出函数名,箭头方向表示函数间的调用关系,虚线方框表示文件的组成,即指出该虚线方框中的函数存放在哪个文件中。

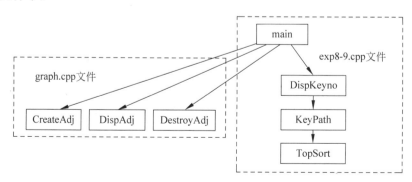

图 8.19　exp8-9.cpp 程序结构

📝 实验程序 exp8-9.cpp 的程序代码如下:

```cpp
# include "graph.cpp"                          //包含图的存储结构及基本运算算法
typedef struct
{    int ino;                                   //起点
     int eno;                                   //终点
} KeyNode;                                      //关键活动类型
bool TopSort(AdjGraph * G, int topseq[ ])       //产生含有 n 个顶点编号的拓扑序列 topseq
{    int i, j, n = 0;
     int st[MAXV];                              //定义一个顺序栈
     int top = - 1;                             //栈顶指针为 top
     ArcNode * p;
     for (i = 0; i < G->n; i++)                 //所有顶点的入度置初值 0
         G->adjlist[i].count = 0;
     for (i = 0; i < G->n; i++)                 //求所有顶点的入度
     {    p = G->adjlist[i].firstarc;
          while (p!= NULL)
          {    G->adjlist[p->adjvex].count++;
               p = p->nextarc;
          }
     }
     for (i = 0; i < G->n; i++)
         if (G->adjlist[i].count == 0)          //入度为 0 的顶点进栈
         {    top++;
              st[top] = i;
         }
     while (top > - 1)                          //栈不为空时循环
     {    i = st[top]; top -- ;                 //出栈
          topseq[n] = i; n++;
          p = G->adjlist[i].firstarc;           //找第一个邻接点
          while (p!= NULL)
          {    j = p->adjvex;
               G->adjlist[j].count -- ;
               if (G->adjlist[j].count == 0)    //入度为 0 的相邻顶点进栈
               {    top++;
                    st[top] = j;
               }
               p = p->nextarc;                  //找下一个邻接点
          }
     }
     if (n < G->n) return false;                //拓扑序列中不含所有顶点时
     else
     {    printf("拓扑序列:");
          for (i = 0; i < n; i++)
              printf(" % c ", (char)(topseq[i] + 'A'));
          printf("\n");
          return true;
     }
}
```

```
bool KeyPath(AdjGraph * G,int &inode,int &enode,KeyNode keynode[ ],int &d)
//从图邻接表 G 中求出从源点 inode 到汇点 enode 的关键活动 keynode[0..d]
{    int topseq[MAXV];                          //topseq 用于存放拓扑序列
     int i,w;
     ArcNode * p;
     if (!TopSort(G,topseq)) return false;      //不能产生拓扑序列时返回 false
     inode = topseq[0];                          //求出源点
     enode = topseq[G->n-1];                     //求出汇点
     int ve[MAXV];                               //事件的最早开始时间
     int vl[MAXV];                               //事件的最迟开始时间
     for (i = 0;i<G->n;i++) ve[i] = 0;           //先将所有事件的 ve 置初值为 0
     for (i = 0;i<G->n;i++)                       //从左向右求所有事件的最早开始时间
     {   p = G->adjlist[i].firstarc;
         while (p!= NULL)                         //遍历每一条边即活动
         {   w = p->adjvex;
             if (ve[i] + p->weight>ve[w])         //求最大者
                 ve[w] = ve[i] + p->weight;
             p = p->nextarc;
         }
     }
     for (i = 0;i<G->n;i++)                       //先将所有事件的 vl 值置为最大值
         vl[i] = ve[enode];
     for (i = G->n-2;i>=0;i--)                    //从右向左求所有事件的最迟开始时间
     {   p = G->adjlist[i].firstarc;
         while (p!= NULL)
         {   w = p->adjvex;
             if (vl[w] - p->weight<vl[i])          //求最小者
                 vl[i] = vl[w] - p->weight;
             p = p->nextarc;
         }
     }
     d = -1;                                      //d 存放 keynode 中的关键活动下标,置初值为 -1
     for (i = 0;i<G->n;i++)                        //求关键活动
     {   p = G->adjlist[i].firstarc;
         while (p!= NULL)
         {   w = p->adjvex;
             if (ve[i] == vl[w] - p->weight)       //(i→w)是一个关键活动
             {   d++; keynode[d].ino = i;
                 keynode[d].eno = w;
             }
             p = p->nextarc;
         }
     }
     return true;
}
void DispKeynode(AdjGraph * G)                     //输出图 G 的关键活动
{    int inode,enode,d,i;
     KeyNode keynode[MAXV];
     if (KeyPath(G,inode,enode,keynode,d))
```

```
    {   printf("从源点%c到汇点%c的关键活动:",char(inode = 'A'),char(enode + 'A'));
        for (i = 0; i <= d; i++)
            printf("(%c, %c)   ",char(keynode[i].ino + 'A'),char(keynode[i].eno + 'A'));
        printf("\n");
    }
    else printf("不能求关键活动\n");
}
int main()
{   AdjGraph *G;
    int n = 9, e = 11;
    int A[MAXV][MAXV] = {
        { 0,   6,   4,   5 ,INF,INF,INF,INF,INF},{INF, 0, INF,INF, 1 ,INF,INF,INF,INF},
        {INF,INF, 0, INF, 1 ,INF,INF,INF,INF},{INF,INF,INF, 0 ,INF,INF,INF, 2 ,INF},
        {INF,INF,INF,INF, 0 , 9 , 7 ,INF,INF},{INF,INF,INF,INF,INF, 0 ,INF,INF, 2 },
        {INF,INF,INF,INF,INF,INF, 0 ,INF, 4 },{INF,INF,INF,INF,INF,INF,INF, 0 , 4 },
        {INF,INF,INF,INF,INF,INF,INF,INF, 0 }};
    printf("建立图的邻接表:\n");
    CreateAdj(G,A,n,e);                  //创建《教程》中图 8.45 的邻接表
    printf("图 G 的邻接表:\n"); DispAdj(G);
    DispKeynode(G);                      //求构成关键路径的关键活动
    DestroyAdj(G);                       //销毁图
    return 1;
}
```

📺 exp8-9.cpp 程序的执行结果如图 8.20 所示。

图 8.20 exp8-9.cpp 程序执行结果

8.2 设计性实验

实验题 10: 求有向图的简单路径

目的: 掌握深度优先遍历算法和广度优先遍历算法在求解图路径搜索问题中的应用。

内容：编写一个程序 exp8-10.cpp，设计相关算法，完成如下功能：

（1）输出如图 8.21 所示的有向图 G 从顶点 5 到顶点 2 的所有简单路径。

（2）输出如图 8.21 所示的有向图 G 从顶点 2 的所有长度为 3 的简单路径。

（3）输出如图 8.21 所示的有向图 G 从顶点 5 到顶点 2 的最短路径。

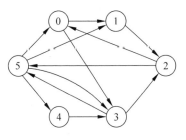

图 8.21　一个有向图

✍ 根据《教程》中 8.3 节的算法得到 exp8-10.cpp 程序，其中包含如下函数。

- PathAll1(ALGraph $*G$, int u, int v, int path[], int d)：输出图 G 中从顶点 u 到 v 的所有简单路径。采用从顶点 u 出发的回溯深度优先搜索方法，当搜索到顶点 v 时输出路径 path [0..d]，然后继续回溯查找其他路径。

- PathAll2(ALGraph $*G$, int u, int v, int l, int path[], int d)：输出图 G 中从顶点 u 到 v 的长度为 l 的所有简单路径，d 是到当前为止已走过的路径长度，调用时初值为 -1，采用从顶点 u 出发的回溯深度优先搜索方法，每搜索一个新顶点，路径长度 d 增 1，若搜索到顶点 v 且 d 等于 l，则输出路径 path[0..d]，然后继续回溯查找其他路径。

- ShortPath(ALGraph $*G$, int u, int v, int path[])：求顶点 u 到顶点 $v(u\neq v)$ 的最短路径。采用从顶点 u 出发广度优先搜索的方法，当搜索到顶点 v 时，在队列中找出对应的路径。由广度优先搜索的特性可知，找到的路径一定是最短路径。（类似于采用队列求解的迷宫问题。）

实验程序 exp8-10.cpp 的结构如图 8.22 所示，图中方框表示函数，方框中指出函数名，箭头方向表示函数间的调用关系，虚线方框表示文件的组成，即指出该虚线方框中的函数存放在哪个文件中。

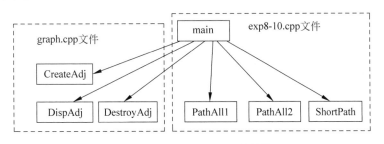

图 8.22　exp8-10.cpp 程序结构

⌨ 实验程序 exp8-10.cpp 的程序代码如下：

```
# include "graph.cpp"              //包含图的存储结构及基本运算算法
int visited[MAXV];                 //全局数组
void PathAll1(AdjGraph *G,int u,int v,int path[],int d)
                                   //输出图 G 中从顶点 u 到 v 的所有简单路径
{   ArcNode *p;
```

```
        int j,w;
        d++; path[d] = u;                    //路径长度 d 增 1,将当前顶点添加到路径中
        visited[u] = 1;
        if (u == v && d > 0)                 //找到终点
        {   for (j = 0; j <= d; j++)
                printf("%3d", path[j]);
            printf("\n");
        }
        p = G->adjlist[u].firstarc;          //p 指向顶点 u 的第一个相邻点
        while (p!= NULL)
        {   w = p->adjvex;                    //w 为 u 的相邻点编号
            if (visited[w] == 0 )            //若该顶点未标记访问,则递归访问之
                PathAll1(G,w,v,path,d);
            p = p->nextarc;                  //找 u 的下一个相邻点
        }
        visited[u] = 0;
}
void PathAll2(AdjGraph * G, int u, int v, int l, int path[ ], int d)
                                    //输出图 G 中从顶点 u 到 v 的长度为 l 的所有简单路径
{   int w,i;
    ArcNode * p;
    visited[u] = 1;
    d++; path[d] = u;                    //路径长度 d 增 1,将当前顶点添加到路径中
    if (u == v && d == l)                //满足条件,输出一条路径
    {   for (i = 0; i <= d; i++)
            printf("%3d", path[i]);
        printf("\n");
    }
    p = G->adjlist[u].firstarc;          //p 指向顶点 u 的第一个相邻点
    while (p!= NULL)
    {   w = p->adjvex;                    //w 为顶点 u 的相邻点
        if (visited[w] == 0)            //若该顶点未标记访问,则递归访问之
            PathAll2(G,w,v,l,path,d);
        p = p->nextarc;                  //找 u 的下一个相邻点
    }
    visited[u] = 0;                      //取消访问标记,以使该顶点可重新使用
}
int ShortPath(AdjGraph * G, int u, int v, int path[ ])
                                    //求顶点 u 到顶点 v(u≠v)的最短路径
{   struct
    {   int vno;                          //当前顶点编号
        int level;                        //当前顶点的层次
        int parent;                       //当前顶点的双亲结点在队列中的下标
    } qu[MAXV];                           //定义顺序非循环队列
    int front = -1, rear = -1, k, lev, i, j;
    ArcNode * p;
    visited[u] = 1;
    rear++;                               //顶点 u 已访问,将其入队
    qu[rear].vno = u;
    qu[rear].level = 0;                   //根结点层次置为 1
```

```
        qu[rear].parent = -1;
        while (front < rear)                       //队非空则执行
        {   front++;
            k = qu[front].vno;                     //出队顶点 k
            lev = qu[front].level;
            if (k == v)                            //若顶点 k 为终点
            {   i = 0;                             //在队列中前推出一条正向路径
                j = front;                         //该路径存放在 path 中
                while (j != -1)
                {   path[lev - i] = qu[j].vno;     //将最短路径存入 path 中
                    j = qu[j].parent;
                    i++;
                }
                return lev;                        //找到顶点 v,返回其层次
            }
            p = G->adjlist[k].firstarc;            //p 指向顶点 k 的第一个相邻点
            while (p != NULL)                      //依次搜索 k 的相邻点
            {   if (visited[p->adjvex] == 0)       //若未访问过
                {   visited[p->adjvex] = 1;
                    rear++;
                    qu[rear].vno = p->adjvex;      //访问过的相邻点进队
                    qu[rear].level = lev + 1;
                    qu[rear].parent = front;
                }
                p = p->nextarc;                    //找顶点 k 的下一个相邻点
            }
        }
    return -1;                                     //如果未找到顶点 v,返回一特殊值 -1
}
int main()
{   int i, j;
    int u = 5, v = 2, l = 3;
    int path[MAXV];
    AdjGraph *G;
    int A[MAXV][MAXV] = {
        {0,1,0,1,0,0},{0,0,1,0,0,0},{1,0,0,0,0,1},
        {0,0,1,0,0,1},{0,0,0,1,0,0},{1,1,0,1,1,0}};
    int n = 6, e = 10;
    CreateAdj(G, A, n, e);                         //建立图 8.21 的邻接表
    printf("图 G 的邻接表:\n"); DispAdj(G);
    printf("(1)从顶点 %d 到 %d 的所有路径:\n", u, v);
    for (i = 0; i < n; i++) visited[i] = 0;
    PathAll1(G, u, v, path, -1);
    printf("(2)从顶点 %d 到 %d 的所有长度为 %d 路径:\n", u, v, l);
    PathAll2(G, u, v, l, path, -1);
    printf("(3)从顶点 %d 到 %d 的最短路径:\n", u, v);
    for (i = 0; i < n; i++) visited[i] = 0;
    j = ShortPath(G, u, v, path);
    for (i = 0; i <= j; i++)
        printf(" %3d", path[i]);
```

```
    printf("\n");
    DestroyAdj(G);
    return 1;
}
```

   🖥 exp8-10.cpp 程序的执行结果如图 8.23 所示。

图 8.23　exp8-10.cpp 程序执行结果

实验题 11：求无向图中满足约束条件的路径

   目的：掌握深度优先遍历算法在求解图路径搜索问题中的应用。

   内容：编写一个程序 exp8-11.cpp，设计相关算法，从如图 8.24 所示的无向图 G 中找出满足如下条件的所有路径：

   （1）给定起点 u 和终点 v。

   （2）给定一组必经点，即输出的路径必须包含这些顶点。

   （3）给定一组必避点，即输出的路径不能包含这些顶点。

   ✍ 采用全局变量 $V1[0..n-1]$ 表示必经点，$V2[0..m-1]$ 表示必避点。根据《教程》中 8.3.2 小节的算法得到 exp8-11.cpp 程序，其中包含如下函数。

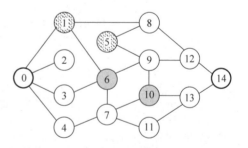

图 8.24　一个无向图

   • Cond(intpath[],int d)：判断 path 中的路径是否包含必经点和不包含必避点。

   • TravPath(AdjGraph $*G$,int vi,int vj,int path[],int d)：在图 G 中查找从顶点 vi 到顶点 vj 的满足条件的路径。

实验程序 exp8-11.cpp 的结构如图 8.25 所示,图中方框表示函数,方框中指出函数名,箭头方向表示函数间的调用关系,虚线方框表示文件的组成,即指出该虚线方框中的函数存放在哪个文件中。

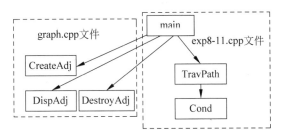

图 8.25 exp8-11.cpp 程序结构

实验程序 exp8-11.cpp 的程序代码如下:

```
#include "graph.cpp"                     //包含图的存储结构及基本运算算法
int visited[MAXV];                        //全局变量
int V1[MAXV],V2[MAXV],n,m;
int count = 0;
bool Cond(int path[],int d)              //判断条件
{   int flag1 = 0,f1,flag2 = 0,f2,i,j;
    for (i = 0;i < n;i++)                //判断路径中是否有必经点
    {   f1 = 1;
        for (j = 0;j <= d;j++)
            if (path[j] == V1[i])
            {
                f1 = 0; break;
            }
        flag1 += f1;
    }
    for (i = 0;i < m;i++)                //判断路径中是否有必避点
    {   f2 = 0;
        for (j = 0;j <= d;j++)
            if (path[j] == V2[i])
            {
                f2 = 1; break;
            }
        flag2 += f2;
    }
    if (flag1 == 0 && flag2 == 0)        //满足条件返回 true
        return true;
    else                                 //不满足条件返回 false
        return false;
}
void TravPath(AdjGraph * G,int vi,int vj,int path[],int d)
//在图 G 中查找从顶点 vi 到顶点 vj 的满足条件的路径
{   int v,i;
    ArcNode * p;
```

```
        visited[vi] = 1;
        d++; path[d] = vi;
        if (vi == vj && Cond(path,d))
        {   printf("   路径%d: ",++count);
            for (i = 0;i < d;i++)
                printf("%d->",path[i]);
            printf("%d\n",path[i]);
        }
        p = G->adjlist[vi].firstarc;                //找 vi 的第一个邻接顶点
        while (p!= NULL)
        {   v = p->adjvex;                          //v 为 vi 的邻接顶点
            if (visited[v] == 0)                    //若该顶点未标记访问,则递归访问之
                TravPath(G,v,vj,path,d);
            p = p->nextarc;                         //找 vi 的下一个邻接顶点
        }
        visited[vi] = 0;                            //取消访问标记,以使该顶点可重新使用
        d--;
    }
    int main()
    {   int i,u,v;
        int path[MAXV];
        AdjGraph *G;
        int A[MAXV][MAXV] = {
            {0,1,1,1,1,0,0,0,0,0,0,0,0,0,0},    {1,0,0,0,0,0,1,0,1,0,0,0,0,0,0},
            {1,0,0,0,0,0,0,0,0,0,0,0,0,0,0},    {1,0,0,0,0,0,1,0,0,0,0,0,0,0,0},
            {1,0,0,0,0,0,0,1,0,0,0,0,0,0,0},    {0,0,0,0,0,0,0,0,1,1,0,0,0,0,0},
            {0,1,0,1,0,0,0,1,0,1,0,0,0,0,0},    {0,0,0,0,1,0,1,0,0,0,1,1,0,0,0},
            {0,1,0,0,1,0,0,0,0,0,0,1,0,0},      {0,0,0,0,0,1,1,0,0,0,1,0,1,0,0},
            {0,0,0,0,0,0,0,1,0,1,0,0,0,1,0},    {0,0,0,0,0,0,0,1,0,0,0,0,1,0,0},
            {0,0,0,0,0,0,0,0,1,1,0,0,0,0,1},    {0,0,0,0,0,0,0,0,0,0,1,1,0,0,1},
            {0,0,0,0,0,0,0,0,0,0,0,0,1,1,0}};
        CreateAdj(G,A,15,21);                       //建立图 8.24 的邻接表
        printf("图 G 的邻接表:\n"); DispAdj(G);
        for (i = 0;i < n;i++) visited[i] = 0;
        printf("输入起点和终点:");
        scanf("%d%d",&u,&v);
        printf("输入必经点个数:");
        scanf("%d",&n);
        printf("输入必经点集合:");
        for (i = 0;i < n;i++)
            scanf("%d",&V1[i]);
        printf("输入必避点个数:");
        scanf("%d",&m);
        printf("输入必避点集合:");
        for (i = 0;i < m;i++)
            scanf("%d",&V2[i]);
        printf("\n 所有的探宝路径如下:\n");
        TravPath(G,u,v,path,-1);
        DestroyAdj(G);
        return 1;
    }
```

💻 exp8-11.cpp 程序的一次执行结果如图 8.26 所示。

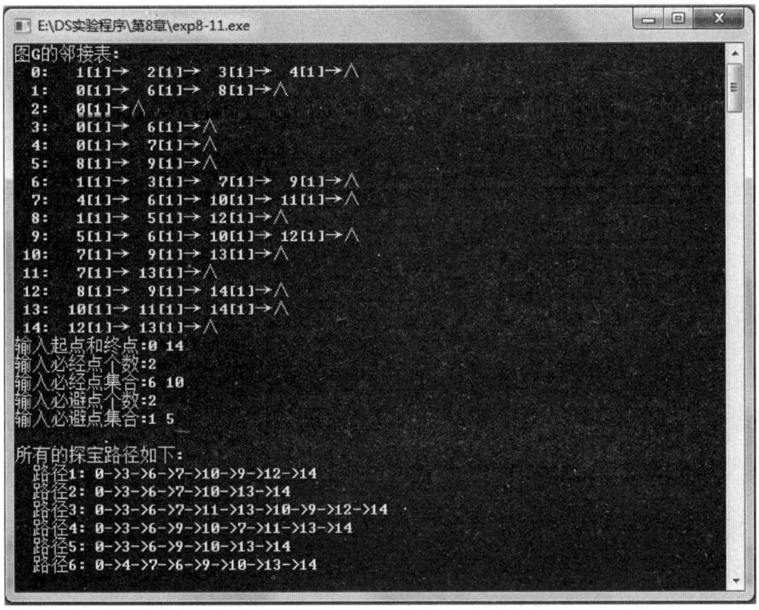

图 8.26 exp8-11.cpp 程序执行结果

实验题 12: 求解两个动物之间通信最少翻译问题

目的: 掌握广度优先遍历算法在求解实际问题中的应用。

内容: 编写一个程序 exp8-12.cpp, 完成如下功能:

据美国动物分类学家欧内斯特·迈尔推算, 世界上有超过 100 万种动物, 各种动物有自己的语言。假设动物 A 可以与动物 B 进行通信(通信是双向的), 但它不能与动物 C 通信, 动物 C 只能与动物 B 通信, 所以, 动物 A、C 之间通信需要动物 B 来当翻译。问两个动物之间相互通信至少需要多少个翻译。

测试文本文件 test.txt 中第一行包含两个整数 $n(2{\leqslant}n{\leqslant}200)$、$m(1{\leqslant}m{\leqslant}300)$, 其中 n 代表动物的数量, 动物编号从 0 开始, n 个动物编号为 $0{\sim}n-1$, m 表示可以互相通信的动物对数, 接下来的 m 行中包含的两个数字分别代表两种动物可以互相通信。再接下来包含一个整数 $k(k{\leqslant}20)$, 代表查询的数量, 每个查找包含两个数字, 表示这两个动物想要与对方通信。

设计算法, 对于每个查询, 输出这两个动物彼此通信至少需要多少个翻译, 若它们之间无法通过翻译来通信, 输出 -1。

输入样本	输出结果
3 2	0
0 1	1
1 2	
2	
0 0	
0 2	

✍ 题目中用 n 个动物,编号为 $0\sim n-1$,可以互相通信的动物对数据采用邻接表(或者邻接矩阵)存储。设计相应的邻接表类型如下:

```
typedef struct ANode
{    int no;                    //动物编号
     struct ANode * nextarc;   //指向下一个可通信动物结点
} ArcNode;
typedef struct Vnode
{
     ArcNode * firstarc;       //指向第一个可通信动物结点
} VNode;
typedef struct
{    int n;                    //动物个数,即顶点数
     int m;                    //可通信动物对数,即边数
     VNode adjlist[MAXV];      //表头结点数组
} ALGraph;
```

找动物 s 和 e 之间的最少翻译数实际上就是求顶点 s 和 e 之间的最短路径长度,采用广度优先遍历算法来实现,设置 s 顶点的层次为 0,找到顶点 e 时,它的层次即为 s 和 e 之间的最短路径长度。本实验包含的功能算法如下。

- InitGraph(ALGraph * &G, int n):初始化邻接表 G。
- Add(ALGraph * &G, int a, int b):在邻接表 G 中添加一条无向边 (a,b)。
- DestroyGraph(ALGraph * &G):销毁邻接表 G。
- DispGraph(ALGraph * G):输出邻接表 G。
- BFS(ALGraph * G, int s, int e):采用广度优先遍历查找 s 到 e 的最短路径长度。

实验程序 exp8-12.cpp 的结构如图 8.27 所示,图中方框表示函数,方框中指出函数名,箭头方向表示函数间的调用关系,虚线方框表示文件的组成,即指出该虚线方框中的函数存放在哪个文件中。

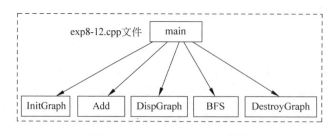

图 8.27   exp8-12.cpp 程序结构

⌨ 实验程序 exp8-12.cpp 的程序代码如下:

```
# include < stdio. h >
# include < malloc. h >
# define MAXV 201
// ------ 图的邻接表定义 ---------
typedef struct ANode
```

```
{   int no;                                    //动物编号
    struct ANode * nextarc;                    //指向下一个可通信动物结点
} ArcNode;
typedef struct Vnode
{
    ArcNode * firstarc;                        //指向第一个可通信动物结点
} VNode;
typedef struct
{   int n;                                     //动物个数,即顶点数
    int m;                                     //可通信动物对数,即边数
    VNode adjlist[MAXV];                       //表头结点数组
} ALGraph;
int BFS(ALGraph * G, int s, int e)             //采用广度优先遍历查找 s 到 e 的最短路径长度
{   int visited[MAXV];
    struct
    {   int no;                                //动物顶点编号
        int level;                             //层次
    } qu[MAXV];                                //环形队列
    int front = 0, rear = 0, i, w, l;
    ArcNode * p;
    if (s == e) return 0;
    for (i = 0; i < G -> n; i++) visited[i] = 0;
    visited[s] = 1;
    rear = (rear + 1) % MAXV;                   //起点 s 进队
    qu[rear].no = s;
    qu[rear].level = 0;                         //起点的层次设置为 0
    while (front != rear)                       //队不空循环
    {   front = (front + 1) % MAXV;
        w = qu[front].no;                       //出队顶点 w
        l = qu[front].level;                    //顶点 w 的层次为 l
        p = G -> adjlist[w].firstarc;           //找顶点 w 的第一个相邻点
        while (p != NULL)
        {   if (visited[p -> no] == 0)          //若该顶点没有访问过
            {   if (p -> no == e)               //找到终点 e,访问其层次
                    return qu[rear].level;
                visited[p -> no] = 1;           //访问它
                rear = (rear + 1) % MAXV;       //将它进队
                qu[rear].no = p -> no;
                qu[rear].level = l + 1;
            }
            p = p -> nextarc;
        }
    }
    return -1;
}
void InitGraph(ALGraph * &G, int n)            //初始化邻接表
{   int i;
    G = (ALGraph * )malloc(sizeof(ALGraph));
    for (i = 0; i < n; i++)
        G -> adjlist[i].firstarc = NULL;
```

```
        G->n=n;
        G->m=0;
    }
    void Add(ALGraph *&G,int a,int b)                    //图中添加一条边(a,b)
    {   ArcNode *p;
        p=(ArcNode *)malloc(sizeof(ArcNode));
        p->no=b;
        p->nextarc=G->adjlist[a].firstarc;
        G->adjlist[a].firstarc=p;
        p=(ArcNode *)malloc(sizeof(ArcNode));
        p->no=a;
        p->nextarc=G->adjlist[b].firstarc;
        G->adjlist[b].firstarc=p;
        G->m++;
    }
    void DestroyGraph(ALGraph *&G)                        //销毁图
    {   ArcNode *pre,*p;
        for (int i=0;i<G->n;i++)
        {   pre=G->adjlist[i].firstarc;
            if (pre!=NULL)
            {   p=pre->nextarc;
                while (p!=NULL)
                {   free(pre);
                    pre=p; p=p->nextarc;
                }
                free(pre);
            }
        }
        free(G);
    }
    void DispGraph(ALGraph *G)                            //输出图
    {   int i;
        ArcNode *p;
        printf("n=%d,e=%d\n",G->n,G->m);
        for (i=0;i<G->n;i++)
        {   printf("[%3d]:",i);
            p=G->adjlist[i].firstarc;
            while (p!=NULL)
            {   printf("→(%d)",p->no);
                p=p->nextarc;
            }
            printf("→∧\n");
        }
    }
    int main()
    {   ALGraph *G;
        int m,n,k,a,b,s,e,i;
        FILE *fp;
        fp=fopen("test.txt","r");
        if (fp==NULL)
```

```
{    printf("不能打开 test.txt 文件\n");
     return 0;
}
fscanf(fp,"%d%d",&n,&m);
InitGraph(G,n);
for (i = 0;i < m;i++)                        //根据输入建立邻接表中的单链表
{    fscanf(fp,"%d%d",&a,&b);
     Add(G,a,b);
}
printf("邻接表:\n"); DispGraph(G);
printf("求解结果:\n");
fscanf(fp,"%d",&k);
for (i = 0;i < k;i++)
{    fscanf(fp,"%d %d",&s,&e);
     printf("  case%d至少需要%d个翻译\n",i + 1,BFS(G,s,e));
}
DestroyGraph(G);
fclose(fp);
return 1;
}
```

🖳 exp8-12.cpp 程序的一次执行结果如图 8.28 所示。

图 8.28 exp8-12.cpp 程序执行结果

实验题 13：求带权有向图中的最小环

目的：掌握 Floyd 算法在求解实际问题中的应用。

内容：编写一个程序 exp8-13.cpp,输出带权有向图 G 中的一个最小环。

✍ 对于带权有向图 G,采用邻接矩阵 g 存储,首先利用 Floyd 算法求出所有顶点对直接的最短路径,若顶点 i 到 j 有最短路径,而图中存在顶点 j 到 i 的边,则构成一个环,在所有环中比较找到一个最小环并输出。本实验包含的功能算法如下。

- Dispapath(int path[][MAXV],int i,int j)：输出顶点 i 到 j 的一条最短路径。
- Mincycle(MatGraph g,int A[MAXV][MAXV],int &mini,int &minj)：在图 g 和 A 中查找一个最小环(mini,…,minj,mini)。
- Floyd(MatGraph g)：利用 Floyd 算法求图 g 中的一个最小环。

实验程序 exp8-13.cpp 的结构如图 8.29 所示,图中方框表示函数,方框中指出函数名,箭头方向表示函数间的调用关系,虚线方框表示文件的组成,即指出该虚线方框中的函数存放在哪个文件中。

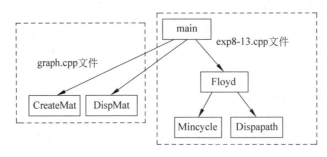

图 8.29　exp8-13.cpp 程序结构

实验程序 exp8-13.cpp 的程序代码如下:

```
# include "graph.cpp"                                //包含图的存储结构及基本运算算法
void Dispapath(int path[][MAXV], int i, int j)       //输出顶点 i 到 j 的一条最短路径
{    int apath[MAXV], d;                              //存放一条最短路径中间顶点(反向)及其顶点个数
     int k = path[i][j];
     d = 0; apath[d] = j;                             //路径上添加终点
     while (k!= -1 && k!= i)                          //路径上添加中间点
     {   d++; apath[d] = k;
         k = path[i][k];
     }
     d++; apath[d] = i;                               //路径上添加起点
     for (int s = d; s > = 0; s -- )                  //输出路径上的中间顶点
         printf(" % d→", apath[s]);
}
int Mincycle(MatGraph g, int A[MAXV][MAXV], int &mini, int &minj)
                                                     //在图 g 和 A 中查找一个最小环
{    int i, j, min = INF;
     for (i = 0; i < g. n; i++)
         for (j = 0; j < g. n; j++)
             if (i!= j && g. edges[j][i] < INF)
             {   if (A[i][j] + g. edges[j][i] < min)
                 {   min = A[i][j] + g. edges[j][i];
                     mini = i; minj = j;
                 }
             }
     return min;
}
void Floyd(MatGraph g)                               //Floyd 算法求图 g 中的一个最小环
{    int A[MAXV][MAXV], path[MAXV][MAXV];
     int i, j, k, min, mini, minj;
     for (i = 0; i < g. n; i++)
         for (j = 0; j < g. n; j++)
```

```
        {   A[i][j] = g.edges[i][j];
            if (i!= j && g.edges[i][j]< INF)
                path[i][j] = i;                  //顶点 i 到 j 有边时
            else
                path[i][j] = -1;                 //顶点 i 到 j 没有边时
        }
    for (k = 0;k < g.n;k++)                       //依次考察所有顶点
    {   for (i = 0;i < g.n;i++)
            for (j = 0;j < g.n;j++)
                if (A[i][j]> A[i][k] + A[k][j])
                {   A[i][j] = A[i][k] + A[k][j];  //修改最短路径长度
                    path[i][j] = path[k][j];      //修改最短路径
                }
    }
    min = Mincycle(g, A, mini, minj);
    if (min!= INF)
    {   printf("  图中最小环: ");
        Dispapath(path, mini, minj);             //输出一条最短路径
        printf("%d, 长度: %d\n", mini, min);
    }
    else printf("  图中没有任何环\n");
}
int main()
{   MatGraph g;
    int A[MAXV][MAXV] = {
        {0,10,1,INF},{21,0,INF,6},{INF,1,0,INF},{5,INF,INF,0} };
    int n = 4, e = 6;
    CreateMat(g, A, n, e);                        //建立图的邻接矩阵
    printf("有向图 G 的邻接矩阵:\n"); DispMat(g);
    printf("求解结果:\n");Floyd(g);
    return 1;
}
```

📷 exp8-13.cpp 程序的一次执行结果如图 8.30 所示。

图 8.30   exp8-13.cpp 程序执行结果

8.3 综合性实验

实验题 14: 用图搜索方法求解迷宫问题

目的：深入掌握图遍历算法在求解实际问题中的应用。

内容：编写一个程序 exp8-14.cpp, 完成如下功能：

(1) 建立一个迷宫对应的邻接表表示。

(2) 采用深度优先遍历算法输出从入口 $(1,1)$ 到出口 (M,N) 的所有迷宫路径。

本实验采用深度优先遍历算法求所有迷宫路径。在用图搜索方法求解迷宫问题时，一个方块看成是一个顶点，其编号为 (i,j)。为此相应地修改图的邻接表，邻接表的表头数组改为一个二维数组 adjlist, 其元素 adjlist$[i][j]$ 仅含有一个 firstarc 指针，它指向方块 (i,j) 的四周可走方块构成的一个单链表。对应的功能算法如下。

- CreateAdj(ALGraph $*\&G$, int mg$[][N+2]$)：由迷宫数组 mg 建立对应的邻接表 G。
- DispAdj(ALGraph $*G$)：输出邻接表 G。
- DestroyAdj(ALGraph $*\&G$)：销毁邻接表 G。
- FindPath(ALGraph $*G$, int xi, int yi, int xe, int ye, PathType path)：求图 G 中从顶点 (xi,yi) 到顶点 (xe,ye) 的所有迷宫路径。path 数组记录访问过的顶点序列，当找到出口时输出 path 中的访问序列。

实验程序 exp8-14.cpp 的结构如图 8.31 所示，图中方框表示函数，方框中指出函数名，箭头方向表示函数间的调用关系，虚线方框表示文件的组成，即指出该虚线方框中的函数存放在哪个文件中。

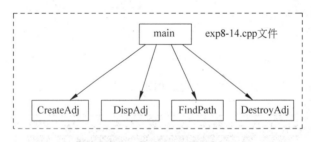

图 8.31 exp8-14.cpp 程序结构

实验程序 exp8-14.cpp 的程序代码如下：

```
#include <stdio.h>
#include <malloc.h>
#define MaxSize 100
#define M 4
#define N 4
//以下定义邻接表类型
```

```
typedef struct ANode                         //边的结点结构类型
{   int i,j;                                 //该边的终点位置(i,j)
    struct ANode * nextarc;                  //指向下一条边的指针
} ArcNode;
typedef struct Vnode                         //邻接表头结点的类型
{
    ArcNode * firstarc;                      //指向第一个相邻点
} VNode;
typedef struct
{
    VNode adjlist[M + 2][N + 2];             //邻接表头结点数组
} ALGraph;                                   //图的邻接表类型
typedef struct
{   int i;                                   //当前方块的行号
    int j;                                   //当前方块的列号
} Box;
typedef struct
{   Box data[MaxSize];
    int length;                              //路径长度
} PathType;                                  //定义路径类型
int visited[M + 2][N + 2] = {0};
int count = 0;
void CreateAdj(ALGraph * &G, int mg[ ][N + 2])   //建立迷宫数组对应的邻接表 G
{   int i,j,i1,j1,di;
    ArcNode * p;
    G = (ALGraph * )malloc(sizeof(ALGraph));
    for (i = 0;i < M + 2;i++)                 //给邻接表中所有头结点的指针域置初值
        for (j = 0;j < N + 2;j++)
            G->adjlist[i][j].firstarc = NULL;
    for (i = 1;i <= M;i++)                    //检查 mg 中每个元素
        for (j = 1;j <= N;j++)
            if (mg[i][j] == 0)
            {   di = 0;
                while (di < 4)
                {   switch(di)
                    {
                    case 0:i1 = i − 1; j1 = j; break;
                    case 1:i1 = i; j1 = j + 1;break;
                    case 2:i1 = i + 1; j1 = j;break;
                    case 3:i1 = i, j1 = j − 1;break;
                    }
                    if (mg[i1][j1] == 0)    *    //(i1,j1)为可走方块
                    {       p = (ArcNode * )malloc(sizeof(ArcNode));   //创建一个结点 p
                        p-> i = i1; p-> j = j1;
                        p-> nextarc = G-> adjlist[i][j].firstarc;    //将 p 结点链到链表后
                        G-> adjlist[i][j].firstarc = p;
                    }
                    di++;
                }
            }
```

```
}
void DispAdj(ALGraph *G)                              //输出邻接表 G
{   int i, j;
    ArcNode *p;
    for (i = 0; i < M + 2; i++)
        for (j = 0; j < N + 2; j++)
        {   printf("  [%d, %d]: ", i, j);
            p = G->adjlist[i][j].firstarc;
            while (p!= NULL)
            {   printf("(%d, %d)  ", p->i, p->j);
                p = p->nextarc;
            }
            printf("\n");
        }
}

void DestroyAdj(ALGraph *&G)                           //销毁邻接表
{   int i, j;
    ArcNode *pre, *p;
    for (i = 0; i < M + 2; i++)
        for (j = 0; j < N + 2; j++)
        {   pre = G->adjlist[i][j].firstarc;
            if (pre!= NULL)
            {   p = pre->nextarc;
                while (p!= NULL)
                {   free(pre);
                    pre = p; p = p->nextarc;
                }
                free(pre);
            }
        }
    free(G);
}

void FindPath(ALGraph *G, int xi, int yi, int xe, int ye, PathType path)
//在图 G 中采用 DFS 算法求(xi, yi)到(xe, ye)的所有路径
{   ArcNode *p;
    visited[xi][yi] = 1;                                //置已访问标记
    path.data[path.length].i = xi; path.data[path.length].j = yi;
    path.length++;
    if (xi == xe && yi == ye)
    {   printf("  迷宫路径%d: ", ++count);
        for (int k = 0; k < path.length; k++)
            printf("(%d, %d) ", path.data[k].i, path.data[k].j);
        printf("\n");
    }
    p = G->adjlist[xi][yi].firstarc;                   //p指向顶点 v 的第一条边顶点
    while (p!= NULL)
    {   if (visited[p->i][p->j] == 0)                   //若(p->i, p->j)方块未访问,递归访问它
            FindPath(G, p->i, p->j, xe, ye, path);
        p = p->nextarc;                                //p指向顶点 v 的下一条边顶点
    }
```

```
        visited[xi][yi] = 0;
    }
int main()
{   ALGraph * G;
    int mg[M + 2][N + 2] = {                              //图 3.9 的迷宫数组
        {1,1,1,1,1,1},{1,0,0,0,1,1},{1,0,1,0,0,1},
        {1,0,0,0,1,1},{1,1,0,0,0,1},{1,1,1,1,1,1}};
    CreateAdj(G,mg);
    printf("迷宫对应的邻接表:\n");DispAdj(G);           //输出邻接表
    PathType path;
    path.length = 0;
    printf("所有的迷宫路径:\n");
    FindPath(G,1,1,M,N,path);
    DestroyAdj(G);
    return 1;
}
```

📺 exp8-14.cpp 程序的执行结果如图 8.32 所示,从中看出,和第 3 章实验题 5 的结果相同。

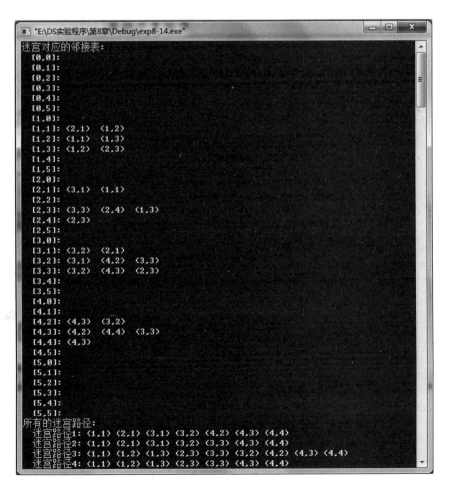

图 8.32　exp8-14.cpp 程序执行结果

实验题 15：用破圈法求一个带权连通图的最小生成树

目的：深入掌握图的复杂操作、图遍历算法和最小生成树的概念，以及最小生成树的构造算法。

内容：编写一个程序 exp8-15.cpp，采用破圈法求一个带权连通图的最小生成树，并用《教程》中的图 8.27 进行测试。

"破圈法"是带权连通图求最小生成树的另外一种方法，其思路是：任意取一个圈，去掉圈上图中权最大的边，反复执行这个步骤，直到图中没有圈为止。

✍ 假设图采用邻接矩阵存储。利用"破圈法"的过程设计功能算法如下。

- MDFS(MatGraph g, int v)：在采用邻接矩阵存储的图 g 中从顶点 v 出发进行深度优先遍历。
- connect(MatGraph g)：判定图 g 的连通性。
- spantree(MatGraph &g)：求图 g 的最小生成树。

实验程序 exp8-15.cpp 的结构如图 8.33 所示，图中方框表示函数，方框中指出函数名，箭头方向表示函数间的调用关系，虚线方框表示文件的组成，即指出该虚线方框中的函数存放在哪个文件中。

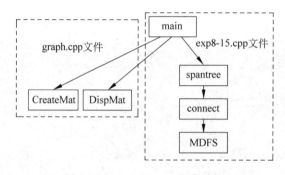

图 8.33　exp8-15.cpp 程序结构

🖳 实验程序 exp8-15.cpp 的程序代码如下：

```
# include "graph.cpp"              //包含图的存储结构及基本运算算法
# define MAXE 100                  //最多的边数
typedef struct
{   int u;                         //边的起始顶点
    int v;                         //边的终止顶点
    int w;                         //边的权值
} Edge;
int visited[MAXV];                 //全局变量
void MDFS(MatGraph g, int v)       //采用邻接矩阵的图深度优先遍历
{   int w;
    visited[v] = 1;                //置访问标记
    for (w = 0; w < g.n; w++)      //找顶点 v 的所有邻接点
        if (g.edges[v][w] != 0 && g.edges[v][w] != INF && visited[w] == 0)
            MDFS(g, w);            //找顶点 v 的未访问过的邻接点 w
}
```

```
bool connect(MatGraph g)                    //判定图 g 的连通性
{   bool flag = true;
    int k;
    for (k = 0;k < g.n;k++)visited[k] = 0;
    MDFS(g,0);
    for (k = 0;k < g.n;k++)
        if (visited[k] == 0)
            flag = false;
    return flag;
}
void spantree(MatGraph &g)                   //求图 g 的最小生成树
{   int i,j,k,e;
    k = 0;
    Edge tmp;
    Edge edges[MAXE];
    for (i = 0;i < g.n;i++)                   //获取图中所有边信息
        for (j = 0;j < i;j++)
            if (g.edges[i][j]!= 0 && g.edges[i][j]!= INF)
            {   edges[k].u = i;
                edges[k].v = j;
                edges[k].w = g.edges[i][j];
                k++;
            }
    for (i = 1;i < g.e;i++)                   //将 edges 数组按 w 递减排序
    {   if (edges[i].w > edges[i - 1].w)
        {   tmp = edges[i];
            j = i - 1;
            do
            {   edges[j + 1] = edges[j];
                j-- ;
            } while  (j >= 0 && edges[j].w < tmp.w);
            edges[j + 1] = tmp;
        }
    }
    k = 0; e = g.e;
    while (e >= g.n)
    {   g.edges[edges[k].u][edges[k].v] = INF;     //删除第 k 条边
        g.edges[edges[k].v][edges[k].u] = INF;
        if (connect(g))                            //若连通,则删除
        {   e-- ;
            printf("  (%d)删除边(%d,%d):%d\n",
                    g.e - e,edges[k].u,edges[k].v,edges[k].w);
                                                   //输出最小生成树的一条边
        }
        else                               //若不连通,则恢复第 k 条边
        {   g.edges[edges[k].u][edges[k].v] = edges[k].w;
            g.edges[edges[k].v][edges[k].u] = edges[k].w;
        }
        k++;
    }
```

```
        g.e -= e;                          //修改图中的边数
    }
int main()
{   MatGraph g;
    int A[MAXV][MAXV] = {
        {0,28,INF,INF,INF,10,INF},{28,0,16,INF,INF,INF,14},
        {INF,16,0,12,INF,INF,INF},{INF,INF,12,0,22,INF,18},
        {INF,INF,INF,22,0,25,24},{10,INF,INF,INF,25,0,INF},
        {INF,14,INF,18,24,INF,0}};
    int n = 7, e = 9;
    CreateMat(g,A,n,e);                    //建立《教程》中图 8.27 的邻接矩阵
    printf("图 G 的邻接矩阵:\n");
    DispMat(g);                            //输出邻接矩阵
    printf("产生最小生成树的过程:\n");
    spantree(g);
    printf("最小生成树如下:\n");
    DispMat(g);                            //输出邻接矩阵
    return 1;
}
```

🖥 exp8-15.cpp 程序的执行结果如图 8.34 所示。

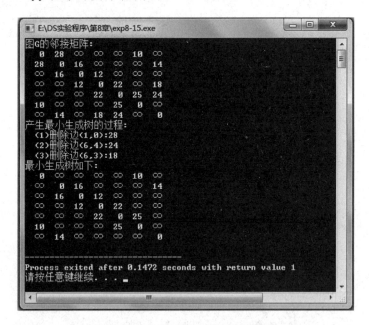

图 8.34   exp8-15.cpp 程序执行结果

第9章

查找

9.1 验证性实验

实验题 1：实现顺序查找的算法

目的：领会顺序查找的过程和算法设计。

内容：编写一个程序 exp9-1. cpp，输出在顺序表(3,6,2,10,1,8,5,7,4,9)中采用顺序查找方法查找关键字 5 的过程。

✎ 查找实验算法中使用到顺序表，为此编写 seqlist. cpp 程序。它包含顺序表类型声明和相关运算算法，对应的程序代码如下：

```
# include < stdio. h >
# include < malloc. h >
# define MAXL 100                              //顺序表的最大长度
typedef int KeyType;                           //定义关键字类型为 int
typedef char InfoType;
typedef struct
{    KeyType key;                              //关键字项
     InfoType data;                            //其他数据项，类型为 InfoType
} RecType;                                     //声明查找顺序表元素类型
void CreateList(RecType R[ ],KeyType keys[ ],int n)    //创建顺序表
{    for (int i = 0;i < n;i++)                 //R[0..n−1]存放排序记录
         R[i]. key = keys[i];
}
void DispList(RecType R[ ],int n)             //输出顺序表
{    for (int i = 0;i < n;i++)
         printf(" % d ",R[i]. key);
     printf("\n");
}
```

根据《教程》中 9.2.1 小节的算法得到 exp9-1. cpp 程序，其中包含如下函数。

- SeqSearch(KeyTypet R[ ],int n,KeyType k)：采用顺序查找方法在顺序表 R(含有 n 个元素)中查找关键字为 k 的记录位置。

实验程序 exp9-1. cpp 的结构如图 9.1 所示，图中，方框表示函数，方框中指出函数名；箭头方向表示函数间的调用关系；虚线方框表示文件的组成，即指出该虚线方框中的函数存放在哪个文件中。

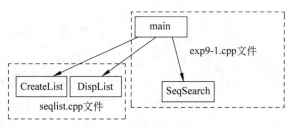

图 9.1   exp9-1. cpp 程序结构

📖 实验程序 exp9-1.cpp 的程序代码如下：

```cpp
#include "seqlist.cpp"                          //包含顺序表基本运算算法
int SeqSearch(RecType R[], int n, KeyType k)    //顺序查找算法
{    int i = 0;
     while (i < n && R[i].key != k)
     {    printf("%d ", R[i].key);
          i++;                                   //从表头往后找
     }
     if (i >= n) return 0;
     else
     {    printf("%d", R[i].key);
          return i + 1;
     }
}
int main()
{    RecType R[MAXL];
     int n = 10, i;
     KeyType k = 5;
     int a[] = {3, 6, 2, 10, 1, 8, 5, 7, 4, 9};
     CreateList(R, a, n);                        //建立顺序表
     printf("关键字序列:"); DispList(R, n);
     printf("查找%d所比较的关键字:\n\t", k);
     if ((i = SeqSearch(R, n, k)) != 0)
          printf("\n元素%d的位置是%d\n", k, i);
     else
          printf("\n元素%d不在表中\n", k);
     return 1;
}
```

🖥 exp9-1.cpp 程序的执行结果如图 9.2 所示。

图 9.2 exp9-1.cpp 程序执行结果

实验题 2：实现折半查找的算法

目的：领会折半查找的过程和算法设计。

内容：编写一个程序 exp9-2.cpp，输出在顺序表(1,2,3,4,5,6,7,8,9,10)中采用折半查找方法查找关键字 9 的过程。

✍ 根据《教程》中 9.2.2 小节的算法得到 exp9-2.cpp 程序，其中包含如下函数。

• BinSearch(KeyType $R[]$, int n, KeyType k)：采用折半查找方法在顺序表 R(含有 n

个元素）中查找关键字为 k 的记录位置。

实验程序 exp9-2.cpp 的结构如图 9.3 所示。图中,方框表示函数,方框中指出函数名;箭头方向表示函数间的调用关系;虚线方框表示文件的组成,即指出该虚线方框中的函数存放在哪个文件中。

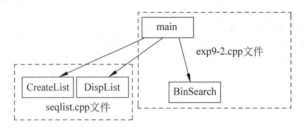

图 9.3 exp9-2.cpp 程序结构

实验程序 exp9-2.cpp 的程序代码如下:

```cpp
# include "seqlist.cpp"                                    //包含顺序表基本运算算法
int BinSearch(RecType R[ ], int n, KeyType k)              //折半查找算法
{    int low = 0, high = n - 1, mid, count = 0;
     while (low < = high)
     {    mid = (low + high)/2;
          printf("    第 % d 次比较:在[ % d, % d]中比较元素 R[ % d]: % d\n",
                  ++count, low, high, mid, R[mid].key);
          if (R[mid].key == k)                             //查找成功返回
               return mid + 1;
          if (R[mid].key > k)                              //继续在 R[low..mid - 1]中查找
               high = mid - 1;
          else
               low = mid + 1;                              //继续在 R[mid + 1..high]中查找
     }
     return 0;
}
int main()
{    RecType R[MAXL];
     KeyType k = 9;
     int a[] = {1, 2, 3, 4, 5, 6, 7, 8, 9, 10}, i, n = 10;
     CreateList(R, a, n);                                  //建立顺序表
     printf("关键字序列:"); DispList(R, n);
     printf("查找 % d 的比较过程如下:\n", k);
     if ((i = BinSearch(R, n, k)) != - 1)
          printf("元素 % d 的位置是 % d\n", k, i);
     else
          printf("元素 % d 不在表中\n", k);
     return 1;
}
```

exp9-2.cpp 程序的执行结果如图 9.4 所示。

图 9.4   exp9-2.cpp 程序执行结果

实验题 3：实现分块查找的算法

目的：领会分块查找的过程和算法设计。

内容：编写一个程序 exp9-3.cpp，输出在顺序表 $(8,14,6,9,10,22,34,18,19,31,40,$ $38,54,66,46,71,78,68,80,85,100,94,88,96,87)$ 中采用分块查找法查找（每块的块长为 5，共有 5 块）关键字 46 的过程。

根据《教程》中 9.2.3 小节的算法得到 exp9-3.cpp 程序，其中包含如下函数。

• IdxSearch(IdxType $I[\,]$, int b, RecType $R[\,]$, int n, KeyType k)：采用分块查找方法在顺序表 R（含有 n 个元素）中查找关键字为 k 的记录位置。其中 $R[0..n-1]$ 为含 n 个元素的主数据表，共分为 b 个块，$I[0..b-1]$ 为对应的索引表。

实验程序 exp9-3.cpp 的结构如图 9.5 所示。图中，方框表示函数，方框中指出函数名；箭头方向表示函数间的调用关系；虚线方框表示文件的组成，即指出该虚线方框中的函数存放在哪个文件中。

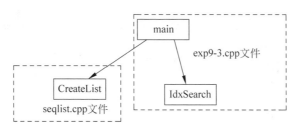

图 9.5   exp9-3.cpp 程序结构

实验程序 exp9-3.cpp 的程序代码如下：

```
# include "seqlist.cpp"              //包含顺序表基本运算算法
# define MAXI 20                     //定义索引表的最大长度
typedef struct
{    KeyType key;                    //KeyType 为关键字的类型
     int link;                       //指向分块的起始下标
} IdxType;                           //索引表元素类型
int IdxSearch(IdxType I[ ], int b, RecType R[ ], int n, KeyType k)   //分块查找
{    int s = (n + b - 1)/b;          //s 为每块的元素个数，应为 n/b 取上界
```

```c
    int count1 = 0, count2 = 0;
    int low = 0, high = b - 1, mid, i;
    printf("(1)在索引表中折半查找\n");
    while (low <= high)              //在索引表中进行折半查找,找到的位置为 high + 1
    {   mid = (low + high)/2;
        printf("    第 %d 次比较:在[ %d, %d]中比较元素 R[ %d]: %d\n",
                count1 + 1, low, high, mid, R[mid].key);
        if (I[mid].key >= k) high = mid - 1;
        else low = mid + 1;
        count1++;                    //count1 累计在索引表中的比较次数
    }
    printf("比较 %d 次,在第 %d 块中查找元素 %d\n", count1, low, k);
                                     //应在索引表的 high + 1 块中,再在主数据表中进行顺序查找
    i = I[high + 1].link;            //找到对应的块
    printf("(2)在对应块中顺序查找:\n");
    while (i <= I[high + 1].link + s - 1)
    {   printf(" %d ", R[i].key);
        count2++;                    //count2 累计在顺序表对应块中的比较次数
        if (R[i].key == k) break;
        i++;
    }
    printf("比较 %d 次,在顺序表中查找元素 %d\n", count2, k);
    if (i <= I[high + 1].link + s - 1)
        return i + 1;                //查找成功,返回该元素的逻辑序号
    else
        return 0;                    //查找失败,返回 0
}
int main()
{   RecType R[MAXL];
    IdxType I[MAXI];
    int n = 25, i;
    int a[] = {8,14,6,9,10,22,34,18,19,31,40,38,54,66,46,71,78,68,80,
            85,100,94,88,96,87};
    CreateList(R, a, n);            //建立顺序表
    I[0].key = 14; I[0].link = 0;//建立索引表
    I[1].key = 34; I[1].link = 4;
    I[2].key = 66; I[2].link = 10;
    I[3].key = 85; I[3].link = 15;
    I[4].key = 100; I[4].link = 20;
    printf("关键字序列:");
    for (i = 0; i < n; i++)
    {   printf(" %4d", R[i].key);
        if (((i + 1) % 5) == 0) printf("    ");
        if (((i + 1) % 10) == 0) printf("\n\t    ");
    }
    printf("\n");
    KeyType k = 46;
    printf("查找 %d 的比较过程如下:\n", k);
    if ((i = IdxSearch(I, 5, R, 25, k)) != - 1)
        printf("元素 %d 的位置是 %d\n", k, i);
```

```
    else
        printf("元素%d不在表中\n",k);
    return 1;
}
```

💻 exp9-3.cpp 程序的执行结果如图 9.6 所示。

图 9.6 exp9-3.cpp 程序执行结果

实验题 4：实现二叉排序树的基本运算算法

目的：领会二叉排序树的定义、创建、查找和删除过程及其算法设计。

内容：编写一个程序 bst.cpp，包含二叉排序树的创建、查找和删除算法，在此基础上编写 exp9-4.cpp 程序，完成如下功能：

（1）由关键字序列(4,9,0,1,8,6,3,5,2,7)创建一棵二叉排序树 bt 并以括号表示法输出。

（2）判断 bt 是否为一棵二叉排序树。

（3）采用递归和非递归两种方法查找关键字为 6 的结点，并输出其查找路径。

（4）分别删除 bt 中的关键字为 4 和 5 的结点，并输出删除后的二叉排序树。

✍ 根据《教程》中 9.3.1 小节的算法得到 bst.cpp 程序，其中包含如下函数。

- CreateBST(KeyType $A[\ ]$, int n)：由数组 A(含有 n 个关键字)中的关键字建立一棵二叉排序树并返回根结点。
- InsertBST(BSTNode $* \& $bt, KeyType k)：在以 bt 为根结点的 BST 中插入一个关键字为 k 的结点。
- DeleteBST(BSTNode $* \&$bt, KeyType k)：在 bt 中删除关键字为 k 的结点。
- Delete(BSTNode $* \& p$)：由函数 DeleteBST()调用，实现被删 p 结点有左右子树时的删除过程。
- Delete1(BSTNode $* p$, BSTNode $* \& r$)：由函数 Delete()调用，实现从二叉排序树中删除 p 结点。
- SearchBST1(BSTNode $*$bt, KeyType k, KeyType path$[\ ]$, int i)：以非递归方式输

出从根结点到查找到的结点的路径 path[0..i] 并输出。

- SearchBST2(BSTNode * bt, KeyType k)：以递归方式输出从根结点到查找到的结点的路径。
- DispBST(BSTNode * bt)：以括号表示法输出二叉排序树 bt。
- JudgeBST(BSTNode * bt)：判断 bt 是否为 BST。若是 BST，返回真，否则返回假。
- DestroyBST(BSTNode * bt)：销毁一棵二叉排序树 bt。

bst. cpp 的程序代码如下：

```
# include < stdio. h >
# include < malloc. h >
# define MaxSize 100
typedef int KeyType;                        //定义关键字类型
typedef char InfoType;
typedef struct node                         //记录类型
{   KeyType key;                            //关键字项
    InfoType data;                          //其他数据域
    struct node * lchild, * rchild;         //左右孩子指针
} BSTNode;
void DispBST(BSTNode * b);                   //函数声明
bool InsertBST(BSTNode * &bt, KeyType k)     //在以 bt 为根结点的 BST 中插入一个关键字为 k 的结点
{   if (bt == NULL)                          //原树为空，新插入的记录为根结点
    {   bt = (BSTNode * )malloc(sizeof(BSTNode));
        bt -> key = k;
        bt -> lchild = bt -> rchild = NULL;
        return true;
    }
    else if (k == bt -> key)
        return false;
    else if (k < bt -> key)
        return InsertBST(bt -> lchild, k);   //插入到 bt 结点的左子树中
    else
        return InsertBST(bt -> rchild, k);   //插入到 bt 结点的右子树中
}
BSTNode * CreateBST(KeyType A[ ], int n)      //由数组 A 中的关键字建立一棵二叉排序树
{   BSTNode * bt = NULL;                      //初始时 bt 为空树
    int i = 0;
    while (i < n)
        if (InsertBST(bt, A[i]) == 1)         //将 A[i]插入二叉排序树 T 中
        {   printf("    第 % d 步,插入 % d:", i + 1, A[i]);
            DispBST(bt); printf("\n");
            i++;
        }
    return bt;                               //返回建立的二叉排序树的根指针
}
void Delete1(BSTNode * p, BSTNode * &r)       //被删结点 p 有左、右子树,r 指向其左孩子
{   BSTNode * q;
    if (r -> rchild != NULL)                  //递归找结点 r 的最右下结点
        Delete1(p, r -> rchild);
```

```
        else                             //找到了最右下结点r(它没有右子树)
        {   p->key=r->key;               //将结点r的值存放到结点p中(结点值替代)
            p->data=r->data;
            q=r;                         //删除结点r
            r=r->lchild;                 //即用结点r的左孩子替代它
            free(q);                     //释放结点r的空间
        }
    }

void Delete(BSTNode *&p)                 //从二叉排序树中删除p结点
{   BSTNode *q;
    if (p->rchild==NULL)                 //p结点没有右子树的情况
    {
        q=p;p=p->lchild;free(q);
    }
    else if (p->lchild==NULL)            //p结点没有左子树的情况
    {
        q=p;p=p->rchild;free(q);
    }
    else Delete1(p,p->lchild);           //p结点既有左子树又有右子树的情况
}
bool DeleteBST(BSTNode *&bt,KeyType k)   //在bt中删除关键字为k的结点
{   if (bt==NULL) return false;          //空树删除失败
    else
    {   if (k<bt->key)
            return DeleteBST(bt->lchild,k);  //递归在左子树中删除关键字为k的结点
        else if (k>bt->key)
            return DeleteBST(bt->rchild,k);  //递归在右子树中删除关键字为k的结点
        else                             //k=bt->key 的情况
        {   Delete(bt);                  //调用函数 Delete(bt)删除 bt 结点
            return true;
        }
    }
}
void SearchBST1(BSTNode *bt,KeyType k,KeyType path[],int i)
                                 //以非递归方式输出从根结点到查找到的结点的路径
{   int j;
    if (bt==NULL)
        return;
    else if (k==bt->key)                 //找到了关键字为k的结点
    {   path[i+1]=bt->key;               //输出其路径
        for (j=0;j<=i+1;j++)
            printf(" %3d",path[j]);
        printf("\n");
    }
    else
    {   path[i+1]=bt->key;
        if (k<bt->key)
            SearchBST1(bt->lchild,k,path,i+1);  //在左子树中递归查
        else
            SearchBST1(bt->rchild,k,path,i+1);  //在右子树中递归查
```

```
        }
    }
    int SearchBST2(BSTNode * bt,KeyType k)        //以递归方式输出从根结点到查找到的结点的路径
    {   if (bt == NULL)
            return 0;
        else if (k == bt->key)
        {   printf(" %3d",bt->key);
            return 1;
        }
        else if (k < bt->key)
            SearchBST2(bt->lchild,k);             //在左子树中递归查找
        else
            SearchBST2(bt->rchild,k);             //在右子树中递归查找
        printf(" %3d",bt->key);
    }
    void DispBST(BSTNode * bt)                     //以括号表示法输出二叉排序树 bt
    {   if (bt!= NULL)
        {   printf(" %d",bt->key);
            if (bt->lchild!= NULL ‖ bt->rchild!= NULL)
            {   printf("(");
                DispBST(bt->lchild);
                if (bt->rchild!= NULL) printf(",");
                DispBST(bt->rchild);
                printf(")");
            }
        }
    }
    KeyType predt = - 32767;                       //predt 为全局变量,保存当前结点中序前驱的值,初值为 - ∞
    bool JudgeBST(BSTNode * bt)                     //判断 bt 是否为 BST
    {   bool b1,b2;
        if (bt == NULL)
            return true;
        else
        {   b1 = JudgeBST(bt->lchild);
            if (b1 == false ‖ predt >= bt->key)
                return false;
            predt = bt->key;
            b2 = JudgeBST(bt->rchild);
            return b2;
        }
    }
    void DestroyBST(BSTNode * bt)                   //销毁一棵 BST
    {   if (bt!= NULL)
        {   DestroyBST(bt->lchild);
            DestroyBST(bt->rchild);
            free(bt);
        }
    }
```

实验程序 exp9-4.cpp 的结构如图 9.7 所示。图中,方框表示函数,方框中指出函数名;箭头方向表示函数间的调用关系;虚线方框表示文件的组成,即指出该虚线方框中的函数存放在哪个文件中。

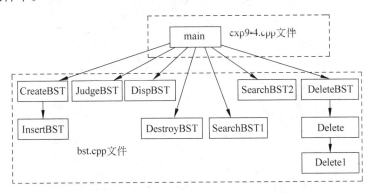

图 9.7 exp9-4.cpp 程序结构

📃 实验程序 exp9-4.cpp 的程序代码如下:

```
# include "bst.cpp"                         //包含二叉排序树的运算算法
int main()
{    BSTNode * bt;
     int path[MaxSize];
     KeyType k = 6;
     int a[] = {4,9,0,1,8,6,3,5,2,7},n = 10;
     printf("(1)创建一棵 BST 树:");
     printf("\n");
     bt = CreateBST(a,n);
     printf("(2)BST:");DispBST(bt);printf("\n");
     printf("(3)bt % s\n",(JudgeBST(bt)?"是一棵 BST":"不是一棵 BST"));
     printf("(4)查找 % d 关键字(递归,顺序):",k);SearchBST1(bt,k,path, - 1);
     printf("(5)查找 % d 关键字(非递归,逆序):",k);SearchBST2(bt,k);
     printf("\n(6)删除操作:\n");
     printf("    原 BST:");DispBST(bt);printf("\n");
     printf("    删除结点 4:");
     DeleteBST(bt,4); DispBST(bt); printf("\n");
     printf("    删除结点 5:");
     DeleteBST(bt,5); DispBST(bt); printf("\n");
     printf("(7)销毁 BST\n"); DestroyBST(bt);
     return 1;
}
```

🖥 exp9-4.cpp 程序的执行结果如图 9.8 所示。

实验题 5: 实现哈希表的相关运算算法

目的:领会哈希表的构造和查找过程及其相关算法设计。

内容:编写一个程序 exp9-5.cpp,实现哈希表的相关运算,并完成如下功能:

图 9.8　exp9-4.cpp 程序执行结果

（1）建立关键字序列 $(16,74,60,43,54,90,46,31,29,88,77)$ 对应的哈希表 $A[0..12]$，哈希函数为 $H(k)=k \% p$，并采用开放址法中的线性探测法解决冲突。

（2）在上述哈希表中查找关键字为 29 的记录。

（3）在上述哈希表中删除关键字为 77 的记录，再将其插入。

✏️　这里的哈希表 $A[0..12]$，$m=13$，取 $p=m=13$，哈希函数为 $H(k)= k \% 13$。解决冲突的线性探测法是：$d_0=H(k)$，$d_{i+1}=(d_i+1) \% m$。哈希表元素类型声明如下：

```
typedef struct
{    KeyType key;                    //关键字域
     InfoType data;                  //其他数据域
     int count;                      //探测次数域
} HashTable;                         //哈希表元素类型
```

另外，空关键字值用 NULLKEY(-1)表示，被删关键字值用 DELKEY(-2)表示。根据《教程》中 9.4 节的算法得到 exp9-5.cpp 程序，其中包含如下函数。

- InsertHT(HashTable ha[],int &n,int m,int p,KeyType k)：将关键字为 k 的记录插入到哈希表 ha 中。
- CreateHT(HashTable ha[],KeyType x[],int n,int m,int p)：由关键字序列 x 创建哈希表 ha。
- SearchHT(HashTable ha[],int m,int p,KeyType k)：在哈希表 ha 中查找关键字 k。
- DeleteHT(HashTable ha[],int m,int p,int &n,int k)：删除哈希表 ha 中的关键字 k。
- DispHT(HashTable ha[],int n,int m)：输出哈希表 ha。

实验程序 exp9-5.cpp 的结构如图 9.9 所示。图中,方框表示函数,方框中指出函数名;箭头方向表示函数间的调用关系;虚线方框表示文件的组成,即指出该虚线方框中的函数存放在哪个文件中。

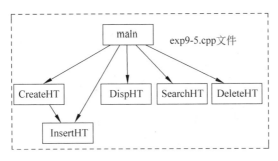

图 9.9 exp9-5.cpp 程序结构

实验程序 exp9-5.cpp 的程序代码如下:

```cpp
# include < stdio. h >
# define MaxSize 100                        //定义最大哈希表长度
# define NULLKEY  -1                        //定义空关键字值
# define DELKEY    -2                       //定义被删关键字值
typedef int KeyType;                        //关键字类型
typedef char InfoType;                      //其他数据类型
typedef struct
{   KeyType key;                            //关键字域
    InfoType data;                          //其他数据域
    int count;                              //探测次数域
} HashTable;                                //哈希表元素类型
void InsertHT(HashTable ha[], int &n, int m, int p, KeyType k)
                                            //将关键字为 k 的记录插入到哈希表中
{   int i, adr;
    adr = k % p;
    if (ha[adr].key == NULLKEY || ha[adr].key == DELKEY)     //x[j]可以直接放在哈希表中
    {   ha[adr].key = k;
        ha[adr].count = 1;
    }
    else                                    //发生冲突时采用线性探测法解决冲突
    {   i = 1;                              //i 记录 x[j]发生冲突的次数
        do
        {   adr = (adr + 1) % m;
            i++;
        } while (ha[adr].key!= NULLKEY && ha[adr].key!= DELKEY);
        ha[adr].key = k;
        ha[adr].count = i;
    }
    n++;
}
void CreateHT(HashTable ha[], KeyType x[], int n, int m, int p)    //创建哈希表
```

```
{    int i,n1 = 0;
     for (i = 0;i < m;i++)                              //哈希表置初值
     {    ha[i].key = NULLKEY;
          ha[i].count = 0;
     }
     for (i = 0;i < n;i++)
          InsertHT(ha,n1,m,p,x[i]);
}
int SearchHT(HashTable ha[],int m,int p,KeyType k)     //在哈希表中查找关键字 k
{    int i = 0,adr;
     adr = k % p;
     while (ha[adr].key!= NULLKEY && ha[adr].key!= k)
     {    i++;                                          //采用线性探测法找下一个地址
          adr = (adr + 1) % m;
     }
     if (ha[adr].key == k)return adr;                   //查找成功
     else return - 1;                                   //查找失败
}
int DeleteHT(HashTable ha[],int m,int p,int &n,int k)  //删除哈希表中的关键字 k
{    int adr;
     adr = SearchHT(ha,m,p,k);
     if (adr!= - 1)                                     //在哈希表中找到该关键字
     {    ha[adr].key = DELKEY;
          n--;                                          //哈希表长度减 1
          return 1;
     }
     else return 0;                                     //在哈希表中未找到该关键字
}
void DispHT(HashTable ha[],int n,int m)                //输出哈希表
{    float avg = 0;     int i;
     printf("    哈希表地址:    ");
     for (i = 0;i < m;i++)
          printf("% - 4d",i);
     printf(" \n");
     printf("    哈希表关键字:");
     for (i = 0;i < m;i++)
          if (ha[i].key == NULLKEY || ha[i].key == DELKEY)
               printf("    ");                          //输出 3 个空格
          else
               printf("% - 4d",ha[i].key);
     printf("\n");
     printf("    探测次数:        ");
     for (i = 0;i < m;i++)
          if (ha[i].key == NULLKEY || ha[i].key == DELKEY)
               printf("    ");                          //输出 3 个空格
          else
               printf("% - 4d",ha[i].count);
     printf(" \n");
     for (i = 0;i < m;i++)
          if (ha[i].key!= NULLKEY && ha[i].key!= DELKEY)
               avg = avg + ha[i].count;
     avg = avg/n;
```

```
        printf("    平均查找长度 ASL(%d) = %g\n",n,avg);
}
int main()
{   int x[] = {16,74,60,43,54,90,46,31,29,88,77};
    int n = 11,m = 13,p = 13,i,k = 29;
    HashTable ha[MaxSize];
    printf("(1)创建哈希表\n");
    CreateHT(ha,x,n,m,p);
    printf("(2)输出哈希表:\n"); DispHT(ha,n,m);
    printf("(3)查找关键字为%d的记录位置\n",k);
    i = SearchHT(ha,m,p,k);
    if (i!= -1)printf("    ha[%d].key = %d\n",i,k);
    elseprintf("    提示:未找到%d\n",k);
    k = 77;
    printf("(4)删除关键字%d\n",k);
    DeleteHT(ha,m,p,n,k);
    printf("(5)删除后的哈希表\n"); DispHT(ha,n,m);
    printf("(6)查找关键字为%d的记录位置\n",k);
    i = SearchHT(ha,m,p,k);
    if (i!= -1)printf("    ha[%d].key = %d\n",i,k);
    elseprintf("    提示:未找到%d\n",k);
    printf("(7)插入关键字%d\n",k);
    InsertHT(ha,n,m,p,k);
    printf("(8)插入后的哈希表\n"); DispHT(ha,n,m);
    return 1;
}
```

💻 exp9-5.cpp 程序的执行结果如图 9.10 所示。

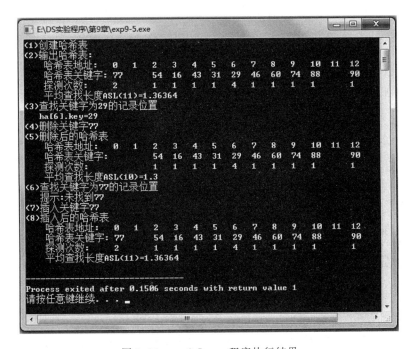

图 9.10   exp9-5.cpp 程序执行结果

9.2 设计性实验

实验题 6：在有序序列中查找某关键字的区间

目的：掌握折半查找的过程及其算法设计。

内容：编写一个程序 exp9-6.cpp,在有序序列中查找某关键字的区间。例如序列为 (1,2,2,3),对于关键字 2,其位置区间是[1,3)。

✍ 本实验利用折半查找的思路。设计的功能算法如下：

- lowerbound(RecType $R[]$,int n,KeyType k)：求关键字为 k 的记录的下界。
- upperbound(RecType $R[]$,int n,KeyType k)：求关键字为 k 的记录的上界。
- SearchRange(RecType $R[]$,int n,KeyType k)：输出关键字为 k 的记录的区间。

实验程序 exp9-6.cpp 的结构如图 9.11 所示。图中,方框表示函数,方框中指出函数名;箭头方向表示函数间的调用关系;虚线方框表示文件的组成,即指出该虚线方框中的函数存放在哪个文件中。

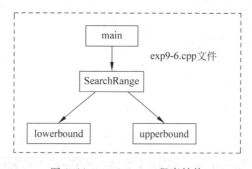

图 9.11 exp9-6.cpp 程序结构

▨ 实验程序 exp9-6.cpp 的程序代码如下：

```
# include < stdio. h >
# define MAXL 100                              //定义表中最多记录个数
typedef int KeyType;                           //定义关键字类型为 int
typedef char InfoType;
typedef struct
{    KeyType key;                              //关键字项
     InfoType data;                            //其他数据项,类型为 InfoType
} RecType;                                     //查找元素的类型
int lowerbound(RecType R[], int n, KeyType k)  //求关键字为 k 的记录的下界
{    int low = 0, high = n - 1, mid;
     while (low != high)
     {    mid = (low + high)/2;
          if (k > R[mid].key)low = mid + 1;
          elsehigh = mid;
     }
     return low;
}
```

```
int upperbound(RecType R[ ], int n, KeyType k)          //求关键字为 k 的记录的上界
{   int low = 0, high = n − 1, mid;
    while (low!= high)
    {   mid = (low + high)/2;
        if (k > = R[mid].key)     low = mid + 1;
        elsehigh = mid;
    }
    return low;
}
void SearchRange(RecType R[ ], int n, KeyType k)         //输出关键字为 k 的记录的区间
{   int lower = lowerbound(R, n, k);
    int upper = upperbound(R, n, k);
    printf("lower = % d,upper = % d\n",lower,upper);
}
int main( )
{   RecType R[MAXL];
    KeyType k = 9;
    int a[ ] = {1,2,3,3,3,3,3,8,9,10},i,n = 10;
    for (i = 0;i < n;i++)                                //建立顺序表
        R[i].key = a[i];
    printf("关键字序列:");
    for (i = 0;i < n;i++)printf(" % d ",R[i].key);
    printf("\n");
    printf("查找关键字 − 1:\t",R[i].key); SearchRange(R,n, − 1);
    for (i = 0;i < n;i++)
    {   printf("查找关键字 % d:\t",R[i].key);
        SearchRange(R,n,R[i].key);
    }
    printf("查找关键字 20:\t",R[i].key); SearchRange(R,n,20);
    return 1;
}
```

exp9-6.cpp 程序的执行结果如图 9.12 所示。从中看出,在查找关键字 k 时,若 lower≠upper,表示查找成功,其区间为[lower,upper)。若 lower=upper,当 k=R[lower]. key 时,表示查找成功,其区间为[lower,upper];否则表示查找失败。

图 9.12 exp9-6.cpp 程序执行结果

实验题 7：求两个等长有序序列的中位数

目的：掌握折半查找的过程及其算法设计。

内容：编写一个程序 exp9-7.cpp，求两个等长有序序列的中位数。有关中位数的定义参见《教程》第 2 章例 2.17，这里要求采用折半查找方法求解。

✍ 本实验利用折半查找的思路。设计的功能算法如下。

• M_Search(RecType A[], RecType B[], int n)：求 A、B 的中位数。

M_Search(A, B, n)算法的思路是：设两个升序序列 A、B 的中位数分别为 a 和 b，若 $a=b$，则 a 或 b 即为所求的中位数；否则，舍弃 a、b 中较小者所在序列之较小一半，同时舍弃较大者所在序列之较大一半，要求两次舍弃的元素个数相同。在保留的两个升序序列中，重复上述过程，直到两个序列中均只含一个元素时为止，则较小者即为所求的中位数。

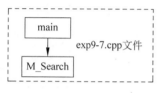

图 9.13   exp9-7.cpp 程序结构

实验程序 exp9-7.cpp 的结构如图 9.13 所示。图中，方框表示函数，方框中指出函数名；箭头方向表示函数间的调用关系；虚线方框表示文件的组成，即指出该虚线方框中的函数存放在哪个文件中。

🖳 实验程序 exp9-7.cpp 的程序代码如下：

```
# include < stdio. h >
# define MAXL 100                              //定义表中最多记录个数
typedef int KeyType;                           //定义关键字类型为 int
typedef char InfoType;
typedef struct
{    KeyType key;                              //关键字项
     InfoType data;                            //其他数据项,类型为 InfoType
} RecType;                                     //查找元素的类型
KeyType M_Search(RecType A[ ], RecType B[ ], int n)    //求 A、B 的中位数
{    int start1, end1, mid1, start2, end2, mid2;
     start1 = 0; end1 = n - 1;
     start2 = 0; end2 = n - 1;
     while(start1!= end1 ‖ start2!= end2)
     {    mid1 = (start1 + end1)/2;
          mid2 = (start2 + end2)/2;
          if(A[mid1]. key == B[mid2]. key)
              return A[mid1]. key;
          if(A[mid1]. key < B[mid2]. key)
          {    if((start1 + end1) % 2 == 0)           //若元素为奇数个
               {    start1 = mid1;                    //舍弃 A 中间点以前的部分且保留中间点
                    end2 = mid2;                      //舍弃 B 中间点以后的部分且保留中间点
               }
               else                                   //若元素为偶数个
               {    start1 = mid1 + 1;                //舍弃 A 的前半部分
                    end2 = mid2;                      //舍弃 B 的后半部分
               }
          }
```

```
        else
        {   if((start1 + end1) % 2 == 0)        //若元素为奇数个
            {   end1 = mid1;                     //舍弃 A 中间点以后的部分且保留中间点
                start2 = mid2;                   //舍弃 B 中间点以前的部分且保留中间点
            }
            else                                 //若元素为偶数个
            {   end1 = mid1;                     //舍弃 A 的后半部分
                start2 = mid2 + 1;               //舍弃 B 的前半部分
            }
        }
    }
    return A[start1].key < B[start2].key?A[start1].key:B[start2].key;
}
int main()
{   KeyType keys1[] = {11,13,15,17,19};
    KeyType keys2[] = {2,4,6,8,20};
    int n = 5,i;
    RecType A[MAXL],B[MAXL];
    for (i = 0;i < n;i++)
        A[i].key = keys1[i];
    for (i = 0;i < n;i++)
        B[i].key = keys2[i];
    printf("A:");
    for (i = 0;i < n;i++) printf(" % 3d",A[i].key);
    printf("\n");
    printf("B:");
    for (i = 0;i < n;i++) printf(" % 3d",B[i].key);
    printf("\n");
    printf("A 和 B 的中位数 : % d\n",M_Search(A,B,n));
    return 1;
}
```

🖥 exp9-7.cpp 程序的执行结果如图 9.14 所示。

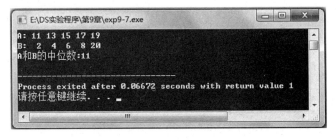

图 9.14　exp9-7.cpp 程序执行结果

实验题 8：由有序序列创建一棵高度最小的二叉排序树

目的：掌握二叉排序树的构造过程及其算法设计。

内容：编写一个程序 exp9-8.cpp，对于给定的一个有序的关键字序列，创建一棵高度最小的二叉排序树。

✍ 要创建一棵高度最小的二叉排序树,就必须让左右子树的结点个数越接近越好。由于给定的是一个关键字有序序列 $a[start..end]$,所以让其中间位置的关键字 $a[mid]$ 作为根结点,左序列 $a[start..mid-1]$ 构造左子树,右序列 $a[mid+1..end]$ 构造右子树。设计的功能算法如下。

- CreateBST1(KeyType a[], int start, int end):由有序序列 $a[start..end]$ 创建一棵二叉排序树并返回。

实验程序 exp9-8.cpp 的结构如图 9.15 所示。图中,方框表示函数,方框中指出函数名;箭头方向表示函数间的调用关系;虚线方框表示文件的组成,即指出该虚线方框中的函数存放在哪个文件中。

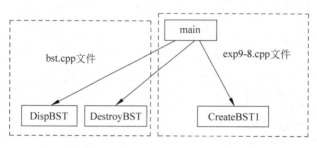

图 9.15 exp9-8.cpp 程序结构

▦ 实验程序 exp9-8.cpp 的程序代码如下:

```
# include "bst.cpp"                                    //二叉排序树基本运算算法
BSTNode * CreateBST1(KeyType a[], int start, int end)  //创建一棵二叉排序树
{   int mid;
    BSTNode * bt;
    if (end < start)
        return NULL;                                   //返回空树
    mid = (start + end)/2;
    bt = (BSTNode * )malloc(sizeof(BSTNode));
    bt -> key = a[mid];
    bt -> lchild = CreateBST1(a, start, mid - 1);
    bt -> rchild = CreateBST1(a, mid + 1, end);
    return bt;
}
int main()
{   BSTNode * bt;
    int n = 9;
    KeyType a[] = {1,2,3,4,5,6,7,8,9};
    bt = CreateBST1(a, 0, n - 1);
    printf("bst:"); DispBST(bt); printf("\n");
    DestroyBST(bt);
    return 1;
}
```

💻 exp9-8.cpp 程序的执行结果如图 9.16 所示,即由有序序列 $(1,2,3,4,5,6,7,8,9)$ 创建的高度最小的二叉排序树如图 9.17 所示。

图 9.16 exp9-8.cpp 程序执行结果

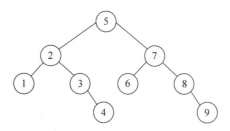

图 9.17 一棵二叉排序树

实验题 9: 统计一个字符串中出现的字符及其次数

目的:掌握二叉排序树的构造过程及其算法设计。

内容:编写一个程序 exp9-9.cpp,读入一个字符串,统计该字符串中每个出现的字符及其次数,然后按字符的 ASCII 编码顺序输出结果。要求用一棵二叉排序树来保存处理结果,每个结点包含 4 个域,格式为:

> 字符
> 该字符的出现次数
> 指向 ASCII 码值小于该字符的左子树指针
> 指向 ASCII 码值大于该字符的左子树指针

✍ 本实验根据用户输入的字符串中的字符创建一棵二叉排序树,再以中序遍历方式输出(由二叉排序树的性质可知,这样按字符的 ASCII 码值从小到大输出)所有结点。设计的功能算法如下。

- CreateBST(BSTNode ∗ &bt,char c):采用递归方式向二叉排序树 bt 中插入一个字符 c。
- InOrder(BSTNode ∗ bt):中序遍历二叉排序树 bt。
- DestroyBST(BSTNode ∗ bt):销毁二叉排序树 bt。

实验程序 exp9-9.cpp 的结构如图 9.18 所示。图中,方框表示函数,方框中指出函数名;箭头方向表示函数间的调用关系;虚线方框表示文件的组成,即指出该虚线方框中的函数存放在哪个文件中。

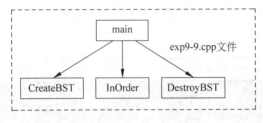

图 9.18　exp9-9.cpp 程序结构

实验程序 exp9-9.cpp 的程序代码如下：

```c
# include <stdio.h>
# include <string.h>
# include <malloc.h>
# define MAXWORD 100
typedef struct tnode
{   char ch;                                    //字符
    int count;                                  //出现次数
    struct tnode * lchild, * rchild;            //左右指针
} BSTNode;                                      //结点类型
void CreateBST(BSTNode * &bt, char c)           //采用递归方式向二叉排序树 bt 中插入一个字符 c
{   if (bt == NULL)                             //bt 为 NULL,则建立一个新结点
    {   bt = (BSTNode * )malloc(sizeof(BSTNode));
        bt -> ch = c;
        bt -> count = 1;
        bt -> lchild = bt -> rchild = NULL;
    }
    else if (c == bt -> ch)
        bt -> count++;
    else if (c < bt -> ch)
        CreateBST(bt -> lchild, c);
    else
        CreateBST(bt -> rchild, c);
}
void InOrder(BSTNode * bt)                       //中序遍历二叉排序树 bt
{   if (bt != NULL)
    {   InOrder(bt -> lchild);                   //中序遍历左子树
        printf("  % c( % d)\n", bt -> ch, bt -> count);   //访问根结点
        InOrder(bt -> rchild);                   //中序遍历右子树
    }
}
void DestroyBST(BSTNode * bt)                    //销毁二叉排序树 bt
{   if (bt != NULL)
    {   DestroyBST(bt -> lchild);
        DestroyBST(bt -> rchild);
        free(bt);
    }
```

```
}
int main()
{   BSTNode  * bt = NULL;
    int i = 0;
    char str[MAXWORD];
    printf("输入字符串:");      gets(str);
    while (str[i]!= '\0')
    {    CreateBST(bt,str[i]);
         i++;
    }
    printf("字符及出现次数:\n");
    InOrder(bt); printf("\n");
    DestroyBST(bt);
    return 1;
}
```

💻 exp9-9.cpp 程序的执行结果如图 9.19 所示。

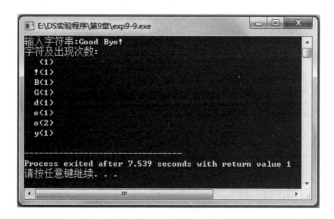

图 9.19　exp9-9.cpp 程序执行结果

实验题 10: 求一棵二叉排序树查找成功和失败情况下的平均查找长度

目的: 掌握二叉排序树的查找过程及其算法设计。

内容: 编写一个程序 exp9-10.cpp,对于给定的关键字序列,构造一棵二叉排序树 bt,并求 bt 在查找成功和失败情况下的平均查找长度。

✏️ 本实验采用二叉排序树的基本运算算法创建一棵 BST,并输出和销毁它,增加如下功能算法。

- Succlength(BSTNode * bt,int &sumlen,int &m,int level): 求查找成功总的比较次数 sumlen 和情况数 m。level 为 bt 所指结点的层次,初始时,bt 指向根结点,level 为 1。
- ASLsucc(BSTNode * bt): 调用 Succlength(bt,sumlen,m,1)算法(sumlen 和 m 作为引用型参数,初始时实参数设置为 0),求查找成功情况下的平均查找长度。
- Unsucclength(BSTNode * bt,int &sumlen,int &m,int level): 求查找失败总的比

较次数 sumlen 和情况数 m。level 为 bt 所指结点的层次,初始时,bt 指向根结点,level 为 1。

- ASLunsucc(BSTNode * bt):调用 Unsucclength(bt, sumlen, m, 1)算法(sumlen 和 m 作为引用型参数,初始时实参数设置为 0),求查找失败情况下的平均查找长度。

实验程序 exp9-10.cpp 的结构如图 9.20 所示。图中,方框表示函数,方框中指出函数名;箭头方向表示函数间的调用关系;虚线方框表示文件的组成,即指出该虚线方框中的函数存放在哪个文件中。

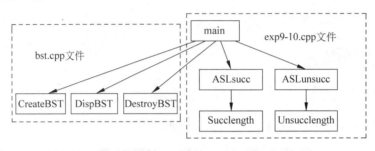

图 9.20　exp9-10.cpp 程序结构

实验程序 exp9-10.cpp 的程序代码如下:

```cpp
# include "bst.cpp"                      //二叉排序树基本运算算法
void Succlength(BSTNode * bt, int &sumlen, int &m, int level)
                                          //求查找成功总的比较次数 sumlen 和情况数 m
{    if (bt == NULL) return;              //空树直接返回
     m++;
     sumlen += level;
     Succlength(bt -> lchild, sumlen, m, level + 1);
     Succlength(bt -> rchild, sumlen, m, level + 1);
}
double ASLsucc(BSTNode * bt)             //求查找成功情况下的平均查找长度
{    int sumlen = 0, m = 0;
     Succlength(bt, sumlen, m, 1);
     return sumlen * 1.0/m;
}
void Unsucclength(BSTNode * bt, int &sumlen, int &m, int level)
                                          //求查找失败总的比较次数 sumlen 和情况数 m
{    if (bt == NULL)                      //空指针对应外部结点
     {    m++;
          sumlen += level - 1;
          return;
     }
     Unsucclength(bt -> lchild, sumlen, m, level + 1);
     Unsucclength(bt -> rchild, sumlen, m, level + 1);
}
double ASLunsucc(BSTNode * bt)           //求查找失败情况下的平均查找长度
```

```
{    int sumlen = 0,m = 0;
     Unsucclength(bt,sumlen,m,1);
     return sumlen * 1.0/m;
}
int main()
{    BSTNode * bt;
     int n = 12;
     KeyType a[ ] = {25,18,46,2,53,39,32,4,74,67,60,11};
     printf("(1)创建 BST\n");               //创建《教程》例 9.3 的一棵 BST
     bt = CreateBST(a,n);
     printf("(2)BST:"); DispBST(bt); printf("\n");
     printf("(3)ASLsucc = % g\n",ASLsucc(bt));
     printf("(4)ASLunsucc = % g\n",ASLunsucc(bt));
     DestroyBST(bt);
     return 1;
}
```

🖥 exp9-10.cpp 程序的执行结果如图 9.21 所示。

图 9.21   exp9-10.cpp 程序执行结果

实验题 11：判断一个序列是否是二叉排序树中的一个合法的查找序列

目的：掌握二叉排序树查找过程及其算法设计。

内容：编写一个程序 exp9-11.cpp，利用实验题 4 的 bst.cpp 程序构造一棵二叉排序树 bt，判断一个序列 a 是否是二叉排序树 bt 中的一个合法的查找序列。

✒ 本实验中设计的功能算法如下。

• Findseq(BSTNode * bt,int a[ ],int n)：判断 a 是否为 bt 中的一个合法查找序列。

实验程序 exp9-11.cpp 的结构如图 9.22 所示。图中，方框表示函数，方框中指出函数名；箭头方向表示函数间的调用关系；虚线方框表示文件的组成，即指出该虚线方框中的函数存放在哪个文件中。

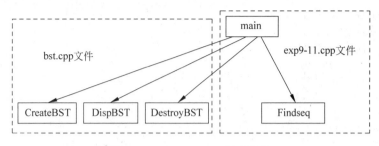

图 9.22　exp9-11.cpp 程序结构

实验程序 exp9-11.cpp 的程序代码如下:

```
# include "bst.cpp"                              //二叉排序树基本运算算法
bool Findseq(BSTNode * bt,int a[],int n)         //判断 a 是否为 bt 中的一个合法查找序列
{    BSTNode  * p = bt;
     int i = 0;
     while (i < n && p!= NULL)
     {    if (i == n - 1 && a[i] == p->key)        //a 查找完毕,返回 true
              return true;
          if (p->key!= a[i])                      //若不等,表示 a 不是查找序列
              return false;                        //返回 false
          i++;                                     //查找序列指向下一个关键字
          if (a[i]< p->key) p = p->lchild;         //在左子树中查找
          else if (a[i]> p->key) p = p->rchild;    //在右子树中查找
     }
     return false;
}
int main()
{    BSTNode * bt;
     KeyType keys[ ] = {5,2,3,4,1,6,8,7,9}; int m = 9,n = 4;
     printf("(1)构造二叉排序树 bt\n");
     bt = CreateBST(keys,m);                       //创建二叉排序树
     printf("(2)输出 BST:");DispBST(bt);printf("\n");
     KeyType a[ ] = {5,6,8,9};
     printf("(3)关键字序列:");
     for (int i = 0; i < n; i++)
          printf(" % d ",a[i]);
     if (Findseq(bt,a,n))
          printf("是一个查找序列\n");
     else
          printf("不是一个查找序列\n");
     printf("(4)销毁 bt\n"); DestroyBST(bt);
     return 1;
}
```

💻 exp9-11.cpp 程序的执行结果如图 9.23 所示。

图 9.23 exp9-11.cpp 程序执行结果

实验题 12：求二叉排序树中两个结点的最近公共祖先

目的：掌握二叉排序树的递归查找过程及其算法设计。

内容：编写一个程序 exp9-12.cpp，利用实验题 4 的 bst.cpp 程序构造一棵二叉排序树 bt，输出 bt 中关键字分别为 x、y 的结点的最近公共祖先（LCA）。

✍ 本实验中设计的功能算法如下。

- LCA(BSTNode * bt, KeyType x, KeyType y)：在二叉排序树 bt 中求 x 和 y 结点的 LCA，并返回该结点的指针。

LCA(bt, x, y)算法的思路是：设 LCA(bt, x, y)返回二叉排序树 bt 中 x、y 结点的最近公共祖先的指针，当不存在任何公共祖先时，返回空指针。根据二叉排序树的性质得到如下递归模型：

$$\text{LCA}(bt, x, y) = \begin{cases} \text{NULL} & \text{当 bt=NULL 时} \\ \text{LCA}(bt\text{->lchild}, x, y) & \text{当 } x、y \text{ 均小于 bt->key 时} \\ \text{LCA}(bt\text{->rchild}, x, y) & \text{当 } x、y \text{ 均大于 bt->key 时} \\ bt & \text{当 } x、y \text{ 结点分别位于 bt 的左、右子树中} \end{cases}$$

实验程序 exp9-12.cpp 的结构如图 9.24 所示。图中，方框表示函数，方框中指出函数名；箭头方向表示函数间的调用关系；虚线方框表示文件的组成，即指出该虚线方框中的函数存放在哪个文件中。

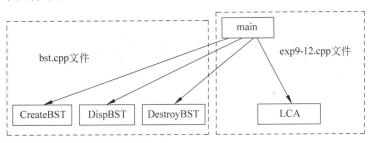

图 9.24 exp9-12.cpp 程序结构

实验程序 exp9-12.cpp 的程序代码如下：

```cpp
# include "bst.cpp"                        //二叉排序树基本运算算法
BSTNode * LCA(BSTNode * bt, KeyType x, KeyType y)
                        //在二叉排序树 bt 中求 x 和 y 结点的 LCA，并返回该结点的指针
{    if (bt == NULL) return NULL;
     if (x < bt -> key && y < bt -> key)
         return LCA(bt -> lchild, x, y);
     else if (x > bt -> key && y > bt -> key)
         return LCA(bt -> rchild, x, y);
     elsereturn bt;
}
int main()
{    BSTNode * bt, * p;
     KeyType x = 1, y = 4;
     KeyType a[] = {5, 2, 1, 6, 7, 4, 8, 3, 9}, n = 9;
     printf("(1)构造二叉排序树 bt\n");
     bt = CreateBST(a, n);                   //创建一棵二叉排序树
     printf("(2)输出 BST:"); DispBST(bt); printf("\n");
     printf("(3)查找 %d 和 %d 结点的 LCA\n", x, y);
     if (p = LCA(bt, x, y)) printf("   LCA 是：%d\n", p -> key);
     elseprintf("    指定的关键字不存在\n");
     printf("(4)销毁 bt"); DestroyBST(bt); printf("\n");
     return 1;
}
```

exp9-12.cpp 程序的执行结果如图 9.25 所示。

图 9.25   exp9-12.cpp 程序执行结果

9.3 综合性实验 ✳

实验题 13：改进折半查找算法设计和分析

目的：深入掌握折半查找过程、折半查找算法设计和分析。

内容：已知一个递增有序表 $R[1..4n]$，并且表中没有关键字相同的元素。按如下方法查找一个关键字为 k 的元素：先在编号为 $4, 8, 12, \cdots, 4n$ 的元素中进行顺序查找，或者查找成功，或者由此确定一个继续进行顺序查找的范围。编写程序 exp9-13.cpp，完成如下功能：

（1）设计满足上述过程的查找算法，并用相关数据进行测试，分析该算法在成功情况下的平均查找长度。

（2）上述算法和采用折半查找算法相比，哪个算法较好？为了提高效率，可以对本算法做何改进？给出改进后的算法，并说明改进后的算法的时间复杂度。

✎ 本实验中设计的功能算法如下。

- FindElem(RecType $R[]$, int n, KeyType k)：(1)小题对应的算法，对于给定的关键字 k，先在编号为 $4, 8, 12, \cdots, 4n$ 的元素中进行顺序查找，若没有找到，会找到大于 k 的位置 i(有 $k < R[i-1]$. key 并且 $k < R[i]$. key)，然后在 $R[i\text{-}3..i-1]$ 的范围内进行顺序查找。

- ImproveFindElem(RecType $R[]$, int n, KeyType k)：(2)小题对应的算法，由于编号为 $4, 8, 12, \cdots, 4n$ 的记录是递增有序的，将顺序查找改为折半查找，然后在确定范围内再进行顺序查找。

实验程序 exp9-13.cpp 的结构如图 9.26 所示。图中，方框表示函数，方框中指出函数名；箭头方向表示函数间的调用关系；虚线方框表示文件的组成，即指出该虚线方框中的函数存放在哪个文件中。

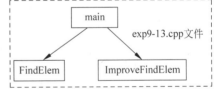

图 9.26 exp9-13.cpp 程序结构

▦ 实验程序 exp9-13.cpp 的程序代码如下：

```c
#include <stdio.h>
#define MAXL 100                              //定义表中最多记录个数
typedef int KeyType;                          //定义关键字类型为 int
typedef char InfoType;
typedef struct
{    KeyType key;                             //关键字项
     InfoType data;                           //其他数据项,类型为 InfoType
} RecType;                                     //查找元素的类型
int FindElem(RecType R[], int n, KeyType k)   //(1)小题对应的算法
{    int i = 4, j;
     if (k < R[1].key || k > R[4 * n].key)
         return 0;                            //不在范围内返回 0
     while(i <= 4 * n)
```

```
    {    if (R[i].key == k)
            return i;                                //查找成功返回
         else if (R[i].key < k)
             i += 4;
         else                                        //找到大于 k 的位置 i
             break;
    }
    j = i − 3;
    while (j < i && R[j].key!= k)
         j++;                                        //在 R[i − 3..i − 1]中查找
    if (j < i) return j;                             //查找成功返回
    else return 0;
}
int ImproveFindElem(RecType R[], int n, KeyType k)   //(2)小题对应的算法
{    int low, high, mid;
     int i, j;
     if (k < R[1].key ‖ k > R[4 * n].key)
         return 0;                                   //不在范围内返回 0
     low = 4; high = 4 * n;
     while (low <= high)                             //二分查找
     {    mid = (low + high)/2;
          if (k < R[mid].key)
              high = mid − 4;
          else if (k > R[mid].key)
              low = mid + 4;
          else return mid;
     }                           //查找失败时刚好有 k > R[high].key 并且 k <= R[high + 4].key
     i = high + 4;
     j = high + 1;
     while (j < i && R[j].key!= k)
          j++;                                       //在 R[high + 1..high + 4]中查找
     if (j < i) returnj;                             //查找成功返回 j
     else return 0;                                  //查找不成功返回 0
}
int main()
{    int i, m = 13, n = 3;
     KeyType keys[ ] = {0, 1, 2, 3, 4, 5, 6, 7, 8, 9, 10, 11, 12};
     RecType R[MAXL];
     for (i = 0; i < m; i++) R[i].key = keys[i];
     printf("R:");
     for (i = 0; i < m; i++)
         printf(" % 3d", R[i].key);
     printf("\n");
     KeyType k = 8;
     printf("用算法(1)查找关键字 % d:\n", k);
     i = FindElem(R, n, k);
     if (i >= 1) printf("   结果:R[ % d] = % d\n", i, k);
     else printf("   未找到 % d\n", k);
     k = 20;
     printf("用算法(2)查找关键字 % d:\n", k);
```

```
        i = ImproveFindElem(R,n,k);
        if (i>=1) printf("   结果:R[%d]=%d\n",i,k);
        else printf("   未找到%d\n",k);
        return 1;
    }
```

对于算法(1),在查找成功情况下,第一步在 $n-1$ 个元素(编号为 $4,8,12,\cdots,4n$ 的元素)中顺序查找,平均关键字比较次数为 $(n-1)/2$,然后在 3 个元素的范围内进行顺序查找,平均关键字比较次数为 2,所以总的平均查找长度为 $(n-1)/2+2=(n+3)/2$。若对整个表进行折半查找,平均查找长度为 $\log_2(4n+1)-1$,显然采用折半查找更好些。

对于改进后的算法,首先对 $n-1$ 个元素(编号为 $4,8,12,\cdots,4n$ 的元素)进行折半查找,平均查找长度为 $\log_2 n-1$,然后在 3 个元素的范围内进行顺序查找,平均关键字比较次数为 2,所以总的平均查找长度为 $\log_2 n+1$,好于采用对整个表进行折半查找。

exp9-13.cpp 程序的执行结果如图 9.27 所示。

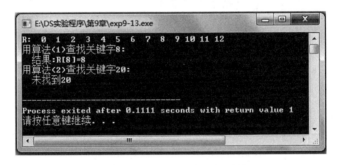

图 9.27　exp9-13.cpp 程序执行结果

实验题 14：求折半查找成功时的平均查找长度

目的：深入掌握折半查找过程和折半查找算法分析。

内容：编写一个程序 exp9-14.cpp,建立由有序序列 $R[0..n-1]$ 进行二分查找产生的判定树,在此基础上完成如下功能:

(1) 输出 $n=11$ 时的判定树并求成功情况下的平均查找长度 ASL。

(2) 通过构造判定树可以求得成功情况下的平均查找长度 ASL_1;当将含有 n 个结点的判定树看成是一棵满二叉树时,其成功情况下平均查找长度的理论值 ASL_2 约为 $\log_2(n+1)-1$。对于 $n=10$、100、1000、10000、100000 和 1000000,求出其 ASL_1、ASL_2 和两者的差值。

本实验中设计的功能算法如下。

- CreateDectree1(DecNode * &b, long low, long high, int h)：由 CreateDectree 调用以建立判定树。由 $R[low..high]$ 创建根结点为 b 的判定树,h 为该树的高度,初始时,由 $R[0..n-1]$ 创建判定树,h 的初始值为 1。
- CreateDectree(DecNode * &b, long n)：建立判定树 b。
- DispDectree(DecNode * b)：以括号表示法输出二叉树 b。
- DestroyDectree(DecNode * &b)：销毁判定树 b。
- Sum(DecNode * b)：求判定树 b 中关键字比较的总次数。

• ASLsucc(DecNode $*b$, long n)：求成功情况下的平均查找长度。

实验程序 exp9-14.cpp 的结构如图 9.28 所示。图中，方框表示函数，方框中指出函数名；箭头方向表示函数间的调用关系；虚线方框表示文件的组成，即指出该虚线方框中的函数存放在哪个文件中。

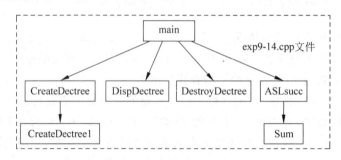

图 9.28 exp9-14.cpp 程序结构

📖 实验程序 exp9-14.cpp 的程序代码如下：

```
#include <stdio.h>
#include <malloc.h>
#include <math.h>
typedef struct node
{   long index;                                    //当前结点对应的记录下标
    int level;                                     //当前结点的层次
    struct node * lchild, * rchild;                //左右孩子指针
} DecNode;                                         //判定树结点类型
void CreateDectree1(DecNode *&b, long low, long high, int h)
                                                   //由 CreateDectree 调用以建立判定树
{   int mid;
    if (low <= high)
    {   mid = (low + high)/2;
        b = (DecNode *)malloc(sizeof(DecNode));
        b -> index = mid;
        b -> level = h;
        CreateDectree1(b -> lchild, low, mid - 1, h + 1);
        CreateDectree1(b -> rchild, mid + 1, high, h + 1);
    }
    else b = NULL;
}
void CreateDectree(DecNode *&b, long n)            //建立判定树 b
{
    CreateDectree1(b, 0, n - 1, 1);
}
void DispDectree(DecNode * b)                      //以括号表示法输出二叉树 b
{   if (b != NULL)
    {   printf(" %d[ %d]", b -> index, b -> level);
        if (b -> lchild != NULL || b -> rchild != NULL)
        {   printf("(");
            DispDectree(b -> lchild);
```

```
                if (b->rchild!= NULL) printf(",");
                DispDectree(b->rchild);
                printf(")");
        }
    }
}
void DestroyDectree(DecNode *&b)            //销毁判定树b
{   if (b!= NULL)
    {   DestroyDectree(b->lchild);
        DestroyDectree(b->rchild);
        free(b);
    }
}

int Sum(DecNode * b)                        //求判定树b中比较的总次数
{   if (b!= NULL)
    {   if (b->lchild == NULL && b->rchild == NULL)
            return b->level;
        else
            return Sum(b->lchild) + Sum(b->rchild) + b->level;
    }
    else return 0;
}
double ASLsucc(DecNode * b, long n)         //求成功情况下的平均查找长度
{
    return 1.0 * Sum(b)/n;
}
int main()
{   DecNode * b;
    long n = 11;
    double d, asl1, asl2;
    CreateDectree(b, n);
    printf("R[0..%d]判定树:\n\t", n-1);
    DispDectree(b);
    printf("\n\tASL = %g\n", ASLsucc(b, n));
    DestroyDectree(b);
    printf("成功平均查找长度分析:\n");
    printf("\tn\t\tASL1\t\tASL2\t\t 差值\n");
    for (n = 10; n <= 1000000; n *= 10)
    {   CreateDectree(b, n);
        asl1 = ASLsucc(b, n);
        asl2 = log(n + 1) - 1;
        d = asl1 - asl2;
        printf("  %10d\t\t%g\t\t%g\t\t%g\n", n, asl1, asl2, d);
        DestroyDectree(b);
    }
    return 1;
}
```

exp9-14.cpp 程序的执行结果如图 9.29 所示。

图 9.29　exp9-14.cpp 程序执行结果

第 **10** 章

内排序

实验题 1：实现直接插入排序算法

目的：领会直接插入排序的过程和算法设计。

内容：编写一个程序 exp10-1.cpp,实现直接插入排序算法。用相关数据进行测试,并输出各趟的排序结果。

✎ 排序数据存放在顺序表中,首先编写顺序表操作的程序 seqlist.cpp,其程序代码如下：

```
# include < stdio. h >
# define MAXL 100                                //最大长度
typedef int KeyType;                             //定义关键字类型为 int
typedef char InfoType;
typedef struct
{    KeyType key;                                //关键字项
     InfoType data;                              //其他数据项,类型为 InfoType
} RecType;                                       //查找元素的类型
void swap(RecType &x, RecType &y)                 //x 和 y 交换
{    RecType tmp = x;
     x = y;  y = tmp;
}
void CreateList(RecType R[ ], KeyType keys[ ], int n)   //创建顺序表
{    for (int i = 0; i < n; i++)                 //R[0..n-1]存放排序记录
         R[i]. key = keys[i];
}
void DispList(RecType R[ ], int n)               //输出顺序表
{    for (int i = 0; i < n; i++)
         printf(" % d ", R[i]. key);
     printf("\n");
}
// ---- 以下运算针对堆排序的程序
void CreateList1(RecType R[ ], KeyType keys[ ], int n)  //创建顺序表
{    for (int i = 1; i <= n; i++)                //R[1..n]存放排序记录
         R[i]. key = keys[i-1];
}
void DispList1(RecType R[ ], int n)              //输出顺序表
{    for (int i = 1; i <= n; i++)
         printf(" % d ", R[i]. key);
     printf("\n");
}
```

根据《教程》中 10.2.1 小节的算法得到 exp10-1.cpp 程序,其中包含如下函数。

* InsertSort(RecType $R[]$,int n):对 $R[0..n-1]$ 按递增有序进行直接插入排序。

实验程序 exp10-1.cpp 的结构如图 10.1 所示,图中方框表示函数,方框中指出函数名;箭头方向表示函数间的调用关系;虚线方框表示文件的组成,即指出该虚线方框中的函数存放在哪个文件中。

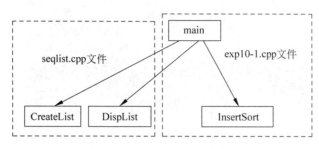

图 10.1 exp10-1.cpp 程序结构

实验程序 exp10-1.cpp 的程序代码如下:

```
# include "seqlist.cpp"              //包含排序顺序表的基本运算算法
void InsertSort(RecType R[], int n)   //对 R[0..n-1]按递增有序进行直接插入排序
{   int i, j; RecType tmp;
    for (i = 1; i < n; i++)
    {   printf("  i = % d,插入 % d,插入结果: ", i, R[i].key);
        if (R[i].key < R[i - 1].key)       //反序时
        {   tmp = R[i];
            j = i - 1;
            do                             //找 R[i]的插入位置
            {   R[j + 1] = R[j];           //将关键字大于 R[i].key 的记录后移
                j-- ;
            } while (j >= 0 && R[j].key > tmp.key);
            R[j + 1] = tmp;                //在 j + 1 处插入 R[i]
        }
        DispList(R, n);
    }
}
int main()
{   int n = 10;
    KeyType a[] = {9, 8, 7, 6, 5, 4, 3, 2, 1, 0};
    RecType R[MAXL];
    CreateList(R, a, n);
    printf("排序前: ");     DispList(R, n);
    InsertSort(R, n);
    printf("排序后: "); DispList(R, n);
    return 1;
}
```

 exp10-1.cpp 程序的执行结果如图 10.2 所示。

图 10.2　exp10-1.cpp 程序执行结果

实验题 2：实现折半插入排序算法

目的：领会折半插入排序的过程和算法设计。

内容：编写一个程序 exp10-2.cpp，实现折半插入排序算法。用相关数据进行测试，并输出各趟的排序结果。

✍ 根据《教程》中 10.2.2 小节的算法得到 exp10-2.cpp 程序，其中包含如下函数。

• BinInsertSort(RecType R[], int n)：对 R[0..n−1] 按递增有序进行折半插入排序。

实验程序 exp10-2.cpp 的结构如图 10.3 所示，图中方框表示函数，方框中指出函数名；箭头方向表示函数间的调用关系；虚线方框表示文件的组成，即指出该虚线方框中的函数存放在哪个文件中。

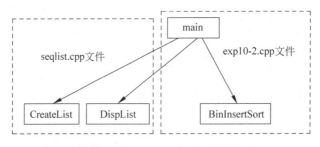

图 10.3　exp10-2.cpp 程序结构

⌨ 实验程序 exp10-2.cpp 的程序代码如下：

```cpp
#include "seqlist.cpp"                    //包含排序顺序表的基本运算算法
void BinInsertSort(RecType R[], int n)    //对 R[0..n-1]按递增有序进行折半插入排序
{   int i, j, low, high, mid;
    RecType tmp;
    for (i=1;i<n;i++)
    {   if (R[i].key<R[i-1].key)          //反序时
        {   printf("  i=%d,插入%d,插入结果: ",i,R[i].key);
```

```
            tmp = R[i];                        //将 R[i]保存到 tmp 中
            low = 0;    high = i − 1;
            while (low <= high)                //在 R[low..high]中查找插入的位置
            {   mid = (low + high)/2;          //取中间位置
                if (tmp.key < R[mid].key)
                    high = mid − 1;            //插入点在左半区
                else
                    low = mid + 1;             //插入点在右半区
            }                                  //找位置 high
            for (j = i − 1;j >= high + 1;j − − )  //集中进行元素后移
                R[j + 1] = R[j];
            R[high + 1] = tmp;                 //插入 tmp
        }
        DispList(R,n);
    }
}
int main()
{   int n = 10;
    RecType R[MAXL];
    KeyType a[ ] = {9,8,7,6,5,4,3,2,1,0};
    CreateList(R,a,n);
    printf("排序前:"); DispList(R,n);
    BinInsertSort(R,n);
    printf("排序后:"); DispList(R,n);
    return 1;
}
```

exp10-2.cpp 程序的执行结果如图 10.4 所示。

图 10.4 exp10-2.cpp 程序执行结果

实验题 3：实现希尔排序算法

目的：领会希尔排序的过程和算法设计。

内容：编写一个程序 exp10-3.cpp，实现希尔排序算法。用相关数据进行测试，并输出各趟的排序结果。

✍ 根据《教程》中 10.2.3 小节的算法得到 exp10-3.cpp 程序,其中包含如下函数。

• ShellSort(RecType R[ ],int n):对 R[0..n-1]按递增有序进行希尔排序。

实验程序 exp10-3.cpp 的结构如图 10.5 所示,图中方框表示函数,方框中指出函数名;箭头方向表示函数间的调用关系;虚线方框表示文件的组成,即指出该虚线方框中的函数存放在哪个文件中。

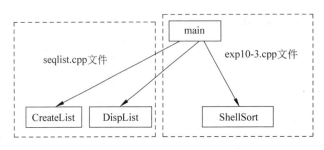

图 10.5　exp10-3.cpp 程序结构

⌨ 实验程序 exp10-3.cpp 的程序代码如下:

```cpp
# include "seqlist.cpp"                    //包含排序顺序表的基本运算算法
void ShellSort(RecType R[ ],int n)          //对 R[0..n-1]按递增有序进行希尔排序
{    int i,j,d;
     RecType tmp;
     d = n/2;                              //增量置初值
     while (d>0)
     {   for (i = d;i<n;i++)               //对所有组采用直接插入排序
         {   tmp = R[i];                   //对相隔 d 个位置一组采用直接插入排序
             j = i-d;
             while (j>=0 && tmp.key<R[j].key)
             {   R[j+d] = R[j];
                 j = j-d;
             }
             R[j+d] = tmp;
         }
         printf("   d = %d: ",d); DispList(R,n);
         d = d/2;                          //减小增量
     }
}
int main()
{    int n = 10;
     RecType R[MAXL];
     KeyType a[ ] = {9,8,7,6,5,4,3,2,1,0};
     CreateList(R,a,n);
     printf("排序前:"); DispList(R,n);
     ShellSort(R,n);
     printf("排序后:"); DispList(R,n);
     return 1;
}
```

exp10-3.cpp 程序的执行结果如图 10.6 所示。

图 10.6　exp10-3.cpp 程序执行结果

实验题 4: 实现冒泡排序算法

目的: 领会冒泡排序的过程和算法设计。

内容: 编写一个程序 exp10-4.cpp,实现冒泡排序算法。用相关数据进行测试,并输出各趟的排序结果。

根据《教程》中 10.3.1 小节的算法得到 exp10-4.cpp 程序,其中包含如下函数。

- BubbleSort(RecType $R[\,]$, int n): 对 $R[0..n-1]$ 按递增有序进行冒泡排序。

实验程序 exp10-4.cpp 的结构如图 10.7 所示,图中方框表示函数,方框中指出函数名;箭头方向表示函数间的调用关系,虚线方框表示文件的组成,即指出该虚线方框中的函数存放在哪个文件中。

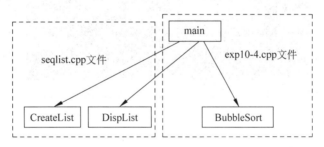

图 10.7　exp10-4.cpp 程序结构

实验程序 exp10-4.cpp 的程序代码如下:

```cpp
#include "seqlist.cpp"                    //包含排序顺序表的基本运算算法
void BubbleSort(RecType R[],int n)        //冒泡排序
{    int i,j;
     bool exchange;
     for (i = 0;i < n-1;i++)
     {   exchange = false;                //一趟前 exchange 置为假
         for (j = n-1;j > i;j--)          //归位 R[i],循环 n-i-1 次
             if (R[j].key < R[j-1].key)   //相邻两个元素反序时
             {   swap(R[j],R[j-1]);       //将这两个元素交换
                 exchange = true;         //一旦有交换,exchange 置为真
             }
```

```
        printf("   i = % d: 归位元素 % d,排序结果: ",i,R[i].key);
        DispList(R,n);
        if (!exchange)              //本趟没有发生交换,中途结束算法
            return;
    }
}
int main()
{   int n = 10;
    RecType R[MAXL];
    KeyType a[] = {6,8,7,9,0,1,3,2,4,5};
    CreateList(R,a,n);
    printf("排序前:"); DispList(R,n);
    BubbleSort(R,n);
    printf("排序后:"); DispList(R,n);
    return 1;
}
```

exp10-4.cpp 程序的执行结果如图 10.8 所示。

图 10.8 exp10-4.cpp 程序执行结果

实验题 5：实现快速排序算法

目的：领会快速排序的过程和算法设计。

内容：编写一个程序 exp10-5.cpp,实现快速排序算法。用相关数据进行测试,并输出各次划分后的结果。

根据《教程》中 10.3.2 小节的算法得到 exp10-5.cpp 程序,其中包含如下函数。

- disppart(RecType $R[\ ]$,int s,int t)：显示 $R[s..t]$ 划分后的结果。
- partition(RecType $R[\ ]$,int s,int t)：对 $R[s..t]$ 元素进行一趟划分(以该区间中的第一个元素为基准)。
- QuickSort(RecType $R[\ ]$,int s,int t)：对 $R[s..t]$ 的元素进行递增快速排序。

实验程序 exp10-5.cpp 的结构如图 10.9 所示,图中方框表示函数,方框中指出函数名；箭头方向表示函数间的调用关系；虚线方框表示文件的组成,即指出该虚线方框中的函数存放在哪个文件中。

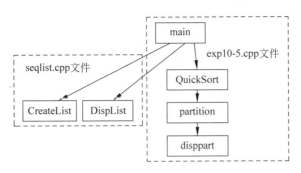

图 10.9 exp10-5.cpp 程序结构

实验程序 exp10-5.cpp 的程序代码如下：

```cpp
#include "seqlist.cpp"                          //包含排序顺序表的基本运算算法
void disppart(RecType R[],int s,int t)          //显示一趟划分后的结果
{   static int i=1;
    int j;
    printf("第%d次划分:",i);
    for (j=0;j<s;j++)                           //输出若干个空格
        printf("   ");
    for (j=s;j<=t;j++)
        printf("%3d",R[j].key);
    printf("\n");
    i++;
}
int partition(RecType R[],int s,int t)          //一趟划分
{   int i=s,j=t;
    RecType tmp=R[i];                           //以 R[i]为基准
    while (i<j)                                 //从两端交替向中间扫描,直至 i=j 为止
    {   while (j>i && R[j].key>=tmp.key)
            j--;                                //从右向左扫描,找一个小于 tmp.key 的 R[j]
        R[i]=R[j];                              //找到这样的 R[j],放入 R[i]处
        while (i<j && R[i].key<=tmp.key)
            i++;                                //从左向右扫描,找一个大于 tmp.key 的 R[i]
        R[j]=R[i];                              //找到这样的 R[i],放入 R[j]处
    }
    R[i]=tmp;
    disppart(R,s,t);
    return i;
}
void QuickSort(RecType R[],int s,int t)         //对 R[s..t]的元素进行递增快速排序
{   int i;
    if (s<t)                                    //区间内至少存在两个元素的情况
    {   i=partition(R,s,t);
        QuickSort(R,s,i-1);                     //对左区间递归排序
        QuickSort(R,i+1,t);                     //对右区间递归排序
    }
}
```

```
int main()
{   int n = 10;
    RecType R[MAXL];
    KeyType a[] = {6,8,7,9,0,1,3,2,4,5};
    CreateList(R,a,n);
    printf("排序前:"); DispList(R,n);
    QuickSort(R,0,n-1);
    printf("排序后:"); DispList(R,n);
    return 1;
}
```

exp10-5.cpp 程序的执行结果如图 10.10 所示。

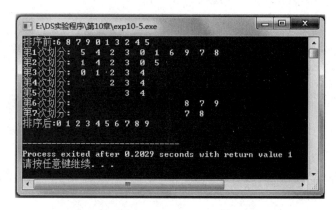

图 10.10　exp10-5.cpp 程序执行结果

实验题 6: 实现简单选择排序算法

目的: 领会简单选择排序的过程和算法设计。

内容: 编写一个程序 exp10-6.cpp,实现简单选择排序算法。用相关数据进行测试,并输出各趟的排序结果。

根据《教程》中 10.4.1 小节的算法得到 exp10-6.cpp 程序,其中包含如下函数。

• SelectSort(RecType $R[]$, int n): 对 $R[0..n-1]$ 按递增有序进行简单选择排序。

实验程序 exp10-6.cpp 的结构如图 10.11 所示,图中方框表示函数,方框中指出函数名;箭头方向表示函数间的调用关系;虚线方框表示文件的组成,即指出该虚线方框中的函数存放在哪个文件中。

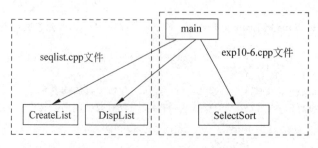

图 10.11　exp10-6.cpp 程序结构

📝 实验程序 exp10-6.cpp 的程序代码如下：

```cpp
#include "seqlist.cpp"                          //包含排序顺序表的基本运算算法
void SelectSort(RecType R[],int n)             //简单选择排序算法
{   int i,j,k;
    for (i=0;i<n-1;i++)                         //做第 i 趟排序
    {   k=i;
        for (j=i+1;j<n;j++)                     //在当前无序区 R[i..n-1]中选 key 最小的 R[k]
            if (R[j].key<R[k].key)
                k=j;                            //k 记下目前找到的最小关键字所在的位置
        if (k!=i)                               //交换 R[i]和 R[k]
            swap(R[i],R[k]);
        printf(" i=%d,选择关键字:%d,排序结果为:",i,R[i].key);
        DispList(R,n);                          //输出每一趟的排序结果
    }
}
int main()
{   int n=10;
    RecType R[MAXL];
    KeyType a[]={9,8,7,6,5,4,3,2,1,0};
    CreateList(R,a,n);
    printf("排序前:"); DispList(R,n);
    SelectSort(R,n);
    printf("排序后:"); DispList(R,n);
    return 1;
}
```

💻 exp10-6.cpp 程序的执行结果如图 10.12 所示。

图 10.12　exp10-6.cpp 程序执行结果

实验题 7：实现堆排序算法

目的：领会堆排序的过程和算法设计。

内容：编写一个程序 exp10-7.cpp，实现堆排序算法。用相关数据进行测试，并输出各趟的排序结果。

✍ 根据《教程》中 10.4.2 小节的算法得到 exp10-7.cpp 程序,其中包含如下函数。

- DispHeap(RecType $R[\ ]$,int i,int n):以括号表示法输出建立的堆 $R[1..n]$。
- Sift(RecType $R[\ ]$,int low,int high):对 $R[low..high]$进行堆筛选的算法。
- HeapSort(RecType $R[\ ]$,int n):对 $R[1..n]$元素序列实现堆排序。

实验程序 exp10-7.cpp 的结构如图 10.13 所示,图中方框表示函数,方框中指出函数名;箭头方向表示函数间的调用关系;虚线方框表示文件的组成,即指出该虚线方框中的函数存放在哪个文件中。

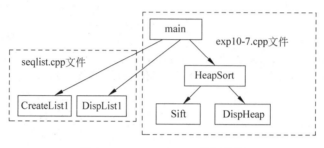

图 10.13　exp10-7.cpp 程序结构

⌨ 实验程序 exp10-7.cpp 的程序代码如下:

```
# include "seqlist.cpp"                              //包含排序顺序表的基本运算算法
int count = 1;                                        //全局变量,累计排序趟数
void DispHeap(RecType R[ ],int i,int n)              //以括号表示法输出建立的堆
{    if (i <= n)
         printf(" % d",R[i].key);                     //输出根结点
     if (2 * i <= n || 2 * i + 1 < n)
     {   printf("(");
         if (2 * i <= n)
             DispHeap(R,2 * i,n);                     //递归调用输出左子树
         printf(",");
         if (2 * i + 1 <= n)
             DispHeap(R,2 * i + 1,n);                 //递归调用输出右子树
         printf(")");
     }
}
void Sift(RecType R[ ],int low,int high)             //R[low..high}堆筛选算法
{    int i = low,j = 2 * i;                           //R[j]是 R[i]的左孩子
     RecType temp = R[i];
     while (j <= high)
     {   if (j < high && R[j].key < R[j + 1].key)      //若右孩子较大,把 j 指向右孩子
             j++;                                     //变为 2i + 1
         if (temp.key < R[j].key)
         {   R[i] = R[j];                             //将 R[j]调整到双亲结点位置上
             i = j;                                   //修改 i 和 j 值,以便继续向下筛选
             j = 2 * i;
         }
         else break;                                  //筛选结束
     }
     R[i] = temp;                                     //被筛选结点的值放入最终位置
```

```
}
void HeapSort(RecType R[],int n)              //对 R[1]到 R[n]元素实现堆排序
{    int i,j;
     for (i=n/2;i>=1;i--)                     //循环建立初始堆
         Sift(R,i,n);
     printf("初始堆."),DispHeap(R,1,n),printf("\n");    //输出初始堆
     for (i=n;i>=2;i--)                       //进行 n-1 次循环,完成堆排序
     {    printf("第%d趟排序:",count++);
          printf(" 交换%d与%d,输出%d ",R[i].key,R[1].key,R[1].key);
          swap(R[1],R[i]);                    //将第一个元素同当前区间内的 R[1]对换
          printf(" 排序结果:");               //输出每一趟的排序结果
          for (j=1;j<=n;j++)
              printf(" %2d",R[j].key);
          printf("\n");
          Sift(R,1,i-1);                      //筛选 R[1]结点,得到 i-1 个结点的堆
          printf("筛选调整得到堆:");DispHeap(R,1,i-1);printf("\n");
     }
}
int main()
{    int n=10;
     RecType R[MAXL];
     KeyType a[]={6,8,7,9,0,1,3,2,4,5};
     CreateList1(R,a,n);
     printf("排序前:"); DispList1(R,n);
     HeapSort(R,n);
     printf("排序后:"); DispList1(R,n);
     return 1;
}
```

🖳 exp10-7.cpp 程序的执行结果如图 10.14 所示。

图 10.14   exp10-7.cpp 程序执行结果

实验题 8: 实现二路归并排序算法

目的: 领会二路归并的过程和算法设计。

内容: 编写一个程序 exp10-8.cpp,实现二路归并排序算法。用相关数据进行测试,并输出各趟的排序结果。

　根据《教程》中 10.5 节的算法得到 exp10-8.cpp 程序,其中包含如下函数。

- Merge(RecType $R[\,]$,int low,int mid,int high): 一次归并,将两个有序表 $R[\text{low.. mid}]$ 和 $R[\text{mid}+1..\text{high}]$ 归并为一个有序表 $R[\text{low..high}]$。

- MergePass(RecType $R[\,]$,int length,int n): 实现有序表长度为 length 的一趟归并。

- MergeSort(RecType $R[\,]$,int n): 二路归并排序算法。

实验程序 exp10-8.cpp 的结构如图 10.15 所示,图中方框表示函数,方框中指出函数名;箭头方向表示函数间的调用关系;虚线方框表示文件的组成,即指出该虚线方框中的函数存放在哪个文件中。

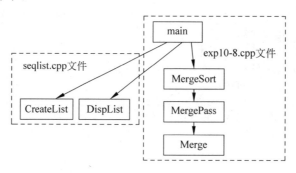

图 10.15　exp10-8.cpp 程序结构

　实验程序 exp10-8.cpp 的程序代码如下:

```
# include "seqlist.cpp"                    //包含排序顺序表的基本运算算法
# include <malloc.h>
void Merge(RecType R[],int low,int mid,int high)
//一次归并: 将两个有序表 R[low..mid]和 R[mid+1..high]归并为一个有序表 R[low..high]
{   RecType * R1;
    int i=low,j=mid+1,k=0;                 //k 是 R1 的下标,i、j 分别为第 1、2 段的下标
    R1=(RecType * )malloc((high-low+1) * sizeof(RecType));    //动态分配空间
    while (i<=mid && j<=high)              //在第 1 段和第 2 段均未扫描完时循环
        if (R[i].key<=R[j].key)           //将第 1 段中的记录放入 R1 中
        {   R1[k]=R[i];
            i++;k++;
        }
        else                              //将第 2 段中的记录放入 R1 中
        {   R1[k]=R[j];
            j++;k++;
        }
    while (i<=mid)                        //将第 1 段余下部分复制到 R1
```

```
{   R1[k] = R[i];
    i++;k++;
}
while (j <= high)                              //将第 2 段余下部分复制到 R1
{   R1[k] = R[j];
    j++;k++;
}
for (k = 0,i = low;i <= high;k++,i++)          //将 R1 复制回 R 中
    R[i] = R1[k];
}
int count = 1;                                 //全局变量
void MergePass(RecType R[ ],int length,int n)  //实现一趟归并
{   int i;
    printf("第 % d 趟归并:",count++);
    for (i = 0;i + 2 * length - 1 < n;i = i + 2 * length)  //归并 length 长的两相邻子表
    {   printf("R[ % d, % d]和 R[ % d, % d]归并   ",i,i + length - 1,i + length,i + 2 * length - 1);
        Merge(R,i,i + length - 1,i + 2 * length - 1);
    }
    if (i + length - 1 < n - 1)                //余下两个子表,后者长度小于 length
    {   printf(" * R[ % d, % d]和 R[ % d, % d]归并   ",i,i + length - 1,i + length,n - 1);
        Merge(R,i,i + length - 1,n - 1);       //归并这两个子表
    }
    printf("\n 归并结果: "); DispList(R,n);     //输出该趟的排序结果
}
void MergeSort(RecType R[ ],int n)             //二路归并排序算法
{   int length;
    for (length = 1;length < n;length = 2 * length)
        MergePass(R,length,n);
}
int main( )
{   int n = 11;
    RecType R[MAXL];
    KeyType a[ ] = {18,2,20,34,12,32,6,16,5,8,1};
    CreateList(R,a,n);
    printf("排序前:"); DispList(R,n);
    MergeSort(R,n);
    printf("排序后:"); DispList(R,n);
    return 1;
}
```

🖳 exp10-8.cpp 程序的执行结果如图 10.16 所示。

实验题 9: 实现基数排序算法

目的:领会基数排序的过程和算法设计。

内容:编写一个程序 exp10-9.cpp,实现基数排序算法。用相关数据进行测试,并输出各趟的排序结果。

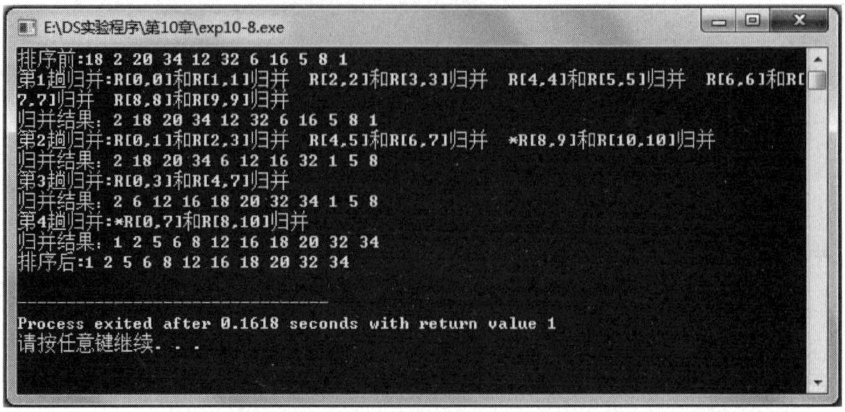

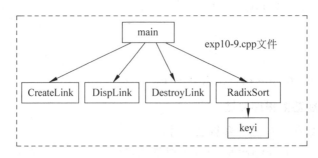

图 10.16　exp10-8.cpp 程序执行结果

✍　这里基数排序的关键字为整数,采用从低位到高位即最低位优先的排序方式。排序数据采用不带头结点的单链表存放,单链表的结点类型如下:

```
typedef struct node
{    int key;                        //记录的关键字
     struct node * next;
} NodeType;                          //单链表的结点类型
```

根据《教程》中 10.6 节的算法得到 exp10-9.cpp 程序,其中包含如下函数。

- CreateLink(RecType * & p, int $a[]$, int n):采用尾插法由 $a[0..n-1]$创建首结点指针为 p 的单链表。
- DispLink(NodeType * p):输出单链表 p。
- DestroyLink(NodeType * p):销毁单链表 p。
- keyi(int s, int i):对于整数 s,从低到高位取第 i 位的数字。
- RadixSort(NodeType * & p, int r, int d):实现最低位优先的基数排序,p 指向单链表的首结点,r 为基数,d 为关键字位数。

实验程序 exp10-9.cpp 的结构如图 10.17 所示,图中方框表示函数,方框中指出函数名;箭头方向表示函数间的调用关系;虚线方框表示文件的组成,即指出该虚线方框中的函数存放在哪个文件中。

图 10.17　exp10-9.cpp 程序结构

実験程序 exp10-9.cpp 的程序代码如下：

```
# include < stdio. h >
# include < malloc. h >
# define MAXE 20                          //线性表中最多元素个数
# define MAXR 10                          //基数的最大取值
typedef struct node
{    int key;                             //记录的关键字
     struct node * next;
} NodeType;
void CreateLink(NodeType  * &p, int a[ ], int n)    //采用尾插法创建单链表
{    NodeType  * s,  * t;
     for ( int i = 0; i < n; i++ )
     {    s = (NodeType  * )malloc(sizeof(NodeType));
          s - > key = a[ i ];
          if ( i == 0 )
          {    p = s; t = s;      }
          else
          {    t - > next = s; t = s; }
     }
     t - > next = NULL;
}
void DispLink(NodeType  * p)                      //输出单链表
{    while ( p != NULL)
     {    printf( " % 4d", p - > key);
          p = p - > next;
     }
     printf("\n");
}
void DestroyLink(NodeType  * p)                   //销毁单链表
{    NodeType  * pre = p,  * q = pre - > next;
     while ( q != NULL)
     {    free(pre);
          pre = q;
          q = q - > next;
     }
     free(pre);
}
int keyi(int s, int i)                            //对于数值 s, 从低位到高位, 取第 i 位的数字
{    for ( int j = 0; j < i; j++ )
          s = s/10;
     return s % 10;
}
void RadixSort(NodeType  * &p, int r, int d)
//实现基数排序: p 指向单链表的首结点, r 为基数, d 为关键字位数
```

```
{    NodeType * head[MAXR], * tail[MAXR], * t;        //定义各链队的首尾指针
     int i, j, k;
     for (i = 0; i < d; i++)                          //从低位到高位循环
     {    for (j = 0; j < r; j++)                      //初始化各链队首、尾指针
              head[j] = tail[j] = NULL;
          while (p!= NULL)                             //对于原链表中每个结点循环
          {    k = keyi(p - > key, i);                 //找 p 结点关键字的第 i 位 k
               if (head[k] == NULL)                    //将 p 结点分配到第 k 个链队
               {    head[k] = p;
                    tail[k] = p;
               }
               else
               {    tail[k] - > next = p;
                    tail[k] = p;
               }
               p = p - > next;                         //继续扫描下一个结点
          }
          p = NULL;
          for (j = 0; j < r; j++)                      //对于每一个链队循环
               if (head[j]!= NULL)                     //进行收集
               {    if (p == NULL)
                    {    p = head[j];
                         t = tail[j];
                    }
                    else
                    {    t - > next = head[j];
                         t = tail[j];
                    }
               }
          t - > next = NULL;                           //尾结点的 next 域置 NULL
          printf("按 %d 位排序:", i + 1); DispLink(p);
     }
}
int main()
{    int n = 10; NodeType  * p;
     int a[] = {75, 223, 98, 44, 157, 2, 29, 164, 38, 82};
     CreateLink(p, a, n);
     printf("    排序前:"); DispLink(p);
     RadixSort(p, 10, 3);
     printf("    排序后:"); DispLink(p);
     DestroyLink(p);
     return 1;
}
```

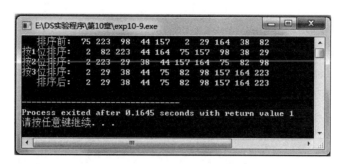

📺 exp10-9.cpp 程序的执行结果如图 10.18 所示。

图 10.18 exp10-9.cpp 程序执行结果

10.2 设计性实验

实验题 10：实现可变长度的字符串序列快速排序算法

目的：掌握快速排序算法及其应用。

内容：某个待排序的序列是一个可变长度的字符串序列,这些字符串一个接一个地存储于单个字符数组中。采用快速排序方法对这个字符串序列进行排序。并编写一个对以下数据进行排序的程序 exp10-10.cpp:

```
char S[] = {"whileifif - elsedo - whileforcase"};
struct node
{    int start;                    //该字符串在 S 中的起始位置
     int length;                   //该字符串的长度
} A[] = {{0,5},{5,2},{7,7},{14,8},{22,3},{25,4}};
```

✍ 本实验的功能算法如下。

• StringComp(char $S[]$, RecType $A[]$, int $s1$, RecType tmp)：比较 $s1$ 位置指示的字符串和 tmp 指示的字符串的大小。

• QuickSort(char $S[]$, RecType $A[]$, int low, int high)：对上述方式存放的若干字符串实现快速排序。

实验程序 exp10-10.cpp 的结构如图 10.19 所示,图中方框表示函数,方框中指出函数名；箭头方向表示函数间的调用关系；虚线方框表示文件的组成,即指出该虚线方框中的函数存放在哪个文件中。

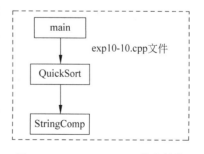

图 10.19 exp10-10.cpp 程序结构

🖥 实验程序 exp10-10.cpp 的程序代码如下:

```
# include < stdio.h >
# include < string.h >
```

```
#define MaxL 100                                          //最大的字符串长度
typedef struct node
{
    int start, length;
} RecType;                                                //指示字符串位置的记录类型
int StringComp(char S[], RecType A[], int s1, RecType tmp)  //比较两个字符串的大小
{   char str1[MaxL], str2[MaxL];
    int i, j;
    for (j = 0, i = A[s1].start; i < A[s1].start + A[s1].length; i++, j++)
        str1[j] = S[i];                                   //将第s1个字符串复制到str1中
    str1[j] = '\0';                                       //字符串末尾置'\0'
    for (j = 0, i = tmp.start; i < tmp.start + tmp.length; i++, j++)
        str2[j] = S[i];                                   //将tmp所指的字符串复制到str2中
    str2[j] = '\0';                                       //字符串末尾置'\0'
    return strcmp(str1, str2);                            //调用标准字符串比较函数返回结果
}
void QuickSort(char S[], RecType A[], int low, int high)   //实现快速排序
{   int i, j; RecType tmp;
    i = low; j = high;
    if (low < high)
    {   tmp = A[low];
        while (i != j)
        {   while (j > i && StringComp(S, A, j, tmp) > 0) j--;
            A[i] = A[j];
            while (i < j && StringComp(S, A, i, tmp) < 0) i++;
            A[j] = A[i];
        }
        A[i] = tmp;
        QuickSort(S, A, low, i - 1);
        QuickSort(S, A, i + 1, high);
    }
}
int main()
{   int i, j, n = 6;
    char S[] = {"whileififif - elsedo - whileforcase"};
    RecType A[] = {{0,5}, {5,2}, {7,7}, {14,8}, {22,3}, {25,4}};
    printf("排序前的字符串:\n");
    for (i = 0; i < n; i++)
    {   printf("   ");
        for (j = A[i].start; j < A[i].start + A[i].length; j++)
            printf(" %c", S[j]);
        printf("\n");
    }
    QuickSort(S, A, 0, n - 1);
    printf("排序后的字符串:\n");
    for (i = 0; i < n; i++)
    {   printf("   ");
        for (j = A[i].start; j < A[i].start + A[i].length; j++)
            printf(" %c", S[j]);
        printf("\n");
```

```
    }
    return 1;
}
```

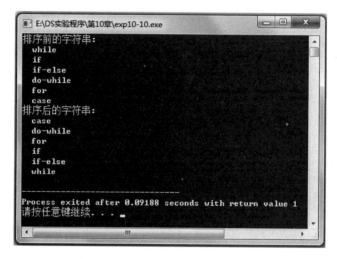

🖥 exp10 10. cpp 程序的执行结果如图 10. 20 所示。

图 10. 20　exp10-10. cpp 程序执行结果

实验题 11：实现英文单词按字典序排列的基数排序算法

目的：掌握基数排序算法及其应用。

内容：编写一个程序 exp10-11. cpp，采用基数排序方法将一组英文单词按字典序排列。假设单词均由小写字母或空格构成，最长的单词有 MaxLen 个字母。用相关数据进行测试，并输出各趟的排序结果。

✎ 定义 String 字符串类型如下：

```
typedef char String[MaxLen + 1];                    //存放 MaxLen 个字符
```

本实验的功能算法如下。

- DispWord(String R[], int n)：输出 R 中存放的单词。
- PreProcess(String R[], int n)：对单词进行预处理，用空格填充尾部至 MaxLen 长。
- EndProcess(String R[], int n)：恢复处理，删除预处理时填充的尾部空格。
- Distribute(String R[], LinkNode * head[], LinkNode * tail[], int j, int n)：按关键字的第 j 个分量进行分配，进入此过程时各队列一定为空。
- Collect(String R[], LinkNode * head[])：依次将各非空队列中的结点收集起来，并释放各非空队列中的所有结点。
- RadixSort(String R[], int n)：对 R[0..$n-1$] 进行基数排序。

实验程序 exp10-11. cpp 的结构如图 10. 21 所示，图中方框表示函数，方框中指出函数名；箭头方向表示函数间的调用关系；虚线方框表示文件的组成，即指出该虚线方框中的函数存放在哪个文件中。

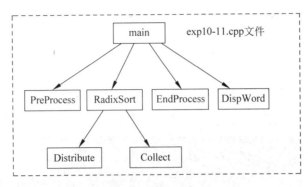

图 10.21　exp10-11.cpp 程序结构

🖮 实验程序 exp10-11.cpp 的程序代码如下:

```c
# include < stdio. h >
# include < malloc. h >
# include < string. h >
# define MaxLen 9                            //单词的最大长度
# define Radix  27                           //基数 rd 为 27,分别对应' ','a',…'z'
typedef char String[MaxLen + 1];            //定义 String 为字符数组类型
typedef struct node
{   String word;
    struct node * next;
} LinkNode;                                  //单链表结点类型
void DispWord(String R[ ],int n)            //输出单词
{   int i;
    printf("  ");
    for (i = 0;i < n;i++)
        printf("[ %s ]",R[i]);
    printf("\n");
}
void PreProcess(String R[ ],int n)          //对单词进行预处理,用空格填充尾部至 MaxLen 长
{   int i,j;
    for (i = 0;i < n;i++)
    {   if (strlen(R[i])< MaxLen)
        {   for (j = strlen(R[i]);j < MaxLen;j++)
                R[i][j] = ' ';
            R[i][j] = '\0';
        }
    }
}
void EndProcess(String R[ ],int n)          //恢复处理,删除预处理时填充的尾部空格
{   int i,j;
    for (i = 0;i < n;i++)
    {   for (j = MaxLen - 1;R[i][j] == ' ';j -- );
        R[i][j + 1] = '\0';
    }
}
```

```
void Distribute(String R[ ],LinkNode * head[ ],LinkNode * tail[ ],int j,int n)
//按关键字的第 j 个分量进行分配,进入此过程时各队列一定为空
{    int i,k;
     LinkNode * p;
     for (i = 0;i < n;i++)                          //依次扫描 R[i],将其入队
     {    if (R[i][j] == ' ')                        //空格时放入 0 号队列中,'a'时放入 1 号队列中,…
              k = 0;
          else
              k = R[i][j] - 'a' + 1;
          p = (LinkNode * )malloc(sizeof(LinkNode)); //创建新结点
          strcpy(p - > word,R[i]);
          p - > next = NULL;
          if (head[k] == NULL)
          {    head[k] = p;
               tail[k] = p;
          }
          else
          {    tail[k] - > next = p;
               tail[k] = p;
          }
     }
}

void Collect(String R[ ],LinkNode * head[ ])
//依次将各非空队列中的结点收集起来,并释放各非空队列中的所有结点
{    int k = 0,i;
     LinkNode * pre, * p;
     for (i = 0;i < Radix;i++)
     {    if (head[i]!= NULL)
          {    pre = head[i]; p = pre - > next;
               while (p!= NULL)
               {    strcpy(R[k++],pre - > word);
                    free(pre);
                    pre = p;
                    p = p - > next;
               }
               strcpy(R[k++],pre - > word);
               free(pre);
          }
     }
}

void RadixSort(String R[ ],int n)                    //对 R[0..n - 1]进行基数排序
{    LinkNode * head[Radix], * tail[Radix];          //定义 Radix 个队列
     int i,j;
     for (i = MaxLen - 1;i > = 0;i -- )              //从低位到高位做 MaxLen 趟基数排序
     {    for (j = 0;j < Radix;j++)
               head[j] = tail[j] = NULL;            //队列置空
          Distribute(R,head,tail,i,n);              //第 i 趟分配
          Collect(R,head);                          //第 i 趟收集
     }
}
```

```
int main()
{    int n = 6;
     String R[] = {"while","if","if else","do while","for","case"};
     printf("排序前:\n");DispWord(R,n);
     PreProcess(R,n);
     printf("预处理后:\n");DispWord(R,n);
     RadixSort(R,n);
     printf("排序结果:\n");DispWord(R,n);
     EndProcess(R,n);
     printf("最终结果:\n");DispWord(R,n);
     return 1;
}
```

📖 exp10-11.cpp 程序的执行结果如图 10.22 所示。

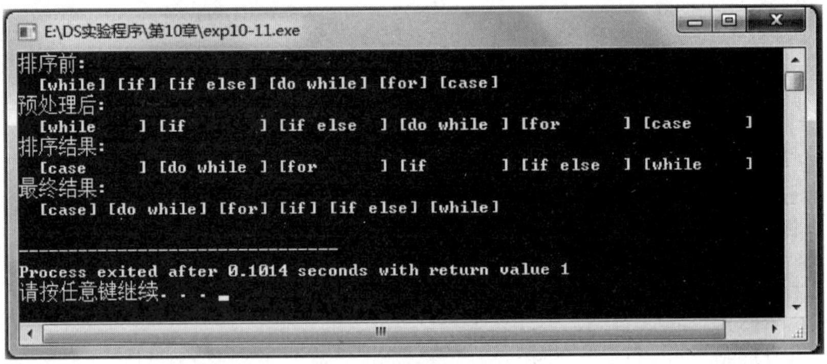

图 10.22　exp10-11.cpp 程序执行结果

10.3　综合性实验 ※

实验题 12：实现学生信息的多关键字排序

目的：掌握基数排序算法设计及其应用。

内容：假设有很多学生记录，每个学生记录包含姓名、性别和班号，设计一个算法，按班号、性别有序输出，即先按班号输出，同一个班的学生按性别输出。班号为 1001～1030。编写一个程序 exp10-12.cpp，实现上述功能。

✍ 学生记录类型声明如下：

```
typedef struct
{    char xm[10];              //姓名
     char xb;                  //性别 m:男 f:女
     char bh[6];               //班号
} StudType;
```

学生单链表结点类型声明如下：

```
typedef struct node
{   char xm[10];                    //姓名
    char xb;                        //性别 m:男 f:女
    char hh[6];                     //班号
    struct node * next;
} StudNode;
```

本实验设计的功能算法如下。

- CreateLink(StudNode $* \& p$, StudType $A[\ ]$, int n)：由学生记录数组 A 创建单链表 p。
- DispLink(StudNode $* p$)：输出学生单链表 p。
- DestroyLink(StudNode $* p$)：销毁学生单链表 p。
- RadixSort1(StudNode $* \& p$, int r, int d)：对性别进行基数排序，只需进行一趟。
- void RadixSort2(StudNode $* \& p$, int r, int d)：对班号进行基数排序。
- Sort(StudType $A[\ ]$, int n)：按班号和性别进行排序。在班号和性别中，班号优先，性别次之，所以先按性别排序，然后再按班号排序。由于班号 4 位中只有后两位不同，故 $d=2$，从低位到高位排序。

实验程序 exp10-12.cpp 的结构如图 10.23 所示，图中方框表示函数，方框中指出函数名，箭头方向表示函数间的调用关系，虚线方框表示文件的组成，即指出该虚线方框中的函数存放在哪个文件中。

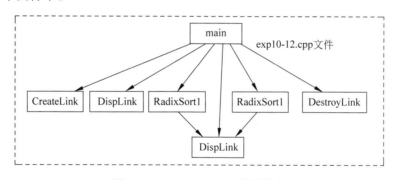

图 10.23   exp10-12.cpp 程序结构

📖 实验程序 exp10-12.cpp 的程序代码如下：

```
# include < stdio. h >
# include < malloc. h >
# include < string. h >
# define MAXR 10
# define MaxSize 10
typedef struct node
{   char xm[10];                    //姓名
    char xb;                        //性别 m:男 f:女
    char bh[6];                     //班号
```

```
        struct node * next;
    } StudNode;
    typedef struct
    {   char xm[10];                                    //姓名
        char xb;                                        //性别 m:男 f:女
        char bh[6];                                     //班号
    } StudType;
    void CreateLink(StudNode *&p,StudType A[],int n)     //创建单链表
    {   int i;
        StudNode * s, * t;
        p = NULL;
        for (i = 0;i < n;i++)
        {   s = (StudNode * )malloc(sizeof(StudNode));
            strcpy(s -> xm,A[i].xm);
            s -> xb = A[i].xb;
            strcpy(s -> bh,A[i].bh);
            if (p == NULL)
            {   p = s;
                t = s;
            }
            else
            {   t -> next = s;
                t = s;
            }
        }
        t -> next = NULL;
    }
    void DispLink(StudNode * p)                          //输出单链表
    {   int i = 0;
        while (p!= NULL)
        {   printf(" % s( % s, % c) ",p -> xm,p -> bh,p -> xb);
            p = p -> next;
            if ((i + 1) % 5 == 0) printf("\n");
            i++;
        }
        printf("\n");
    }
    void DestroyLink(StudNode * p)                       //销毁单链表
    {   StudNode * pre = p, * q = pre -> next;
        while (q!= NULL)
        {   free(pre);
            pre = q;
            q = q -> next;
        }
        free(pre);
    }
    void RadixSort1(StudNode *&p,int r,int d)
    //对性别进行排序:只需进行一趟.p 为待排序序列链表指针,r 为基数,d 为关键字位数
    {   StudNode * head[MAXR], * tail[MAXR], * t;        //定义各链队的首尾指针
        int j,k;
        printf("按性别进行排序\n");
        for (j = 0;j < r;j++)                            //初始化各链队首、尾指针
            head[j] = tail[j] = NULL;
```

```
    while (p!= NULL)                          //对于原链表中每个结点循环
    {   if (p->xb == 'f') k = 0;               //找第 k 个链队
        else k = 1;
        if (head[k] == NULL)                   //进行分配,即采用尾插法建立单链表
        {   head[k] = p;
            tail[k] = p;
        }
        else
        {   tail[k]->next = p;
            tail[k] = p;
        }
        p = p->next;                           //取下一个待排序的元素
    }
    p = NULL;
    for (j = 0;j < r;j++)                       //对于每一个链队循环
        if (head[j]!= NULL)                     //进行收集
        {   if (p == NULL)
            {   p = head[j];
                t = tail[j];
            }
            else
            {   t->next = head[j];
                t = tail[j];
            }
        }
    t->next = NULL;                            //最后一个结点的 next 域置 NULL
    DispLink(p);                               //输出单键表
}
void RadixSort2(StudNode *&p,int r,int d)
//对班号进行排序:p 为待排序序列链表指针,r 为基数,d 为关键字位数
{   StudNode * head[MAXR], * tail[MAXR], * t;  //定义各链队的首尾指针
    int i,j,k;
    printf("按班号进行排序\n");
    for (i = 3;i >= 2;i--)                      //从低位到高位做 d 趟排序
    {   for (j = 0;j < r;j++)                   //初始化各链队首、尾指针
            head[j] = tail[j] = NULL;
        while (p!= NULL)                       //对于原链表中每个结点循环
        {   k = p->bh[i] - '0';                //找第 k 个链队
            if (head[k] == NULL)               //进行分配,即采用尾插法建立单链表
            {   head[k] = p;
                tail[k] = p;
            }
            else
            {   tail[k]->next = p;
                tail[k] = p;
            }
            p = p->next;                       //取下一个待排序的元素
        }
        p = NULL;
        for (j = 0;j < r;j++)                   //对于每一个链队循环
            if (head[j]!= NULL)                 //进行收集
            {   if (p == NULL)
                {   p = head[j];
```

```
                    t = tail[j];
                }
            else
            {   t -> next = head[j];
                    t = tail[j];
                }
        }
    t -> next = NULL;                //最后一个结点的 next 域置 NULL
    printf(" 第 % d 趟:\n",d - i + 2);DispLink(p);
    }
}
void Sort(StudType A[ ],int n)        //按班号和性别进行排序
{   StudNode * p;
    CreateLink(p, A, n);
    printf("排序前:\n");DispLink(p);
    RadixSort1(p,2,1);                //对性别进行排序
    RadixSort2(p,10,2);               //对班号的后两位进行排序
    printf("排序后:\n");DispLink(p);
    DestroyLink(p);
}
int main()
{   int n = 10;
    StudType A[MaxSize] = {{"王华",'m',"1003"},{"陈兵",'m',"1020"},
    {"许可",'f',"1022"},{"李英",'f',"1003"},
    {"张冠",'m',"1021"},{"陈强",'m',"1002"},
    {"李真",'f',"1002"},{"章华",'m',"1001"},
    {"刘丽",'f',"1021"},{"王强",'m',"1022"}};
    Sort(A, n);
    return 1;
}
```

exp10-12.cpp 程序的执行结果如图 10.24 所示。

图 10.24   exp10-12.cpp 程序执行结果

实验题 13：求各种排序算法的绝对执行时间

目的：掌握各种内排序算法设计及其比较。

内容：编写一个程序 exp10-13.cpp，随机产生 n 个 1~99 的正整数序列，分别采用直接插入排序、折半插入排序、希尔排序、冒泡排序、快速排序、简单选择排序、堆排序和二路归并排序算法对其递增排序，求出每种排序方法所需要的绝对时间。

✍ 本实验中包含了直接插入排序、折半插入排序、希尔排序、冒泡排序、快速排序、简单选择排序、堆排序和二路归并排序算法。有关程序执行时间的计算方法参见第 1 章实验题 1。

实验程序 exp10-13.cpp 的结构如图 10.25 所示（test 函数用于测试排序结果是否为递增的，被每个以 Time 为后缀名的函数调用，这里没有画出来），图中方框表示函数，方框中指出函数名，箭头方向表示函数间的调用关系，虚线方框表示文件的组成，即指出该虚线方框中的函数存放在哪个文件中。

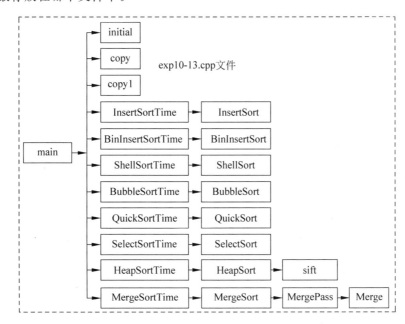

图 10.25 exp10-13.cpp 程序结构

🖥 实验程序 exp10-13.cpp 的程序代码如下：

```
# include < stdio.h >
# include < stdlib.h >
# include < time.h >                    //clock_t, clock, CLOCKS_PER_SEC
# define MaxSize 50001
typedef int KeyType;
//------------------ 基础函数 --------------------------
void swap(KeyType &x, KeyType &y)        //x 和 y 交换
{    KeyType tmp = x;
     x = y; y = tmp;
```

```
    }
    void initial(int R[ ], int low, int high)              //产生 R[low..high]中的随机数
    {   int i;
        srand((unsigned)time(NULL));
        for (i = low; i < high; i++)
            R[i] = rand() % 99 + 1;
    }
    void copy(int R[ ], int R1[ ], int n)                  //用于排序数据复制
    {   for (int i = 0; i < n; i++)
            R1[i] = R[i];
    }
    void copy1(int R[ ], int R1[ ], int n)                 //用于堆排序数据复制
    {   for (int i = 0; i < n; i++)
            R1[i + 1] = R[i];
    }
    bool test(KeyType R[ ], int low, int high)             //验证排序结果的正确性
    {   int i;
        for (i = low; i < high - 1; i++)
            if (R[i] > R[i + 1])
                return false;
        return true;
    }
    //------- 直接插入排序 --------------------------------
    void InsertSort(KeyType R[ ], int n)
    {   int i, j; KeyType tmp;
        for (i = 1; i < n; i++)
        {   if (R[i] < R[i - 1])                           //反序时
            {   tmp = R[i];
                j = i - 1;
                do                                         //找 R[i]的插入位置
                {   R[j + 1] = R[j];                       //将关键字大于 R[i]的记录后移
                    j--;
                } while  (j >= 0 && R[j] > tmp);
                R[j + 1] = tmp;                            //在 j + 1 处插入 R[i]
            }
        }
    }
    void InsertSortTime(KeyType R[ ], int n)               //求直接插入排序的时间
    {   clock_t t;
        printf("直接插入排序\t");
        t = clock();
        InsertSort(R, n);
        t = clock() - t;
        printf ("% lf 秒" ,((float)t)/CLOCKS_PER_SEC);
        if (test(R, 0, n - 1))                             //排序结果正确性验证
            printf("\t 正确\n");
        else
            printf("\t 错误\n");
    }
    //------ 折半插入排序 ---------------------------------
```

```
void BinInsertSort(KeyType R[ ], int n)
{   int i, j, low, high, mid;
    KeyType tmp;
    for (i = 1; i < n; i++)
    {   if (R[i] < R[i-1])                     //反序时
        {   tmp = R[i];                        //将 R[i]保存到 tmp 中
        low = 0;   high = i - 1;
            while (low <= high)                //在 R[low..high]中查找插入的位置
            {   mid = (low + high)/2;          //取中间位置
                if (tmp < R[mid])
                    high = mid - 1;            //插入点在左半区
                else
                    low = mid + 1;             //插入点在右半区
            }                                  //找位置 high
            for (j = i - 1; j >= high + 1; j-- )  //集中进行元素后移
                R[j + 1] = R[j];
            R[high + 1] = tmp;                 //插入 tmp
        }
    }
}

void BinInsertSortTime(KeyType R[ ], int n)    //求折半插入排序的时间
{   clock_t t;
    printf("折半插入排序\t");
    t = clock();
    BinInsertSort(R, n);
    t = clock() - t;
    printf ("% lf 秒" ,((float)t)/CLOCKS_PER_SEC);
    if (test(R, 0, n - 1))                     //排序结果正确性验证
        printf("\t 正确\n");
    else
        printf("\t 错误\n");
}
//----------- 希尔排序算法 ---------------------------------
void ShellSort(KeyType R[ ], int n)            //希尔排序算法
{   int i, j, d;
    KeyType tmp;
    d = n/2;                                   //增量置初值
    while (d > 0)
    {   for (i = d; i < n; i++)                //对所有组采用直接插入排序
        {   tmp = R[i];                        //对相隔 d 个位置一组采用直接插入排序
            j = i - d;
            while (j >= 0 && tmp < R[j])
            {   R[j + d] = R[j];
                j = j - d;
            }
            R[j + d] = tmp;
        }
        d = d/2;                               //减小增量
    }
}
```

```
    void ShellSortTime(KeyType R[ ],int n)          //求希尔排序算法的时间
{   clock_t t;
    printf("希尔排序\t");
    t = clock();
    ShellSort(R,n);
    t = clock() - t;
    printf ("% lf 秒",((float)t)/CLOCKS_PER_SEC);
    if (test(R,0,n-1))                              //排序结果正确性验证
        printf("\t 正确\n");
    else
        printf("\t 错误\n");
}
//-------- 冒泡排序算法 --------------------------
    void BubbleSort(KeyType R[ ],int n)
{   int i,j;
    bool exchange;
    for (i = 0;i < n-1;i++)
    {   exchange = false;                           //一趟前 exchange 置为假
        for (j = n-1;j > i;j-- )                    //归位 R[i],循环 n-i-1 次
            if (R[j]< R[j-1])                       //相邻两个元素反序时
            {   swap(R[j],R[j-1]);                  //将 R[j]和 R[j-1]两个元素交换
                exchange = true;                    //一旦有交换,exchange 置为真
            }
            if (!exchange)                          //本趟没有发生交换,中途结束算法
                return;
    }
}
    void BubbleSortTime(KeyType R[ ],int n)         //求冒泡排序算法的时间
{   clock_t t;
    printf("冒泡排序\t");
    t = clock();
    BubbleSort(R,n);
    t = clock() - t;
    printf ("% lf 秒",((float)t)/CLOCKS_PER_SEC);
    if (test(R,0,n-1))                              //排序结果正确性验证
        printf("\t 正确\n");
    else
        printf("\t 错误\n");
}
//-------- 快速排序算法 --------------------------
    int partition(KeyType R[ ],int s,int t)         //一趟划分
{   int i = s,j = t;
    KeyType tmp = R[i];                             //以 R[i]为基准
    while (i < j)                                   //从两端交替向中间扫描,直至 i=j 为止
    {   while (j > i && R[j]> = tmp)
            j-- ;                                   //从右向左扫描,找一个小于 tmp 的 R[j]
        R[i] = R[j];                                //找到这样的 R[j],放入 R[i]处
        while (i < j && R[i]< = tmp)
            i++;                                    //从左向右扫描,找一个大于 tmp 的 R[i]
        R[j] = R[i];                                //找到这样的 R[i],放入 R[j]处
```

```
    }
        R[i] = tmp;
        return i;
}
void QuickSort(KeyType R[ ],int s,int t)          //对 R[s..t]的元素进行快速排序
{   int i;
    if (s<t)                                      //区间内至少存在两个元素的情况
    {   i=partition(R,s,t);
        QuickSort(R,s,i-1);                       //对左区间递归排序
        QuickSort(R,i+1,t);                       //对右区间递归排序
    }
}
void QuickSortTime(KeyType R[ ],int n)            //求快速排序算法的时间
{   clock_t t;
    printf("快速排序\t");
    t=clock();
    QuickSort(R,0,n-1);
    t=clock()-t;
    printf ("%lf 秒",((float)t)/CLOCKS_PER_SEC);
    if (test(R,0,n-1))                            //排序结果正确性验证
        printf("\t 正确\n");
    else
        printf("\t 错误\n");
}
//--------- 简单选择排序 --------------------------
void SelectSort(KeyType R[ ],int n)
{   int i,j,k;
    for (i=0;i<n-1;i++)                           //做第 i 趟排序
    {   k=i;
        for (j=i+1;j<n;j++)                       //在当前无序区 R[i..n-1]中选 key 最小的 R[k]
            if (R[j]<R[k])
                k=j;                              //k 记下目前找到的最小关键字所在的位置
        if (k!=i)                                 //R[i]和 R[k]两个元素交换
            swap(R[i],R[k]);
    }
}
void SelectSortTime(KeyType R[ ],int n)           //求简单选择排序算法的时间
{   clock_t t;
    printf("简单选择排序\t");
    t=clock();
    SelectSort(R,n);
    t=clock()-t;
    printf ("%lf 秒",((float)t)/CLOCKS_PER_SEC);
    if (test(R,0,n-1))                            //排序结果正确性验证
        printf("\t 正确\n");
    else
        printf("\t 错误\n");
}
//---------- 堆排序算法 -------------------------------
```

```
void sift(KeyType R[], int low, int high)
{    int i = low, j = 2 * i;                //R[j]是R[i]的左孩子
     KeyType tmp = R[i];
     while (j <= high)
     {    if (j < high && R[j] < R[j+1])    //若右孩子较大,把j指向右孩子
              j++;
          if (tmp < R[j])                   //若根结点小于最大孩子的关键字
          {    R[i] = R[j];                 //将R[j]调整到双亲结点位置上
               i = j;                       //修改i和j值,以便继续向下筛选
               j = 2 * i;
          }
          else break;                       //若根结点大于等于最大孩子关键字,筛选结束
     }
     R[i] = tmp;                            //被筛选结点放入最终位置上
}
void HeapSort(KeyType R[], int n)          //堆排序
{    int i;
     for (i = n/2; i >= 1; i--)             //循环建立初始堆,调用sift算法n/2次
          sift(R, i, n);
     for (i = n; i >= 2; i--)               //进行n-1趟完成堆排序,每一趟堆排序的元素个数减1
     {    swap(R[1], R[i]);                 //将最后一个元素与根R[1]交换
          sift(R, 1, i-1);                  //对R[1..i-1]进行筛选,得到i-1个结点的堆
     }
}
void HeapSortTime(KeyType R[], int n)       //求堆排序算法的时间
{    clock_t t;
     printf("堆排序    \t");
     t = clock();
     HeapSort(R, n);
     t = clock() - t;
     printf ("%lf 秒", ((float)t)/CLOCKS_PER_SEC);
     if (test(R, 1, n))                     //排序结果正确性验证
          printf("\t 正确\n");
     else
          printf("\t 错误\n");
}
//--------- 二路归并排序算法 ---------------------------------------
void Merge(KeyType R[], int low, int mid, int high)   //归并R[low..high]
{    KeyType * R1;
     int i = low, j = mid + 1, k = 0;       //k是R1的下标,i、j分别为第1、2段的下标
     R1 = (KeyType * )malloc((high - low + 1) * sizeof(KeyType));    //动态分配空间
     while (i <= mid && j <= high)          //在第1段和第2段均未扫描完时循环
          if (R[i] <= R[j])                 //将第1段中的元素放入R1中
          {    R1[k] = R[i];
               i++; k++;
          }
          else                              //将第2段中的元素放入R1中
          {    R1[k] = R[j];
               j++; k++;
          }
```

```
        while (i < = mid)                          //将第 1 段余下部分复制到 R1
        {    R1[k] = R[i];
             i++;k++;
        }
        while (j < = high)                         //将第 2 段余下部分复制到 R1
        {    R1[k] = R[j];
             j++;k++;
        }
        for (k = 0,i = low;i < = high;k++,i++)      //将 R1 复制回 R 中
             R[i] = R1[k];
        free(R1);
}
void MergePass(KeyType R[ ],int length,int n)       //对整个排序序列进行一趟归并
{    int i;
     for (i = 0;i + 2 * length - 1 < n;i = i + 2 * length)  //归并 length 长的两相邻子表
          Merge(R,i,i + length - 1,i + 2 * length - 1);
     if (i + length - 1 < n - 1)                    //余下两个子表,后者长度小于 length
          Merge(R,i,i + length - 1,n - 1);          //归并这两个子表
}
void MergeSort(KeyType R[ ],int n)                   //二路归并排序
{    int length;
     for (length = 1;length < n;length = 2 * length) //进行 log2n 趟归并
          MergePass(R,length,n);
}
void MergeSortTime(KeyType R[ ],int n)               //求二路归并排序算法的时间
{    clock_t t;
     printf("二路归并排序\t");
     t = clock();
     MergeSort(R,n);
     t = clock() - t;
     printf ("% lf 秒" ,((float)t)/CLOCKS_PER_SEC);
     if (test(R,0,n - 1))                            //排序结果正确性验证
          printf("\t 正确\n");
     else
          printf("\t 错误\n");
}
// --------------------------------------------------
int main()
{    KeyType R[MaxSize],R1[MaxSize];
     printf("随机产生 50000 个 1 - 99 的正整数,各种排序方法的比较\n");
     int n = 50000;
     printf(" ----------------------------------------------------- \n");
     printf("排序方法           用时           结果验证\n");
     printf(" ----------------------------------------------------- \n");
     initial(R,0,n - 1);                             //产生 R
     copy(R,R1,n);                                   //R[0..n - 1]→R1[0..n - 1]
     InsertSortTime(R1,n);
     copy(R,R1,n);                                   //R[0..n - 1]→R1[0..n - 1]
     BinInsertSortTime(R1,n);
     copy(R,R1,n);                                   //R[0..n - 1]→R1[0..n - 1]
```

```
        ShellSortTime(R1,n);
        copy(R,R1,n);                                   //R[0..n-1]→R1[0..n-1]
        BubbleSortTime(R1,n);
        copy(R,R1,n);                                   //R[0..n-1]→R1[0..n-1]
        QuickSortTime(R1,n);
        copy(R,R1,n);                                   //R[0..n-1]→R1[0..n-1]
        SelectSortTime(R1,n);
        copy1(R,R1,n);                                  //R[0..n-1]→R1[1..n]
        HeapSortTime(R1,n);
        copy(R,R1,n);                                   //R[0..n-1]→R1[0..n-1]
        MergeSortTime(R1,n);
        printf(" ------------------------------------------------------ \n");
        return 1;
    }
```

    📟 exp10-13.cpp 程序的一次执行结果如图 10.26 所示。从以上结果看出,在基于比较的排序算法中,堆排序用时最少,而冒泡排序用时最多;直接插入排序、折半插入排序、冒泡排序和简单选择排序用时属同一层次,而希尔排序、快速排序、堆排序和二路归并排序用时属另一层次。

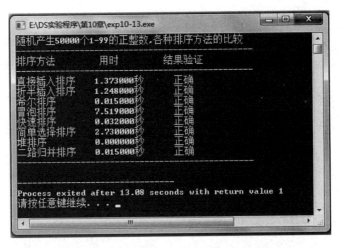

图 10.26　exp10-13.cpp 程序执行结果

第 11 章

外排序

11.1 验证性实验

实验题1：创建一棵败者树

目的：领会外排序中败者树的创建过程和算法设计。

内容：编写一个程序 exp11-1.cpp，给定关键字序列(17,5,10,29,15)，采用 5 路归并，创建对应的一棵败者树，并输出构建过程。

为了简单，败者树 ls 的结点类型 LoserTree 即为关键字类型 KeyType，对于 K 路归并，败者树有一个冠军结点 ls[0] 和 ls[1]～ls[$K-1$]的分支结点，另外加上 b[0]～b[$K-1$] 的叶子结点，b 数组设置为全局变量。根据《教程》中 12.2.2 小节的算法得到 exp11-1.cpp 程序，其中包含如下函数。

- Adjust(LoserTree ls[K],int s)：沿从叶子结点 b[s]到根结点 ls[0]的路径调整败者树。
- CreateLoserTree(LoserTree ls[K])：建立败者树 ls。
- display(LoserTree ls[K])：输出败者树 ls。

实验程序 exp11-1.cpp 的结构如图 11.1 所示，图中方框表示函数；方框中指出函数名，箭头方向表示函数间的调用关系；虚线方框表示文件的组成，即指出该虚线方框中的函数存放在哪个文件中。

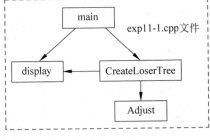

图 11.1 exp11-1.cpp 程序结构

实验程序 exp11-1.cpp 的程序代码如下：

```cpp
#include<stdio.h>
#define K 5                          //5 路平衡归并
#define MINKEY -32768                //最小关键字值 -∞
typedef int KeyType;
typedef KeyType LoserTree;           //败者树为 LoserTree[K]
KeyType b[K];                        //b 中存放所有的记录(关键字)
int count=1;                         //全局变量
void Adjust(LoserTree ls[K],int s)
//沿从叶子结点 b[s]到根结点 ls[0]的路径调整败者树
{    int i,t;
     t=(s+K)/2;                      //ls[t]是 b[s]的双亲结点
     while (t>0)
     {   if(b[s]>b[ls[t]])           //若双亲结点 ls[t]比较小(胜者)
         {   i=s;                    //i 指向败者(大者)
             s=ls[t];               //s 指示新的胜者
             ls[t]=i;               //将败者(大者)放在双亲结点中
         }
         t=t/2;                     //继续向上调整
     }
```

```
        ls[0] = s;                              //冠军结点存放最小者
    }
    void display(LoserTree ls[K])              //输出败者树 ls
    {   int i;
        printf("败者树:");
        for (i = 0;i < K;i++)
            if (b[ls[i]] == MINKEY)
                printf(" %d(-∞) ",ls[i]);
            else
                printf(" %d(%d) ",ls[i],b[ls[i]]);
        printf("\n");
    }
    void CreateLoserTree(LoserTree ls[K])      //建立败者树 ls
    {   int i;
        b[K] = MINKEY;                         //b[K]置为最小关键字
        for (i = 0;i < K;i++)
            ls[i] = K;                         //设置 ls 中"败者"的初值,全部为最小关键字段号
        for(i = K-1;i >= 0; -- i)              //依次从 b[K-1],b[K-2],…,b[0]出发调整败者
        {   printf("(%d)从 b[%d](%d)进行调整→",count++,i,b[i]);
            Adjust(ls,i);
            display(ls);
        }
    }
    int main()
    {   LoserTree ls[K];
        int n = 5;
        KeyType a[] = {17,5,10,29,15};
        printf("%d路归并的关键字序列:",K);
        for (int i = 0;i < n;i++)
        {   b[i] = a[i];
            printf("%d ",b[i]);
        }
        printf("\n");
        CreateLoserTree(ls);
        printf("最终结果   "); display(ls);
        return 1;
    }
```

💻 exp11-1.cpp 程序的执行结果如图 11.2 所示。

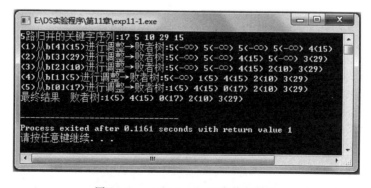

图 11.2　exp11-1.cpp 程序执行结果

11.2 设计性实验

实验题 2：从大数据文件中挑选 K 个最小的记录

目的：掌握外排序的过程及堆的应用算法设计。

内容：编写一个程序 exp11-2.cpp，从大数据文件中挑选 K 个最小的记录。假设内存工作区的大小为 K，模拟这个过程，并输出每趟的结果。假设整数序列为 $(15,4,97,64,17,32,108,44,76,9,39,82,56,31,80,73,255,68)$，从中挑选 5 个最小的整数。

为了简单，假设每个记录仅仅包含整型关键字，用全局变量 Fi 模拟存放所有的记录，$R[1..K]$ 存放大根堆。设计的功能算法如下。

- initial()：输入文件初始化。
- GetaRec(KeyType &r)：从输入文件中取一个记录 r。
- sift(int low, int high)：筛选为大根堆算法。
- dispHeap()：显示堆中所有记录。
- SelectK()：从输入文件 Fi 中挑选 K 个最小的记录。其思路是：首先从 Fi 中取出开头的 K 个记录存放在 R 中，将其调整为一个大根堆 R，然后依次取出 Fi 的其余记录 r，若 r 小于大根堆 R 的根结点 $R[1]$，用 r 替代 $R[1]$，再筛选为大根堆。当 Fi 所有记录取出完毕，R 中即为 K 个最小的记录。

实验程序 exp11-2.cpp 的结构如图 11.3 所示，图中方框表示函数，方框中指出函数名，箭头方向表示函数间的调用关系，虚线方框表示文件的组成，即指出该虚线方框中的函数存放在哪个文件中。

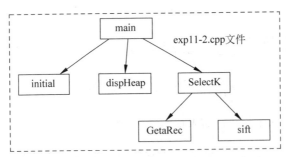

图 11.3　exp11-2.cpp 程序结构

实验程序 exp11-2.cpp 的程序代码如下：

```
# include < stdio.h >
# define MaxSize 100
# define MAXKEY 32767              //最大关键字值∞
# define K 5                      //内存工作区可容纳的记录个数
typedef int KeyType;              //关键字类型
typedef struct
{    KeyType recs[MaxSize];       //存放文件中的数据项
```

```
        int length;                              //存放文件中实际记录个数
        intcurrec;                               //存放当前位置
    } FileType;                                  //文件类型
    FileType Fi;                                 //定义输入文件,为全局变量
    KeyType R[K + 1];                            //存放大根堆
    void initial()                               //输入文件初始化
    {    int n = 18, i;
         KeyType a[ ] = {15,4,97,64,17,32,108,44,76,9,39,82,56,31,80,73,255,68};
         for (i = 0; i < n; i++)                 //将 n 个记录存放到输入文件中
             Fi. recs[i] = a[i];
         Fi. length = n;                         //输入文件中有 n 个记录
         Fi. currec = - 1;                       //输入文件中当前位置为 - 1
    }
    boolGetaRec(KeyType&r)                       //从输入文件中取一个记录 r
    {    Fi. currec++;
         if (Fi. currec == Fi. length)
             return false;
         else
         {   r = Fi. recs[Fi. currec];
             return true;
         }
    }
    void sift(intlow, int high)                  //筛选为大根堆算法
    {    int i = low, j = 2 * i;                  //R[j]是 R[i]的左孩子
         KeyTypetmp = R[i];
         while (j < = high)
         {    if (j < high && R[j]< R[j + 1])      //若右孩子较大,把 j 指向右孩子
                  j++;                             //变为 2i + 1
              if (tmp < R[j])
              {   R[i] = R[j];                     //将 R[j]调整到双亲结点位置上
                  i = j;                           //修改 i 和 j 值,以便继续向下筛选
                  j = 2 * i;
              }
              else break;                          //筛选结束
         }
         R[i] = tmp;                               //被筛选结点的值放入最终位置
    }
    void dispHeap()                               //显示堆中所有记录
    {    for (int i = 1; i < = K; i++)
             printf(" % d ", R[i]);
         printf("\n");
    }
    void SelectK()                                //从输入文件 Fi 中挑选 K 个最小的记录
    {    int i;
         KeyType r;
         for (i = 0; i < K; i++)                   //从输入文件 Fi 中取出 K 个记录放在 R[1..K]中
         {   GetaRec(r);
             R[i + 1] = r;
         }
         for (i = K/2; i > = 1; i -- )             //建立初始堆
             sift(i, K);
```

```
        printf("开头%d个记录创建的大根堆:",K); dispHeap();
        while (GetaRec(r))                        //从输入文件Fi中取出其余的记录
        {   printf("  处理%d:",r);
            if (r < R[1])                          //若r小于堆的根结点
            {   R[1] = r;                          //用r替代堆的根结点
                sift(1,K);                         //继续筛选
                printf("\t需要筛选,结果:"); dispHeap();
            }
            else    printf("\t不需要筛选\n");
        }
    }
    int main()
    {   initial();
        SelectK();
        printf("最终结果: "); dispHeap();
        return 1;
    }
```

📖 exp11-2.cpp 程序的执行结果如图 11.4 所示。

图 11.4　exp11-2.cpp 程序执行结果

实验题 3：用败者树实现置换-选择算法

目的：领会外排序中置换-选择算法的执行过程和算法设计。

内容：编写一个程序 exp11-3.cpp，模拟置换-选择算法生成初始归并段的过程以求解以下问题：设磁盘文件中共有 18 个记录，记录的关键字序列为：

⟨15,4,97,64,17,32,108,44,76,9,39,82,56,31,80,73,255,68⟩

若内存工作区可容纳 5 个记录，用置换-选择排序可产生几个初始归并段，每个初始归并段包含哪些记录？假设输入文件数据和输出归并段数据均存放在内存中。

✍ 设内存工作区大小为 W，根据《教程》中 12.2.1 小节的算法得到 exp11-3.cpp 程序，其中包含如下函数。

- initial()：初始化输入输出文件。
- Select_MiniMax(LoserTree ls[W]，WorkArea wa[W]，int q)：从 wa[q]起到败者树的根比较选择最小关键字的记录，并由 q 指示它所在的归并段。
- Construct_Loser(LoserTree ls[W]，WorkArea wa[W])：输入 W 个记录到内存工作区 wa，建立败者树 ls，挑选出关键字最小的记录并由 s 指示其在 wa 中的位置。
- get_run(LoserTree ls[W]，WorkArea wa[W]，int rc，int &rmax)：求一个初始归并段。
- Replace_Selection(LoserTree ls[W]，WorkArea wa[W])：在败者树 ls 和内存工作区 wa 上用置换-选择排序求初始归并段。

实验程序 exp11-3.cpp 的结构如图 11.5 所示，图中方框表示函数，方框中指出函数名，箭头方向表示函数间的调用关系，虚线方框表示文件的组成，即指出该虚线方框中的函数存放在哪个文件中。

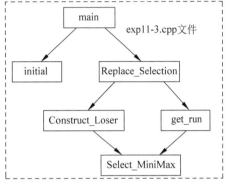

图 11.5 exp11-3.cpp 程序结构

实验程序 exp11-3.cpp 的程序代码如下：

```c
# include < stdio.h >
# include < malloc.h >
# include < string.h >
# include < stdlib.h >
# define MaxSize 50              //每个文件最多记录数
# define MAXKEY 32767            //最大关键字值∞
# define W 5                     //内存工作区可容纳的记录个数
typedef int LoserTree;          //败者树结点类型,它是完全二叉树且不含叶子,采用顺序存储结构
typedef int InfoType;           //定义其他数据项的类型
typedef int KeyType;            //定义关键字类型为整型
typedef struct
{   KeyType key;                 //关键字项
    InfoType otherinfo;          //其他数据项,具体类型在主程序中定义,这里假设为 int
} RecType;                       //排序文件的记录类型
typedefstruct
{   RecType recs[MaxSize];       //存放文件中的数据项
    int length;                  //存放文件中实际记录个数
    intcurrec;                   //存放当前位置
} FileType;                      //文件类型
typedef struct
{   RecType rec;                 //存放记录
    intrnum;                     //所属归并段的段号
} WorkArea;                      //内存工作区元素类型,其容量为 W
FileType Fi;                     //定义输入文件,为全局变量
FileType Fo;                     //定义输出文件,为全局变量
```

```
    void initial()                                      //输入输出文件初始化
{   int n = 19,i;
    KeyType a[] = {15,4,97,64,17,32,108,44,76,9,39,82,56,31,80,73,255,68,MAXKEY};
    for (i = 0;i < n;i++)                               //将 n 个记录存放到输入文件中
        Fi.recs[i].key = a[i];
    Fi.length = n;                                      //输入文件中有 n 个记录
    Fi.currec = -1;                                     //输入文件中当前位置为 -1
    Fo.currec = -1;                                     //输出文件中当前位置为 -1
    Fo.length = 0;                                      //输出文件中没有任何记录
}
void Select_MiniMax(LoserTree ls[W],WorkArea wa[W],int q)
//从 wa[q] 起到败者树的根比较选择最小记录,并由 q 指示它所在的归并段
{   int p,s,t;
    for (t = (W + q)/2,p = ls[t];t > 0;t = t/2,p = ls[t])
        if (wa[p].rnum < wa[q].rnum || wa[p].rnum == wa[q].rnum
            && wa[p].rec.key < wa[q].rec.key)
        {   s = q;
            q = ls[t];                                  //q 指示新的胜者
            ls[t] = s;
        }
    ls[0] = q;                                          //根结点
}

void Construct_Loser(LoserTree ls[W],WorkArea wa[W])
//输入 W 个记录到内存工作区 wa,建败者树 ls,选最小的记录并由 s 指示其在 wa 中的位置
{   int i;
    for(i = 0;i < W;i++)
        wa[i].rnum = wa[i].rec.key = ls[i] = 0; //工作区初始化
    for(i = W - 1;i >= 0;i--)
    {   Fi.currec++;                                    //从输入文件读入一个记录
        wa[i].rec = Fi.recs[Fi.currec];
        wa[i].rnum = 1;                                 //其段号为 1
        Select_MiniMax(ls,wa,i);                        //调整败者
    }
}
void get_run(LoserTree ls[W],WorkArea wa[W],int rc,int&rmax)
//求得一个初始归并段
{   int q;
    KeyType minimax;                                    //当前最小关键字
    while (wa[ls[0]].rnum == rc)                        //选得的当前最小记录属当前段时
    {   q = ls[0];                                      //q 指示当前最小记录在 wa 中的位置
        minimax = wa[q].rec.key;
        Fo.currec++;                                    //将刚选得的当前最小记录写入输出文件
        Fo.length++;
        Fo.recs[Fo.currec] = wa[q].rec;
        Fi.currec++;                                    //从输入文件读入下一记录
        wa[q].rec = Fi.recs[Fi.currec];
        if (Fi.currec >= Fi.length - 1)                 //输入文件结束,虚设记录(属 rmax + 1 段)
        {   wa[q].rnum = rmax + 1;
```

```
                    wa[q].rec.key = MAXKEY;
            }
        else                          //输入文件非空时
        {   if(wa[q].rec.key < minimax)
            {     rmax = rc + 1;       //新读入的记录属下一段
                wa[q].rnum = rmax;
            }
            else                      //新读入的记录属当前段
                wa[q].rnum = rc;
        }
        Select_MiniMax(ls,wa,q);     //选择新的当前最小记录
    }
}
void Replace_Selection(LoserTreels[W],WorkAreawa[W])
//在败者树 ls 和内存工作区 wa 上用置换-选择排序求初始归并段
{   intrc,rmax;
    RecType j;                        //j 作为一个关键字最大记录,作为一个输出段结束标志
    j.key = MAXKEY;
    Construct_Loser(ls,wa);          //初建败者树
    rc = 1;                           //rc 指示当前生成的初始归并段的段号
    rmax = 1;                         //rmax 指示 wa 中关键字所属初始归并段的最大段号
    while(rc <= rmax)                 //rc = rmax + 1 标志输入文件的置换-选择排序已完成
    {   get_run(ls,wa,rc,rmax);      //求得一个初始归并段
        Fo.currec++;                  //将段结束标志写入输出文件
        Fo.recs[Fo.currec] = j;
        Fo.length++;
        rc = wa[ls[0]].rnum;         //设置下一段的段号
    }
}
int main()
{   int i = 0,rno = 1;
    initial();
    LoserTreels[W];
    WorkAreawa[W];
    printf("大文件的记录为:\n  ");
    while (Fi.recs[i].key!= MAXKEY)
    {   printf("%d ",Fi.recs[i].key);
        i++;
    }
    printf("\n");
    Replace_Selection(ls,wa);        //用置换-选择排序求初始归并段
    printf("产生的归并段文件的记录如下:\n");
    printf("  归并段 %d:",rno);       //输出所有的归并段
    for (i = 0;i < Fo.length;i++)
        if (Fo.recs[i].key == MAXKEY)
        {   printf("∞");
            if (i < Fo.length - 1)
```

```
        {    rno++;
            printf("\n  归并段%d:",rno);
        }
    }
    else printf("%d ",Fo.recs[i].key);
    printf("\n  共产生%d个归并段文件\n",rno);
    return 1;
}
```

💻 exp11-3.cpp 程序的执行结果如图 11.6 所示。

图 11.6 exp11-3.cpp 程序执行结果

实验题 4: 实现多路平衡归并算法

目的：领会外排序中多路平衡归并的执行过程和算法设计。

内容：编写一个程序 exp11-4.cpp,模拟利用败者树实现 5 路归并算法的过程以求解以下问题：设有 5 个文件中的记录关键字如下：

$F_0:\{17,21,\infty\}$ $F_1:\{5,44,\infty\}$ $F_2:\{10,12,\infty\}$ $F_3:\{29,32,\infty\}$ $F_4:\{15,56,\infty\}$

要求将其归并为一个有序段并输出。假设这些输入文件数据存放在内存中,输出结果直接在屏幕上显示。

✎ 根据《教程》中 12.2.2 小节的算法得到 exp11-4.cpp 程序,其中包含如下函数。

- initial()：初始化存放文件记录的数组 F。
- CreateLoserTree(LoserTree ls$[K]$)：建立败者树 ls。
- K_Merge(LoserTree ls$[K]$)：利用败者树 ls 进行 K 路归并到输出。
- Adjust(LoserTree ls$[K]$,int s)：沿从叶子结点 $b[s]$ 到根结点 ls$[0]$ 的路径调整败者树。
- input(int i,int &key)：从 $F[i]$ 文件中读一个记录到 $b[i]$ 中。
- output(int q)：输出 $F[q]$ 中的当前记录到屏幕上。
- display(LoserTree ls$[K]$)：输出败者树 ls。

实验程序 exp11-4.cpp 的结构如图 11.7 所示,图中方框表示函数,方框中指出函数名,箭头方向表示函数间的调用关系,虚线方框表示文件的组成,即指出该虚线方框中的函数存放在哪个文件中。

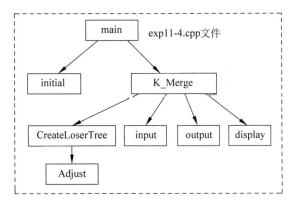

图 11.7　exp11-4.cpp 程序结构

实验程序 exp11-4.cpp 的程序代码如下：

```
# include < stdio. h>
# define MaxSize 20                       //每个文件中的最多记录
# define K 5                              //5 路平衡归并
# define MAXKEY 32767                     //最大关键字值∞
# define MINKEY  - 32768                  //最小关键字值 - ∞
typedef int InfoType;
typedef int KeyType;
typedef struct
{    KeyType key;                         //关键字项
     InfoType otherinfo;                  //其他数据项,具体类型在主程序中定义
} RecType;                               //文件中记录的类型
typedef struct
{    RecType recs[MaxSize];
     intcurrec;
} FileType;                              //模拟的文件类型
typedef int LoserTree;                    //败者树为 LoserTree[K]
RecType b[K];                             //b 中存放各段中取出的当前记录
FileType F[K];                            //存放文件记录的数组
void initial()                           //初始化存放文件记录的数组 F
{    int i;                              //5 个初始文件,当前读记录号为 - 1
     F[0]. recs[0]. key = 17;        F[0]. recs[1]. key = 21;
     F[0]. recs[2]. key = MAXKEY;    F[1]. recs[0]. key = 5;
     F[1]. recs[1]. key = 44;        F[1]. recs[2]. key = MAXKEY;
     F[2]. recs[0]. key = 10;        F[2]. recs[1]. key = 12;
     F[2]. recs[2]. key = MAXKEY;    F[3]. recs[0]. key = 29;
     F[3]. recs[1]. key = 32;        F[3]. recs[2]. key = MAXKEY;
     F[4]. recs[0]. key = 15;        F[4]. recs[1]. key = 56;
     F[4]. recs[2]. key = MAXKEY;
     for (i = 0; i < K; i++) F[i]. currec = - 1;
}
void input( int i, int & key)            //从 F[i]文件中读一个记录到 b[i]中
{    F[i]. currec++;
     key = F[i]. recs[F[i]. currec]. key;
```

```
}
void output(int q)                    //输出 F[q]中的当前记录
{
    printf("输出 F[%d]的关键字%d\n",q,F[q].recs[F[q].currec].key);
}
void Adjust(LoserTree ls[K],int s)
//沿从叶子结点 b[s]到根结点 ls[0]的路径调整败者树
{   int i,t;
    t=(s+K)/2;                        //ls[t]是 b[s]的双亲结点
    while(t>0)
    {   if(b[s].key>b[ls[t]].key)
        {   i=s;
            s=ls[t];                  //s 指示新的胜者
            ls[t]=i;
        }
        t=t/2;
    }
    ls[0]=s;
}
void display(LoserTree ls[K])        //输出败者树 ls
{   int i;
    printf("败者树:");
    for (i=0;i<K;i++)
        if (b[ls[i]].key==MAXKEY)
            printf("%d(∞) ",ls[i]);
        else if (b[ls[i]].key==MINKEY)
            printf("%d(-∞) ",ls[i]);
        else
            printf("%d(%d) ",ls[i],b[ls[i]].key);
    printf("\n");
}
void CreateLoserTree(LoserTree ls[K])     //建立败者树 ls
{   int i;
    b[K].key=MINKEY;                  //b[K]置为最小关键字
    for (i=0;i<K;i++)
        ls[i]=K;                      //设置 ls 中"败者"的初值,全部为最小关键字段号
    for(i=K-1;i>=0;--i)               //依次从 b[K-1],b[K-2],…,b[0]出发调整败者
        Adjust(ls,i);
}
void K_Merge(LoserTree ls[K])        //利用败者树 ls 进行 K 路归并到输出
{   int i,q;
    for(i=0;i<K;++i)                  //分别从 k 个输入归并段读入该段当前第一个记录的关键字到 b
        input(i,b[i].key);
    CreateLoserTree(ls);             //建败者树 ls,选得最小关键字为 b[ls[0]].key
    display(ls);
    while(b[ls[0]].key!=MAXKEY)
    {   q=ls[0];                      //q 指示当前最小关键字所在归并段
        output(q);                    //将编号为 q 的归并段中当前(关键字为 b[q].key)的记录输出
        input(q,b[q].key);            //从编号为 q 的输入归并段中读入下一个记录的关键字
        if (b[q].key==MAXKEY)
```

```
            printf("从 F[ % d]中添加关键字∞并调整\n",q);
        else
            printf("从 F[ % d]中添加关键字 % d 并调整\n",q,b[q].key);
        Adjust(ls,q);              //调整败者树,选择新的最小关键字
        display(ls);
    }
}
int main()
{   LoserTree ls[K];
    printf("F0:{17,21,∞}   F1:{5,44,∞}   F2:{10,12,∞}
            F3:{29,32,∞}   F4:{15,56,∞}\n");
    initial();
    K_Merge(ls);
    return 1;
}
```

  📺 exp11-4.cpp 程序的执行结果如图 11.8 所示。从图中看出,采用 5 路归并产生的
一个有序段为 5,10,12,15,17,21,29,32,44,56。

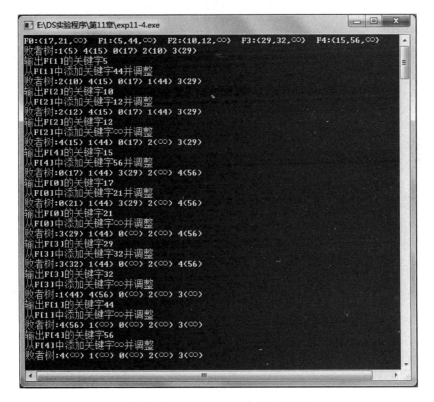

图 11.8　exp11-4.cpp 程序执行结果

第 12 章 文件

12.1 验证性实验

实验题 1：实现学生记录文件的创建和查找基本操作

目的：领会 C/C++ 文件的基本操作及其算法设计。

内容：有若干个学生成绩记录如表 12.1 所示，假设它们存放在 st 数组中，设计一个程序 exp12-1.cpp，完成如下功能：

（1）将 st 数组中的学生记录写入到 stud.dat 文件中。

（2）在 stud.dat 文件中查找并显示指定学生序号的学生记录。

（3）在 stud.dat 文件中查找并显示指定学生学号的学生记录。

表 12.1　学生成绩表

学号	姓名	年龄	性别	语文分	数学分	英语分
1	陈华	20	男	78	90	84
5	张明	21	男	78	68	92
8	王英	20	女	86	81	86
3	刘丽	21	女	78	92	88
2	许可	20	男	80	83	78
4	陈军	20	男	78	88	82
7	马胜	21	男	56	67	75
6	曾强	20	男	78	89	82

✍ 设计学生记录类型如下：

```
typedef struct
{    int no;                    //学号
     char name[10];            //姓名
     int age;                  //年龄
     char sex[3];              //性别
     int deg1,deg2,deg3;       //课程 1－课程 3 成绩
} StudType;
```

表 12.1 的学生记录存放在结构体数组 st 中，学生记录文件 stud.dat 为二进制文件。设计功能算法如下：

- CreateFile()：用 st 数组的学生记录创建 stud.dat 文件。
- Findi(StudType &s,int i)：在 stud.dat 文件中查找序号为 i 的学生记录 s。
- Findno(StudType &s,int no)：在 stud.dat 文件中查找学号为 no 的学生记录 s。
- DispaStud(StudTypes)：显示一个学生记录 s。

实验程序 exp12-1.cpp 的结构如图 12.1 所示，图中方框表示函数，方框中指出函数名，箭头方向表示函数间的调用关系，虚线方框表示文件的组成，即指出该虚线方框中的函数存放在哪个文件中。

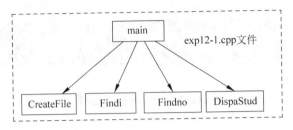

图 12.1 exp12-1.cpp 程序结构

实验程序 exp12-1.cpp 的程序代码如下:

```
# include <stdio.h>
typedef struct
{    int no;                              //学号
     char name[10];                       //姓名
     int age;                             //年龄
     char sex[3];                         //性别
     int deg1,deg2,deg3;                  //课程1－课程3成绩
} StudType;
void CreateFile()                         //用 st 数组的学生记录创建 stud.dat 文件
{    int n = 8;
     StudType st[] = {
         {1,"陈华",20,"男",78,90,84},
         {5,"张明",21,"男",78,68,92},
         {8,"王英",20,"女",86,81,86},
         {3,"刘丽",21,"女",78,92,88},
         {2,"许可",20,"男",80,83,78},
         {4,"陈军",20,"男",78,88,82},
         {7,"马胜",21,"男",56,67,75},
         {6,"曾强",20,"男",78,89,82} };
     FILE * fp;
     if ((fp = fopen("stud.dat","wb")) == NULL)
     {    printf("\t 提示:不能创建 stud.dat 文件\n");
          return;
     }
     for (int i = 0;i < n;i++)
         fwrite(&st[i],1,sizeof(StudType),fp);
     fclose(fp);
     printf("    提示:文件 stud.dat 创建完毕\n");
}
bool Findi(StudType &s,int i)             //在 stud.dat 文件中查找序号为 i 的学生记录 s
{    FILE * fp;
     if (i <= 0) return false;            //i 错误返回假
     if ((fp = fopen("stud.dat","rb")) == NULL)
     {    printf("\t 提示:不能打开 stud.dat 文件\n");
          return false;
     }
     fseek(fp,(i - 1) * sizeof(StudType),SEEK_SET);     //定位在第 i 个记录之前
```

```
        if (fread(&s,sizeof(StudType),1,fp) == 1)
        {   fclose(fp);
            return true;                        //成功读取第 i 个记录,返回真
        }
        else
        {   fclose(fp);
            return false;                       //不能读取第 i 个记录,返回假
        }
    }
    bool Findno(StudType &s, int no)            //在 stud.dat 文件中查找学号为 no 的学生记录 s
    {   FILE * fp;
        if ((fp = fopen("stud.dat","rb")) == NULL)
        {   printf("\t 提示:不能打开 stud.dat 文件\n");
            return false;
        }
        fseek(fp,0,SEEK_SET);                   //定位在文件开头
        while (fread(&s,sizeof(StudType),1,fp) == 1)
        {   if (s.no == no)                     //找到学号为 no 的记录,返回真
            {   fclose(fp);
                return true;
            }
        }
        fclose(fp);
        return false;                           //没有找到学号为 no 的记录,返回假
    }
    void DispaStud(StudType s)                  //显示一个学生记录 s
    {   printf("  学号     姓名    年龄 性别 语文 数学 英语\n");
        printf("%5d%10s%6d%5s%5d%5d%5d\n",s.no,s.name,s.age,s.sex,
            s.deg1,s.deg2,s.deg3);
    }
    int main()
    {   int i,no;
        StudType s;
        printf("操作过程如下:\n");
        printf("  (1)创建学生记录 stud.dat 文件\n");
        CreateFile();
        printf("  (2)按序号查找,输入序号:");
        scanf("%d",&i);
        if (Findi(s,i))
            DispaStud(s);
        else
            printf("     >文件不能打开或者输入的记录序号错误 n\n");
        printf("  (3)按学号查找,输入学号:");
        scanf("%d",&no);
        if (Findno(s,no))
            DispaStud(s);
        else
            printf("     >文件不能打开或者输入的学号错误\n");
        return 1;
    }
```

💻 exp12-1.cpp 程序的执行结果如图 12.2 所示。

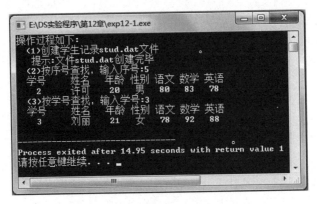

图 12.2　exp12-1.cpp 程序执行结果

12.2　设计性实验 ✳

实验题 2：实现学生记录文件复杂的基本操作

目的：掌握文件的基本操作及其算法设计。

内容：有若干个学生成绩记录如表 12.1 所示，假设它们存放在 st 数组中，设计一个程序 exp12-2.cpp，完成如下功能：

（1）将 st 数组中的学生记录写入到 stud.dat 文件中。

（2）将 stud.dat 文件中的所有学生记录读入到 st 数组中。

（3）显示 st 数组中的所有学生记录。

（4）将 st 数组的学生记录复制到 st1 数组中，并对 st1 数组的所有学生记录求平均分。

（5）对 st1 数组的所有学生记录按平均分递减排序。

（6）将 st1 数组中的学生记录写入到 stud1.dat 文件中。

（7）将 stud1.dat 文件中的学生记录读入到 st1 数组中。

（8）显示 st1 数组中的学生记录。

✍ 学生记录文件的主要操作是读写，要实现比较复杂的处理，需要将文件记录读入内存，在处理完毕后再写入文件。exp12-2.cpp 文件包含如下函数。

- WriteFile(StudType st[],int n)：将 st 数组中的 n 个学生成绩记录写入到 stud.dat 文件中。

- WriteFile1(StudType1 st1[],int n)：将 st1 数组中的 n 个学生成绩记录（含平均分）写入到 stud1.dat 文件中。

- ReadFile(StudType st[],int &n)：将 stud.dat 文件中的 n 个学生成绩记录读入到 st 数组中。

- ReadFile1(StudType1 st1[],int &n)：将 stud1.dat 文件中的 n 个学生成绩记录（含平均分）读入到 st1 数组中。

- Display(StudType st[],int *n*)：显示 st 数组中的所有学生成绩记录。
- Display1(StudType1 st1[],int *n*)：显示 st1 数组中的所有学生成绩记录（含平均分）。
- Average(StudType st[],StudType1 st1[],int *n*)：将 st 数组复制到 st1 数组中，并对 st1 数组中的所有学生成绩记录求平均分。
- Sort(StudType1 st1[],int *n*)：对 st1 数组中的 *n* 个学生成绩记录按平均分递减排序。

实验程序 exp12-2.cpp 的结构如图 12.3 所示，图中方框表示函数，方框中指出函数名，箭头方向表示函数间的调用关系，虚线方框表示文件的组成，即指出该虚线方框中的函数存放在哪个文件中。

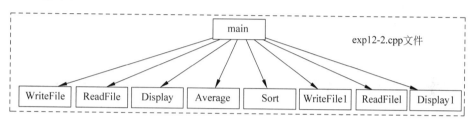

图 12.3　exp12-2.cpp 程序结构

📖 实验程序 exp12-2.cpp 的程序代码如下：

```c
# include < stdio.h >
# include < string.h >
# define N 10                    //最多学生人数
typedef struct
{    int no;                     //学号
     char name[10];              //姓名
     int age;                    //年龄
     char sex[3];                //性别
     int deg1,deg2,deg3;         //课程1-课程3成绩
} StudType;
typedef struct
{    int no;                     //学号
     char name[10];              //姓名
     int age;                    //年龄
     char sex[2];                //性别
     int deg1,deg2,deg3;         //课程1-课程3成绩
     double avg;                 //平均分
} StudType1;
void WriteFile(StudType st[],int n)    //将 st 数组中的学生记录写入到 stud.dat 文件中
{    int i;
     FILE * fp;
     if ((fp = fopen("stud.dat","wb")) == NULL)
     {    printf("\t 提示:不能创建 stud.dat 文件\n");
          return;
     }
```

```
    for (i = 0;i < n;i++)
        fwrite(&st[i],1,sizeof(StudType),fp);
    fclose(fp);
    printf("\t 提示:文件 stud.dat 创建完毕\n");
}
void WriteFile1(StudType1 st1[],int n)    //将 st1 数组中的学生记录写入到 stud1.dat 文件中
{   int i;
    FILE * fp;
    if ((fp = fopen("stud1.dat","wb")) == NULL)
    {   printf("\t 提示:不能创建 stud1.dat 文件\n");
        return;
    }
    for (i = 0;i < n;i++)
        fwrite(&st1[i],1,sizeof(StudType),fp);
    fclose(fp);
    printf("\t 提示:文件 stud1.dat 创建完毕\n");
}
void ReadFile(StudType st[],int &n)        //将 stud.dat 文件中的 n 个学生记录读入到 st 数组中
{   FILE * fp;
    if ((fp = fopen("stud.dat","rb")) == NULL)
    {   printf("\t 提示:不能打开 stud.dat 文件\n");
        return;
    }
    n = 0;
    while (fread(&st[n],sizeof(StudType),1,fp) == 1)
        n++;
    printf("\t 提示:文件 stud.dat 读取完毕\n");
}
void ReadFile1(StudType1 st1[],int &n)
//将 stud1.dat 文件中的 n 个学生记录读入到 st1 数组中
{   FILE * fp;
    if ((fp = fopen("stud1.dat","rb")) == NULL)
    {   printf("\t 提示:不能打开 stud1.dat 文件\n");
        return;
    }
    n = 0;
    while (fread(&st1[n],sizeof(StudType),1,fp) == 1)
        n++;
    printf("\t 提示:文件 stud1.dat 读取完毕\n");
}
void Display(StudType st[],int n)        //显示学生记录
{   int i;
    printf("                ---- 学生成绩表 ----\n");
    printf("  学号    姓名   年龄 性别 语文 数学 英语\n");
    for (i = 0;i < n;i++)
        printf(" %5d %10s %6d %5s %5d %5d %5d\n",st[i].no,st[i].name,st[i].age,
            st[i].sex,st[i].deg1,st[i].deg2,st[i].deg3);
    printf("\n");
}
void Display1(StudType1 st1[],int n)    //显示求平均分后的学生记录
```

```
{   int i;
    printf("                        ---- 排序后学生成绩表 ----\n");
    printf("  学号      姓名    年龄 性别 语文 数学 英语 平均分\n");
    for (i = 0;i < n;i++)
        printf("%5d%10s%6d%5s%5d%5d%5d%6.1f\n",st1[i].no,st1[i].name,
            st1[i].age,st1[i].sex,st1[i].deg1,st1[i].deg2,
            st1[i].deg3,st1[i].avg);
    printf("\n");
}
void Average(StudType st[ ],StudType1 st1[ ],int n)          //求平均分
{   int i;
    for (i = 0;i < n;i++)
    {   st1[i].no = st[i].no;
        strcpy(st1[i].name,st[i].name);
        st1[i].age = st[i].age;
        strcpy(st1[i].sex,st[i].sex);
        st1[i].deg1 = st[i].deg1;
        st1[i].deg2 = st[i].deg2;
        st1[i].deg3 = st[i].deg3;
        st1[i].avg = (st1[i].deg1 + st1[i].deg2 + st1[i].deg3)/3.0;
    }
}
void Sort(StudType1 st1[ ],int n)                            //按平均分递减排序
{   int i,j;
    StudType1 temp;
    for (i = 1;i < n;i++)                                    //直接插入排序
    {   temp = st1[i];
        for (j = i - 1;j >= 0 && temp.avg > st1[j].avg;j-- )
            st1[j + 1] = st1[j];
        st1[j + 1] = temp;
    }
}
int main()
{   int n = 8;                                              //实际学生人数
    StudType st[ ] = {{1,"陈华",20,"男",78,90,84},
    {5,"张明",21,"男",78,68,92},
    {8,"王英",20,"女",86,81,86},
    {3,"刘丽",21,"女",78,92,88},
    {2,"许可",20,"男",80,83,78},
    {4,"陈军",20,"男",78,88,82},
    {7,"马胜",21,"男",56,67,75},
    {6,"曾强",20,"男",78,89,82}};
    StudType1 st1[N];
    printf("操作过程如下:\n");
    printf("  (1)将 st 数组中学生记录写入 stud.dat 文件\n");
    WriteFile(st,n);
    printf("  (2)将 stud.dat 文件中学生记录读入到 st 数组中\n");
    ReadFile(st,n);
    printf("  (3)显示 st 数组中的学生记录\n");
    Display(st,n);
```

```
        printf("  (4)求学生的平均分并放在 st1 数组中\n");
        Average(st,st1,n);
        printf("  (5)对 st1 数组按平均分递减排序\n");
        Sort(st1,n);
        printf("  (6)将 st1 数组中学生记录写入 stud1.dat 文件\n");
        WriteFile1(st1,n);
        printf("  (7)将 stud1.dat 文件中学生记录读入到 st1 数组中\n");
        ReadFile1(st1,n);
        printf("  (8)显示 st1 数组中的学生记录\n");
        Display1(st1,n);
        return 1;
    }
```

exp12-2.cpp 程序的执行结果如图 12.4 所示。

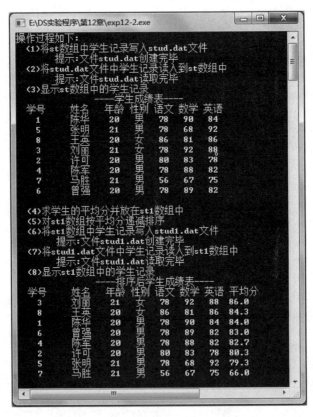

图 12.4　exp12-2.cpp 程序执行结果

实验题 3：实现索引文件建立和查找算法

目的：掌握索引文件的基本操作及其算法设计。

内容：编写一个程序 exp12-3.cpp，建立表 12.1 中学生成绩记录对应的主文件 data. dat，要求完成以下功能：

（1）输出主文件中的学生记录。

（2）建立与主文件相对应的索引文件，其中每个记录由两个字段组成：学号 no 及该学生记录在数据文件中的相应位置 offset。索引文件中的记录按学号 no 升序排列。

（3）输出索引文件全部记录。

（4）根据用户输入的学号，在索引文件中采用折半查找法找到对应记录号，再通过主文件输出该记录。

✎ exp12-3.cpp 文件包含如下函数。

- WriteFile(int n)：由数组 st 中的 n 个学生成绩记录建立主文件 stud.dat。
- InsertSort(Index $R[]$,int n)：对含有 n 个记录的索引数组 R 按学号 no 递增排序。
- CreatIdxFile()：建立索引文件 index.dat。
- OutputMainFile()：输出主文件 stud.dat 中的全部记录。
- OutputIdxFile()：输出索引文件 index.dat 中的全部记录。
- ReadIndexFile(Index idx[MaxRec],int &n)：读取索引文件 index.dat 中的 n 个记录并存入到 idx 数组中。
- SearchNum(Index idx[],int n,char no[])：在含有 n 个记录的索引文件 idx 中采用折半方法查找学号为 no 记录的记录号。
- FindStudent()：输出用户指定学号的学生记录。

实验程序 exp12-3.cpp 的结构如图 12.5 所示，图中方框表示函数，方框中指出函数名，箭头方向表示函数间的调用关系，虚线方框表示文件的组成，即指出该虚线方框中的函数存放在哪个文件中。

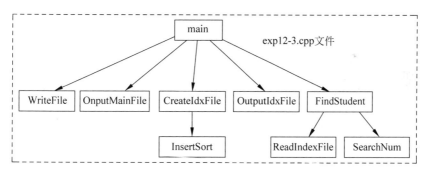

图 12.5　exp12-3.cpp 程序结构

🖥 实验程序 exp12-3.cpp 的程序代码如下：

```
#include <stdio.h>
#include <string.h>
#include <malloc.h>
#define MaxRec 100                    //最多的记录个数
typedef struct Index                  //定义索引文件结构
{   int no;                           //学号
    long offset;                      //主文件中的记录号
} Index;
typedef struct
{   int no;                           //学号
    char name[10];                    //姓名
```

```
      int age;                        //年龄
      char sex[3];                    //性别
      int deg1,deg2,deg3;             //课程1-课程3成绩
  } StudType;
  void InsertSort(Index R[],int n)    //采用直接插入排序法对R[0..n-1]按学号递增排序
  {   int i,j;
      Index temp;
      for (i = 1;i < n;i++)
      {   temp = R[i];
          j = i-1;
          while (j >= 0 && temp.no < R[j].no)
          {   R[j+1] = R[j];          //将关键字大于R[i].key的记录后移
              j--;
          }
          R[j+1] = temp;              //在j+1处插入R[i]
      }
  }

  void CreateIdxFile()                //建立索引文件
  {   FILE * mfile, * idxfile;
      Index idx[MaxRec];
      StudType st;
      int n = 0,i;                    //n累计从stud.dat文件中读出的记录个数
      if ((mfile = fopen("stud.dat","rb")) == NULL)
      {   printf("   提示:不能打开主文件\n");
          return;
      }
      if ((idxfile = fopen("index.dat","wb")) == NULL)
      {   printf("   提示:不能建立索引文件\n");
          return;
      }
      i = 0;
      while ((fread(&st,sizeof(StudType),1,mfile))!= NULL)
      {   idx[i].no = st.no;
          idx[i].offset = ++n;
          i++;
      }
      InsertSort(idx,n);              //对idx数组按no值排序
      rewind(idxfile);
      for (i = 0;i < n;i++)
          fwrite(&idx[i],sizeof(Index),1,idxfile);
      fclose(mfile);
      fclose(idxfile);
      printf("   提示:索引文件建立完毕\n");
  }
  void OutputMainFile()               //输出主文件全部记录
  {   FILE * mfile;
      StudType st;
      int i = 1;
      if ((mfile = fopen("stud.dat","rb")) == NULL)
      {   printf("   提示:不能读主文件\n");
          return;
      }
      printf("                    ----学生成绩表----\n");
```

```
        printf("记录号  学号  姓名  年龄  性别  语文  数学  英语\n");
        while ((fread(&st,sizeof(StudType),1,mfile)) == 1)
        {   printf("%6d%5d%10s%6d%5s%5d%5d%5d\n",i,st.no,st.name,st.age,
                st.sex,st.deg1,st.deg2,st.deg3);
            i++;
        }
        fclose(mfile);
    }
    void OutputIdxFile()                              //输出索引文件全部记录
    {   FILE *idxfile;
        Index irec;
        int i = 0;
        printf("        ----学生索引表----\n");
        printf("\t学号  记录号\n");
        if ((idxfile = fopen("index.dat","rb")) == NULL)
        {   printf("   提示:不能读索引文件\n");
            return;
        }
        while ((fread(&irec,sizeof(Index),1,idxfile)) == 1)
            printf("\t%5d%6d\n",irec.no,irec.offset);
        fclose(idxfile);
    }
    void ReadIndexFile(Index idx[MaxRec],int &n)      //读索引文件数据存入 idx 数组中
    {   int j;
        FILE *idxfile;
        if ((idxfile = fopen("index.dat","rb")) == NULL)
        {   printf("   提示:索引文件不能打开\n");
            return;
        }
        fseek(idxfile,0,2);
        j = ftell(idxfile);                           //j 求出文件长度
        rewind(idxfile);
        n = j/sizeof(Index);                          //n 求出文件中的记录个数
        fread(idx,sizeof(Index),n,idxfile);
        fclose(idxfile);
    }
    int SearchNum(Index idx[],int n,int no)
    //在含有 n 个记录的索引文件 idx 中采用折半方法查找学号为 no 记录的记录号
    {   int mid,low = 0,high = n - 1;
        while (low <= high)                           //折半查找
        {   mid = (low + high)/2;
            if (idx[mid].no > no)
                high = mid - 1;
            else if (idx[mid].no < no)
                low = mid + 1;
            else                                      //idx[mid].no == no
                return idx[mid].offset;
        }
        return -1;
    }
    void FindStudent()                                //输出指定学号的记录
    {   int no;
        FILE *mfile;
```

```
        Index idx[MaxRec];
        StudType st;
        int i,n;
        if ((mfile = fopen("stud.dat","rb + ")) == NULL)
        {   printf("   提示:主文件中没有任何记录\n");
            return;
        }
        ReadIndexFile(idx,n);                //读取索引数组 idx
        printf("输入学号:");
        scanf("% d",&no);
        i = SearchNum(idx,n,no);             //在 idx 中查找
        if (i == - 1)
            printf("   提示:学号% d 不存在\n",no);
        else
        {   fseek(mfile,(i - 1) * sizeof(StudType),SEEK_SET);
            //由记录号直接跳到主文件中对应的记录
            fread(&st,sizeof(StudType),1,mfile);
            printf("% 5d% 10s% 6d% 5s% 5d% 5d% 5d\n",st.no,st.name,st.age,
                st.sex,st.deg1,st.deg2,st.deg3);
        }
        fclose(mfile);
}
void WriteFile(int n)                         //将 st 数组中的 n 个学生记录写入 stud.dat 文件中
{   StudType st[] = {{1,"陈华",20,"男",78,90,84},
        {5,"张明",21,"男",78,68,92},
        {8,"王英",20,"女",86,81,86},
        {3,"刘丽",21,"女",78,92,88},
        {2,"许可",20,"男",80,83,78},
        {4,"陈军",20,"男",78,88,82},
        {7,"马胜",21,"男",56,67,75},
        {6,"曾强",20,"男",78,89,82}};
        int i;
        FILE * fp;
        if ((fp = fopen("stud.dat","wb")) == NULL)
        {   printf("\t 提示:不能创建 stud.dat 文件\n");
            return;
        }
        for (i = 0;i < n;i++)
            fwrite(&st[i],1,sizeof(StudType),fp);
        fclose(fp);
        printf("   提示:文件 stud.dat 创建完毕\n");
}
int main()
{   int n = 8,sel;                           //n 为实际学生人数
    printf("建立主文件\n");
    WriteFile(n);                            //建立主文件
    do
    {   printf("1:输出主文件 2:建索引文件 3:输出索引文件 4:按学号查找 0:退出:");
        scanf("% d",&sel);
        switch(sel)
        {
        case 1:
            OutputMainFile();break;
```

```
        case 2:
            CreatIdxFile();break;
        case 3:
            OutputIdxFile();break;
        case 4:
            FindStudent();break;
        }
    } while (sel!= 0);
    return 1;
}
```

执行 exp12-3.cpp 程序,输出主文件的结果如图 12.6 所示,建立索引文件并按学号查找的结果如图 12.7 所示。

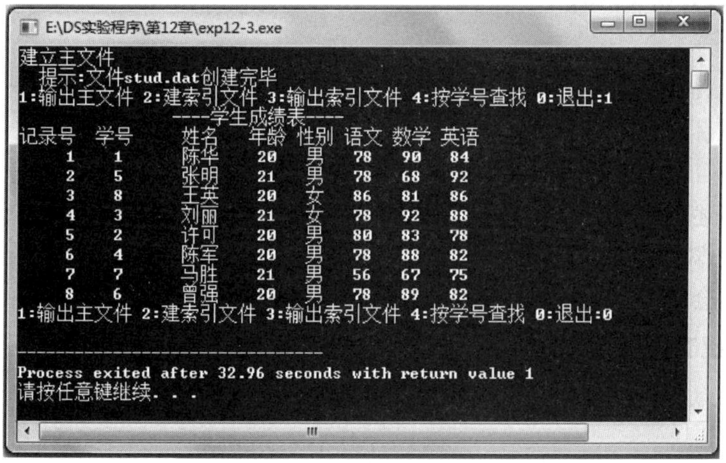

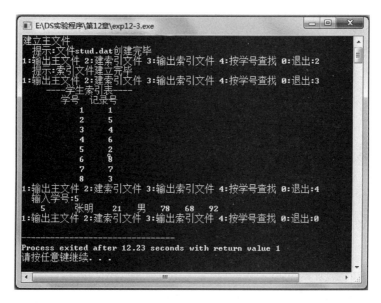

图 12.6　exp12-3.cpp 程序执行结果(1)

图 12.7　exp12-3.cpp 程序执行结果(2)

附录 A　实验报告格式

每次实验要求提交完整的实验报告。实验报告的基本格式如下：

一、设计人员相关信息

1. 设计者姓名、学号和班号
2. 设计日期
3. 上机环境

二、程序设计相关信息

1. 实验题目。
2. 实验项目目的。
3. 实验项目的程序结构(程序中的函数调用关系图)。
4. 实验项目包含的各个文件中的函数的功能描述。
5. 算法描述或流程图。
6. 实验数据和实验结果分析。
7. 实验体会。

三、实验提交内容

实验报告、实验源程序清单和可执行文件。

图书资源支持

感谢您一直以来对清华版图书的支持和爱护。为了配合本书的使用，本书提供配套的素材，有需求的用户请到清华大学出版社主页（http://www.tup.com.cn）上查询和下载，也可以拨打电话或发送电子邮件咨询。

如果您在使用本书的过程中遇到了什么问题，或者有相关图书出版计划，也请您发邮件告诉我们，以便我们更好地为您服务。

我们的联系方式：

地　　址：北京海淀区双清路学研大厦 A 座 707

邮　　编：100084

电　　话：010－62770175－4604

资源下载：http://www.tup.com.cn

电子邮件：weijj@tup.tsinghua.edu.cn

QQ：883604(请写明您的单位和姓名)

扫一扫

资源下载、样书申请

新书推荐、技术交流

用微信扫一扫右边的二维码，即可关注清华大学出版社公众号"书圈"。